Moldflow
模流分析从入门到精通

李代叙　等编著

清华大学出版社
北　京

内 容 简 介

本书由浅入深，全面、系统地介绍了模流分析软件 Moldflow 的使用方法。书中提供了大量实例，供读者实战演练。另外，为了帮助读者更好地学习，本书专门提供了配套的多媒体教学视频，这些视频和本书所有的实例文件一起收录于本书的配书 DVD 光盘中。

本书共 20 章，分为 4 篇。第 1 篇介绍了注塑成型的基本知识和模流分析软件 Moldflow 的一般操作过程；第 2 篇介绍 Moldflow 软件的界面操作、网格的划分、网格的诊断、网格的处理、浇注系统的创建以及冷却系统的创建等模流分析的前处理操作；第 3 篇介绍了 Moldflow 的工艺参数分析、填充分析、流动分析、冷却分析、翘曲分析等常用分析类型和分析结果；第 4 篇详细介绍了对电池后盖、管件接头、电话外壳、MP3 外壳、手机外壳等实例的操作分析，以提高读者实战水平。

本书涉及面广，从基本基础知识到基本操作，再到实例演练，几乎涉及 Moldflow 的所有重要知识。本书适合所有想全面学习 Moldflow 技术的人员阅读，也适合各种使用 Moldflow 的工程技术人员使用。对于经常使用 Moldflow 做注塑成型加工工艺和注塑模具设计的人员，更是一本不可多得的参考书。

本书封面贴有清华大学出版社防伪标签，无标签者不得销售。
版权所有，侵权必究。侵权举报电话：010-62782989　13701121933

图书在版编目（CIP）数据

Moldflow 模流分析从入门到精通 / 李代叙等编著. —北京：清华大学出版社，2012.5（2020.7 重印）
ISBN 978-7-302-27599-2

Ⅰ.①M… Ⅱ.①李… Ⅲ.①注塑–塑料模具–计算机辅助设计–应用软件，Moldflow Ⅳ.①TQ320.5-39

中国版本图书馆 CIP 数据核字（2011）第 266613 号

责任编辑：夏兆彦
封面设计：欧振旭
责任校对：徐俊伟
责任印制：王静怡

出版发行：清华大学出版社
　　　　　网　　址：http://www.tup.com.cn, http://www.wqbook.com
　　　　　地　　址：北京清华大学学研大厦 A 座　　邮　编：100084
　　　　　社 总 机：010-62770175　　邮　购：010-62786544
　　　　　投稿与读者服务：010-62776969，c-service@tup.tsinghua.edu.cn
　　　　　质 量 反 馈：010-62772015，zhiliang@tup.tsinghua.edu.cn
印 装 者：大厂回族自治县彩虹印刷有限公司
经　　销：全国新华书店
开　　本：185mm×260mm　　印　张：26.75　　字　数：671 千字
　　　　　（附光盘 1 张）
版　　次：2012 年 5 月第 1 版　　印　次：2020 年 7 月第 8 次印刷
印　　数：7401～7900
定　　价：59.00 元

产品编号：043742-01

前　　言

　　Moldflow 发布至今已有几十年了，随着软件版本的不断升级，Moldflow 技术也越来越成熟。开发设计人员希望使用 Moldflow 技术可以快速开发出各种产品。为了让读者快速学习掌握 Moldflow 2010 的知识，帮助读者掌握 Moldflow 基础知识和应用技巧，可通过实例练习具备一定的开发能力，开发低成本、高效率的产品。

　　笔者结合自己多年应用 Moldflow 的经验和心得体会，花费了一年多的时间写作本书。希望各位读者能在本书的引领下学习 Moldflow，并成为一名应用高手。本书结合大量操作技巧，全面、系统、深入地介绍了 Moldflow 的操作应用，并以大量实例贯穿于全书的讲解之中，最后还详细介绍了对电池后盖、管件接头、电话外壳、MP3 外壳、手机外壳等实例的操作分析。学习完本书后，读者应该可以具备独立进行 Moldflow 操作应用的能力。

本书特色

1．内容全面、系统、深入

　　本书介绍了 Moldflow 的基础知识、操作界面、分析前处理、分析及其结果处理等内容，最后还详细介绍了 5 个实际案例的分析。

2．讲解由浅入深，循序渐进，适合各个层次的读者阅读

　　本书从 Moldflow 的基础开始讲解，逐步深入到 Moldflow 技术及应用，内容梯度从易到难，讲解由浅入深，循序渐进，适合各个层次的读者阅读，并均有所获。

3．贯穿大量的实例和技巧，迅速提升操作水平

　　本书在讲解知识点时贯穿了大量短小精悍的典型实例，并给出了大量的应用技巧，以便让读者更好地理解各种概念和技术，体验实际应用，迅速提高操作应用水平。

4．详解案例分析，提高实战水平

　　本书详细介绍了对电池后盖、管件接头、电话外壳、MP3 外壳、手机外壳等实例的操作分析。通过这五个案例，可以提高读者的对软件的操作应用水平，从而具备独立进行操作应用的能力。

5．提供技术支持，答疑解惑

读者阅读本书时若有任何疑问可发 E-mail 到 gz_lidaixu@126.com 获得帮助。

本书内容及体系结构

第1篇　基础知识篇（第1～3章）

本篇主要介绍模流分析方面的基本知识，其主要内容包括注塑成型基础知识、Autodesk Moldflow 软件简介及安装、Moldflow 一般分析流程等。通过本篇的学习，读者可以掌握模流分析的基本知识和 Moldflow 的分析流程。

第2篇　前处理操作篇（第4～9章）

本篇主要介绍 Moldflow 的前处理操作，其主要内容包括 Moldflow 软件的界面操作、网格的划分、网格的诊断、网格的处理、浇注系统的创建，以及冷却系统的创建等内容。通过本篇的学习，读者可以掌握 Moldflow 的前处理。

第3篇　分析与结果操作篇（第10～15章）

本篇主要介绍 Moldflow 常用的分析类型及其分析结果，其主要内容包括 Moldflow 的工艺参数分析与结果、填充分析与结果、流动分析与结果、冷却分析与结果、翘曲分析与结果等。通过本篇的学习，读者可以掌握 Moldflow 常用的分析类型及其分析结果。

第4篇　实战案例篇（第16～20章）

本篇主要介绍 Moldflow 的实例操作应用，其主要内容包括对电池后盖、管件接头、电话外壳、MP3 外壳、手机外壳等实例的操作分析。通过本篇的学习，读者可以全面应用前面章节所学的知识进行应用，达到可以独立操作分析的水平。

本书读者对象

- Moldflow 初学者；
- 想全面学习 Moldflow 技术的人员；
- 从事注塑成型加工工艺设计的人员；
- 从事注塑模具设计的工程技术人员；
- 从事塑料结构件设计的工程技术人员；
- 大中专院校的学生；
- 社会培训班学员。

本书作者

本书由李代叙编写。其他参与编写的人员有周静、陈世琼、陈欣、陈智敏、董加强、范礼、郭秋滟、郝红英、蒋春蕾、黎华、刘建准、刘霄、刘亚军、刘仲义、柳刚、罗永峰、马奎林、马味、欧阳昉、蒲军、齐凤莲、王海涛、魏来科、伍生全、谢平。在此表示感谢!

编　者

目 录

第 1 篇 基础知识篇

第 1 章 注塑成型基础知识 ··· 2
  1.1 注塑成型基础知识 ··· 2
    1.1.1 注塑成型原理 ··· 2
    1.1.2 塑料的塑化 ·· 3
  1.2 注塑成型机 ··· 3
  1.3 注塑成型模具 ·· 5
    1.3.1 概述 ··· 6
    1.3.2 冷流道注塑成型模具 ·· 6
    1.3.3 热流道或绝流道注塑成型模具 ·· 7
  1.4 注塑成型过程及工艺条件 ··· 7
    1.4.1 注塑成型过程 ··· 7
    1.4.2 工艺条件 ··· 8
  1.5 注塑常用塑料的主要性质 ··· 9
    1.5.1 概述 ··· 9
    1.5.2 热塑性塑料 ·· 10
    1.5.3 热固性塑料 ·· 14
  1.6 常见制品缺陷及产生原因 ··· 15
    1.6.1 飞边 ·· 15
    1.6.2 气泡或真空泡 ··· 16
    1.6.3 凹陷及缩痕（Sink Mark） ·· 16
    1.6.4 翘曲变形（Warping） ·· 17
    1.6.5 裂纹及白化（Craze Crack） ·· 18
    1.6.6 欠注（Short Shot） ··· 18
    1.6.7 银纹（Silver Streaks） ··· 19
    1.6.8 流痕（Flow Mark） ··· 19
    1.6.9 熔接痕（Weld Lines） ··· 20
    1.6.10 变色（Color Change） ··· 21
    1.6.11 表面光泽不良（Lusterless） ··· 21
    1.6.12 黑斑（Black Specks） ·· 22
    1.6.13 脱模不良（Die Adhesion） ·· 22
    1.6.14 尺寸不稳定（Unstable Gauge） ······································ 23

		1.6.15 喷射（Jetting）	24
		1.6.16 表面剥离（Delamination）	24
		1.6.17 鱼眼（Fish Eyes）	25
	1.7	本章小结	25

第 2 章 Autodesk Moldflow 软件简介及安装 ... 26

2.1	Autodesk Moldflow 软件简介	26
2.2	Autodesk Moldflow 软件的安装	27
	2.2.1 安装 Autodesk Moldflow Insight 2010 模块	27
	2.2.2 安装 Autodesk Moldflow Design Link 2010 模块	31
2.3	本章小结	33

第 3 章 Moldflow 一般分析流程 ... 34

3.1	新建一个工程项目	34
3.2	导入或新建 CAD 模型	34
3.3	划分网格	35
3.4	检验及修改网格	36
3.5	选择分析类型	42
3.6	选择成型材料	43
3.7	工艺参数	44
3.8	选择浇口位置	45
3.9	创建浇注和冷却系统	46
3.10	分析	48
3.11	分析结果	48
3.12	本章小结	53

第 2 篇 前处理操作篇

第 4 章 初识 Moldflow ... 56

4.1	有限元分析基础	56
4.2	注塑成型模拟技术	56
4.3	Moldflow 的操作界面介绍	57
	4.3.1 文件操作	58
	4.3.2 编辑和视图操作	62
	4.3.3 建模操作	62
	4.3.4 网格操作	75
	4.3.5 分析操作	75
	4.3.6 结果操作	77
	4.3.7 工具操作	78
	4.3.8 帮助系统	81

		4.3.9 报告 ·· 82
	4.4	本章小结 ·· 82

第 5 章　网格划分 ·· 83
5.1　网格的类型 ·· 83
5.1.1　中面网格 ·· 83
5.1.2　实体网格 ·· 84
5.1.3　表面网格 ·· 84
5.2　网格的划分 ·· 85
5.3　网格的状态统计 ·· 88
5.4　本章小结 ··· 90

第 6 章　网格诊断 ·· 91
6.1　网格纵横比诊断 ··· 91
6.2　重叠单元诊断 ··· 93
6.3　网格配向诊断 ··· 94
6.4　网格自由边诊断 ·· 96
6.5　网格连通性诊断 ·· 97
6.6　单元厚度诊断 ··· 99
6.7　网格出现次数诊断 ··· 100
6.8　双面层网格匹配诊断 ·· 101
6.9　折叠面诊断 ·· 103
6.10　零面积单元诊断 ··· 104
6.11　本章小结 ··· 106

第 7 章　网格处理 ·· 107
7.1　网格自动修补 ·· 107
7.2　纵横比处理 ·· 108
7.3　网格整体合并 ·· 108
7.4　删除单元工具 ·· 109
7.5　边工具 ··· 111
7.5.1　交换边工具 ·· 111
7.5.2　缝合自由边工具 ·· 112
7.5.3　填充孔工具 ·· 114
7.6　重新划分网格 ·· 115
7.7　节点工具 ·· 117
7.7.1　合并节点 ··· 117
7.7.2　插入节点 ··· 119
7.7.3　对齐节点 ··· 120
7.7.4　移动节点 ··· 122

    7.7.5 清除节点·················123
    7.7.6 匹配节点·················124
  7.8 平滑节点·····················126
  7.9 创建区域·····················127
  7.10 单元取向····················128
  7.11 创建三角形网格··············130
  7.12 网络缺陷处理················131
  7.13 本章小结····················133

第8章 浇注系统创建················134
  8.1 浇口设置与浇口网格划分·······134
    8.1.1 概述······················134
    8.1.2 一模多腔的布局············135
    8.1.3 浇口设置与网格划分········137
  8.2 流道设计与流道网格划分·······140
    8.2.1 概述······················141
    8.2.2 流道的创建················141
    8.2.3 流道网格划分··············145
  8.3 向导创建浇注系统·············147
  8.4 本章小结·····················149

第9章 冷却系统创建················150
  9.1 冷却系统构件建模·············150
  9.2 冷却系统网格划分·············154
  9.3 设定冷却液入口···············156
  9.4 向导创建冷却系统·············157
  9.5 本章小结·····················159

第3篇 分析与结果操作篇

第10章 分析类型与工艺设备选择·····162
  10.1 浇口位置分析················162
    10.1.1 常见的浇口类型···········162
    10.1.2 最佳浇口分析的设置·······163
    10.1.3 最佳浇口分析的结果·······165
  10.2 成型工艺窗口分析············165
    10.2.1 成型工艺窗口分析设置·····165
    10.2.2 成型工艺窗口分析的结果···168
  10.3 DOE分析····················170
    10.3.1 对填充的优化·············170

目录

10.3.2	对流动的优化	175
10.4	工艺优化分析	180
10.4.1	工艺优化（充填）分析	180
10.4.2	工艺优化（流动）分析	185
10.5	其他分析	189
10.6	本章小结	190

第11章 充填分析 ·············191

- 11.1 充填分析工艺参数设置 ·············191
  - 11.1.1 建立充填分析工艺参数 ·············191
  - 11.1.2 充填分析的工艺参数 ·············196
- 11.2 充填分析结果 ·············198
- 11.3 本章小结 ·············201

第12章 流动分析 ·············202

- 12.1 流动分析工艺参数设置 ·············202
  - 12.1.1 建立流动分析工艺参数 ·············202
  - 12.1.2 流动分析的工艺参数 ·············206
- 12.2 流动分析结果 ·············207
- 12.3 本章小结 ·············211

第13章 冷却分析 ·············212

- 13.1 冷却分析工艺参数设置 ·············212
  - 13.1.1 建立冷却分析工艺参数 ·············212
  - 13.1.2 冷却分析的工艺参数 ·············214
- 13.2 冷却分析结果 ·············215
  - 13.2.1 冷却分析结果的判定和分析过程 ·············215
  - 13.2.2 分析冷却结果 ·············217
- 13.3 本章小结 ·············220

第14章 翘曲分析 ·············221

- 14.1 翘曲分析工艺参数设置 ·············221
  - 14.1.1 翘曲分析序列 ·············221
  - 14.1.2 翘曲分析实例 ·············222
  - 14.1.3 翘曲分析的工艺参数 ·············228
- 14.2 翘曲分析结果 ·············229
  - 14.2.1 翘曲分析过程 ·············229
  - 14.2.2 所有因素引起变形 ·············230
  - 14.2.3 冷热不均引起变形 ·············232
  - 14.2.4 收缩不均引起变形 ·············233
  - 14.2.5 取向和角效果引起变形 ·············235

14.3　本章小结 235

第15章　分析报告输出 236
15.1　分析报告输出应用示例 236
15.2　编辑分析报告 240
15.3　本章小结 242

第4篇　实战案例篇

第16章　电池后盖——工艺参数调整 244
16.1　概述 244
16.2　最佳浇口位置分析 244
　　16.2.1　分析前处理 244
　　16.2.2　分析计算 251
　　16.2.3　结果分析 252
16.3　产品的初步成型分析 253
　　16.3.1　分析前处理 253
　　16.3.2　分析计算 258
　　16.3.3　结果分析 260
　　16.3.4　模具设计和工艺设计的调整 266
16.4　产品设计方案调整后的分析 266
　　16.4.1　分析前处理 266
　　16.4.2　分析计算 270
　　16.4.3　结果分析 271
16.5　本章小结 277

第17章　管件接头——充填分析 278
17.1　概述 278
17.2　最佳浇口位置分析 278
　　17.2.1　分析前处理 278
　　17.2.2　分析计算与结果 284
17.3　产品的初步成型分析 285
　　17.3.1　分析前处理 285
　　17.3.2　分析计算 295
　　17.3.3　结果分析 295
　　17.3.4　产品及模具设计调整 297
17.4　产品设计方案调整后的分析 298
　　17.4.1　分析前处理 298
　　17.4.2　分析计算 311
　　17.3.3　结果分析 312

17.5 本章小结 ... 314

第18章 电话外壳——流动分析 ... 315
18.1 概述 ... 315
18.2 最佳浇口位置分析 ... 315
    18.2.1 分析前处理 ... 315
    18.2.2 分析计算 ... 321
    18.2.3 结果分析 ... 321
18.3 产品的初步成型分析 ... 322
    18.3.1 分析前处理 ... 322
    18.3.2 分析计算 ... 332
    18.3.3 结果分析 ... 334
    18.3.4 工艺设计调整 ... 338
18.4 产品设计方案调整后的分析 ... 338
    18.4.1 分析前处理 ... 338
    18.4.2 分析计算 ... 343
    18.4.3 结果分析 ... 345
18.5 本章小结 ... 348

第19章 MP3外壳——冷却分析 ... 349
19.1 概述 ... 349
19.2 最佳浇口位置分析 ... 349
    19.2.1 分析前处理 ... 349
    19.2.2 分析计算 ... 354
    19.2.3 结果分析 ... 355
19.3 产品的初步成型分析 ... 356
    19.3.1 分析前处理 ... 356
    19.3.2 分析计算 ... 361
    19.3.3 结果分析 ... 363
    19.3.4 模具设计和工艺设计的调整 ... 367
19.4 产品设计方案调整后的分析 ... 367
    19.4.1 分析前处理 ... 367
    19.4.2 分析计算 ... 374
    19.4.3 结果分析 ... 376
19.5 本章小结 ... 380

第20章 手机外壳——翘曲分析 ... 381
20.1 概述 ... 381
20.2 最佳浇口位置分析 ... 381
    20.2.1 分析前处理 ... 381
    20.2.2 分析计算 ... 386

20.2.3　结果分析 388
20.3　产品的初步成型分析 389
　　　20.3.1　分析前处理 389
　　　20.3.2　分析计算 393
　　　20.3.3　结果分析 393
　　　20.3.4　模具设计和工艺设计的调整 401
20.4　产品设计方案调整后的分析 401
　　　20.4.1　分析前处理 401
　　　20.4.2　分析计算 405
　　　20.4.3　结果分析 405
20.5　本章小结 413

第 1 篇　基础知识篇

- 第 1 章　注塑成型基础知识
- 第 2 章　Autodesk Moldflow 软件简介及安装
- 第 3 章　Moldflow 一般分析流程

第1章 注塑成型基础知识

注塑成型是一种将热塑性塑料或热固性塑料制成各式各样塑料制品的主要成型方法之一,它是学习模流分析的基础。本章主要学习注塑成型方面的基础知识,主要包括注塑成型原理和工艺、注塑成型所用的注塑机和模具、塑料材料的特性、注塑成型中出现的缺陷及解决方法等相关知识。

1.1 注塑成型基础知识

注塑成型是一种把塑料材料制成复杂形状的产品的成型工艺,整个过程包括塑料的加热、注射塑料到模具、塑料在模具中的冷却及产品的顶出。

1.1.1 注塑成型原理

注塑成型是加工成型塑料(绝大部分是热塑性塑料)的粒料或粉料的一种方法。它的成型过程是先把材料从贮料室送入加热室,使材料熔融;然后在高压的作用下物料被注射到模具内,并且保持一定的压力直到聚合物充分冷却固化;在冷却和凝固之后,打开模具,取出制品,并在操作上完成一个塑模周期,并不断重复上述周期的生产过程。成型的过程可分为三个阶段:填充阶段、加压阶段和补偿阶段。

1. 填充阶段

如图 1.1 所示,在填充阶段时,塑料在注塑机螺杆的作用下被挤入模具型腔中,塑料材料熔体进入模具后,在速度和压力的控制下填充模具,模具型腔刚好被充满时填充阶段结束,如图 1.1 中 2 指示的阴影部分。虽然塑料熔体在这一个阶段都已经充填完成模具内所有的流动路径,但其边缘及角落都还有空隙存在,如图 1.1 中 1 指示的部分。在设计一个产品,并必须要使用到注塑成型的制程时,最重要的是了解塑料填充的过程。当塑料进入模穴时,塑料接触模壁时会很快凝固,这会在模壁和熔融塑料之间形成凝固层,凝固并粘在模壁上,材料以喷泉形式向前填充,由于剪切作用产生热量,很容易使塑料熔体的温度升高。

2. 加压阶段

在模穴填充满之后紧接着是加压阶段,如图 1.2 所示。虽然塑料熔体在填充阶段都已经填充完成模具内所有的流动路径,但其边缘及角落都还有空隙存在,为了完全充填整个模穴,所以必须在这个阶段加大压力将额外的塑料挤入模穴,在图 1.2 中的阴影部分已经把角落填充完了。模腔填充满时,螺杆在压力作用下仍向前推动。由于材料的收缩,螺杆还可以继续向前移动一段时间。到填充末时刻最大压力出现时,加压阶段结束。材料的流动与填充阶段很相似,但凝固层迅速加厚,流动速度迅速降低。

3．补偿阶段

如图1.3所示的是补偿阶段。图中1指示的阴影部分已经冷却固化，但是2指示的阴影部分可能还没有冷却固化，由于塑料冷却后体积要减小，故此处塑料熔体的密度较低，如果不补料，很容易使制品产生凹陷。故此阶段螺杆由压力控制需要继续向前移动，将额外的料挤入模腔，以补偿塑料在熔融状态与室温固态之间的体积差。在补偿阶段，由于温度不稳定，所以流动也不稳定，这将会导致产品局部取向性较强，可能引起翘曲。塑料从熔融状态冷凝固到固体时，大约会有25%的高收缩率，因此必须将更多的塑料射入模穴以补偿因冷却而产生的收缩，这是补偿阶段。

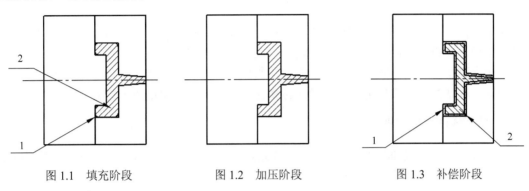

图1.1 填充阶段　　　　图1.2 加压阶段　　　　图1.3 补偿阶段

1.1.2 塑料的塑化

塑料的塑化就是指塑料经加热达到流动状态并具有良好的可塑性的全过程。对于注塑成型而言，塑料的塑化可以说是注塑成型的准备过程，对这一过程的总要求是：塑料在进入模具型腔之前应达到规定的成型温度，并能在一定的时间内提供一定数量的熔融塑料，熔融塑料在各点温度应均匀一致，不发生或极少发生热分解以保证生产的正常进行。

1.2　注塑成型机

注塑成型机可以用来将塑料颗粒状或粉状料经熔融、射出、保压、冷却等循环，转变成最终的塑料制品。注塑成型机通常采用锁模吨数或注塑量作为简易的机器规格辨识。可以使用的其他参数还有注塑速率、注塑压力、螺杆直径、模具厚度和导杆间距等。注塑成型机的主要辅助设备包括塑料干燥机、塑料处理及输送设备、粉碎机、模温控制机、塑件出模的机械手，以及塑件后处理加工设备等。

注塑成型机的分类方法有很多。例如，按机器的传动方式，可以分成液压式注塑成型机和机械式注塑成型机；按机器的外形特征可以分为立式注塑成型机、卧式注塑成型机等，按注射方式和塑化方式可以分为螺杆式注塑成型机、柱塞式注塑成型机和螺杆塑化柱塞注射式注塑成型机等。

下面介绍螺杆式注塑成型机、柱塞式注塑成型机和螺杆塑化柱塞注射式注塑成型机的相同之处。

典型的注塑成型机主要包括四个单元：注塑系统（injection system）、液压系统（hydraulic system）、控制系统（control system）和合模系统（clamping system）。

（1）注塑成型机的注塑系统是将塑料均匀地塑化，并以一定的压力和速度将一定量的塑料熔体注射到模具的型腔之中。它主要由塑化部件、加料装置、计量装置、传动装置、加热和冷却装置等组成。

（2）注塑成型机的液压系统主要由各种液压元件、回路，以及其他附属装置组成。液压单元提供压力把塑料挤入模具。

（3）注塑成型机的控制系统是控制塑料成型加工过程中的参数。例如可以设定温度、压力、速度、时间等。

（4）注塑成型机的合模系统是注塑成型机上实现锁紧模具、开启模具、闭合模具和顶出制品的装置。锁模系统在结构上应保证模具启闭灵活、准确、迅速而安全。

上面介绍了螺杆式注塑成型机和柱塞式注塑成型机的相同之处，下面介绍一下螺杆式注塑成型机、柱塞式注塑成型机和螺杆塑化柱塞注射式注塑成型机的不同之处。

1. 螺杆式注塑成型机

螺杆式注塑成型机如图 1.4 所示。螺杆 4 是螺杆式注塑成型机的重要部件，它对塑料进行输送、压实和塑化。其过程是：螺杆 4 在料筒 3 内旋转时，首先将从料斗 6 输送来的塑料卷入料筒 3 内，并逐步将塑料向前输送、压实、排气和塑化，熔融的塑料不断地被推到螺杆头 2 与料筒喷嘴 1 之间，而螺杆本身则因受到塑料熔体的压力而缓慢后退，当积存的熔融塑料达到一定量时，螺杆停止转动。当注射时，螺杆将动力传给塑料熔体并使它通过喷嘴 1 注入到模具中。加热器 5 是对塑料进行加热熔融和保持一定温度的。

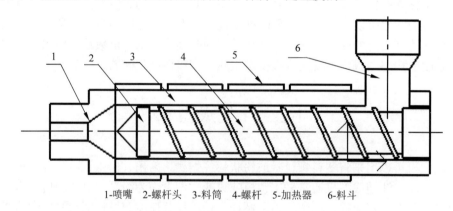

1-喷嘴　2-螺杆头　3-料筒　4-螺杆　5-加热器　6-料斗

图 1.4　螺杆式注塑成型机示意图

2. 柱塞式注塑成型机

柱塞式注塑成型机如图 1.5 所示，柱塞 4 和分流梭 2 是柱塞式注塑成型机料筒内的重要部件。柱塞是一根坚实而且表面硬度很高的金属柱体，它将压力传给塑料并将塑料熔体注入模具内。分流梭装在料筒前端，其形状像鱼雷体的金属部件，它使料筒内的塑料分散为薄层并均匀地处于或者流过分流梭与料筒组成的通道。其过程是：从料斗 6 的塑料进入料筒 3 中，塑料在加热器 5 的作用下塑料熔融，熔融塑料在柱塞 4 的作用下通过喷嘴 1 进入到模具中。

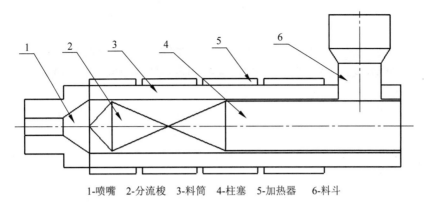

1-喷嘴 2-分流梭 3-料筒 4-柱塞 5-加热器 6-料斗

图 1.5　柱塞式注塑成型机

3．螺杆塑化柱塞注射式注塑成型机

螺杆塑化柱塞注射式注塑成型机，如图 1.6 所示，是利用螺杆 8 对塑料进行塑化而注射则靠柱塞 2 完成的。其过程是：螺杆 8 对塑料进行输送、压实和塑化。螺杆 8 在第一料筒 7 内旋转时，首先将从料斗 9 输送来的塑料卷入第一料筒内，然后再逐步将塑料向前输送、压实、排气和塑化，最后将熔融的塑料通过连接料筒 6 和一个单向阀尚进入第二料筒 3。熔融的塑料在柱塞 2 的作用下通过喷嘴 1 被注射到模具型腔中去。加热器 4 是对塑料进行加热熔融和保持一定温度的。

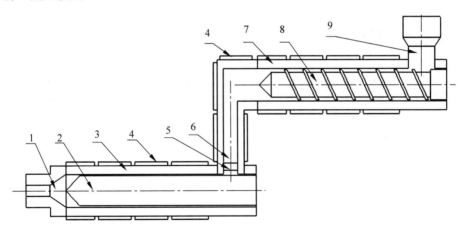

1-喷嘴 2-柱塞 3-第二料筒 4-加热器 5-单向阀 6-连接料筒 7-第一料筒 8-螺杆 9-料斗

图 1.6　螺杆塑化柱塞注射式注塑成型机

1.3　注塑成型模具

模具可以看作是一座热交换器。通过热交换，使熔融塑料在模穴内凝固成需要的形状及尺寸。注塑模具的结构是由制品的复杂程度和注塑机的形式等因素决定的。

1.3.1 概述

注射模具主要由定模及动模两部分组成。定模也叫 A 模或母模；动模也叫 B 模或公模。开模时动模和定模分离，取出制品。注射时动模和定模闭合形成形腔和浇注系统。根据模具上各个部件所起的作用，可细分为以下几个部分。

（1）成型零部件，它通常由凹模、凸模、成型杆、型芯、镶块等构成。型腔是直接成型塑料制品的部分，模具的型腔由动模和定模等有关部分联合构成。

（2）浇注系统，它通常由注流道、分流道、冷料井、浇口等组成。这是将塑料由注塑机喷嘴引向型腔的流道。

（3）导向部分，它通常由导向柱、导向孔或在动定模上分别设置互相吻合内外锥面。它是确保动模与定模合模时准确对中而设。

（4）顶出装置，它通常由顶杆、顶板、顶出底板和主流道拉料杆等联合组成。它是开模过程中，将塑料制品从模具中顶出的装置。

（5）分型抽芯机构，当塑料制品有外侧凹或者侧孔时，在被顶出以前，必须先进行侧向分型，拔出侧向凸模或抽出侧型芯，才能顺利顶出。

（6）冷却加热系统，冷却系统通常在模具内开设冷却水道；加热系统则是在模具内部或周围安装加热元件。为了模具温度满足注塑工艺的要求，模具常设有冷却或加热系统。

（7）排气系统，为了将注塑过程中型腔内的空气排出，通常在分型面处开设排气槽。

注塑模具的分类方法有很多，本书按浇注系统的不同，分成冷流道注塑成型模具和热流道/绝流道注塑成型模具。

1.3.2 冷流道注塑成型模具

采用冷流道注塑成型模具生产的制品脱模后，通常要人为地把浇注系统凝料从制品上切除（点浇口除外），这部分浇口废料经过粉碎、造粒等工序重新加以利用，这样不仅增加了成本，同时浇口废料经过多次加热和冷却可能引起塑料降解、分解。因此，在设计浇注系统时，在不影响制品质量的前提下减少浇道尺寸。冷流道注塑成型模具的普通浇注系统主要由主流道、冷料井、分流道、浇口等几部分组成。

（1）主流道是紧接注射机喷嘴到分流道的那一段流道，熔融塑料首先经过它进入模具。主流道的断面形状一般是圆形的。

（2）冷料井是用来除去料流中的前锋冷料的。塑料在注射入模过程中，冷料在料流的最前端。如果冷料进入到型腔中，就会影响制品的外在质量和内在质量，更严重的是可能堵塞浇口。冷料井可设在主流道末端和分流道的末端。

（3）分流道是将主流道中来的塑料熔体引入到各个型腔的那一段流道。分流道通常开设在分型面上，分流道的断面形状有圆形、半圆形、U 字形、矩形、梯形等。

（4）浇口是塑料熔体在分（主）流道末端进入到型腔的狭小部分，是浇注系统的关键部位。浇口的断面尺寸一般比分（主）流道尺寸小，长度也很短。其断面形状一般为圆形、矩形等。浇口起着调节料流速度、补料时间等作用。浇口的形式有主流道型浇口、针点式浇口（橄榄形浇口、菱形浇口）、边缘浇口（侧浇口）、潜伏式浇口（隧道浇口、剪切浇口）、扇形浇口、平缝式浇口（薄片式浇口）、护耳式浇口（分接式浇口）、圆环形浇口、轮辐式浇口、爪形浇口等。

1.3.3　热流道或绝流道注塑成型模具

热流道内尚未射进模穴的塑料会维持在熔融状态，没有浇注系统废料。热流道系统也称作热歧管系统或无流道成形。常用的热流道系统包括绝热式和加热式两种。

绝热式流道（insulated runners）系统，其模具的浇注系统有足够大的通道，在注射成形时，靠近流道壁塑料的绝热效果再加上每次射出熔胶之加热量，就足以维持熔胶流路的通畅。

加热式流道（heated runners）系统，就是用加热的方式保持塑料熔体在浇注系统内的畅通，一般有内部加热与外部加热两种设计。内部加热式，由内部的热探针或鱼雷管加热，提供了环形的流动通道，由熔胶的隔热作用可以减少热量散失到模具，这种方式需要较大的浇注系统通道。外部加热式是浇注系统通道的外面加热提供给内部的流动通道，并由隔热组件与模具隔离以降低热损失。

1.4　注塑成型过程及工艺条件

注塑成型是一门工程技术，它所涉及的内容是将塑料转变为有用并能保持原有性能的制品。注射成型的重要工艺条件是影响塑料塑化、流动和冷却的温度、压力和相应的各个作用时间。

1.4.1　注塑成型过程

注塑成型过程从表面上看有加料、塑化、注射、冷却和脱模等几个步骤，但是从实质上看只有塑化和流动与冷却两个过程。下面简单介绍一下这两个过程。

1. 塑化过程

塑化就是指塑料在料筒内经加热达到流动状态并具有良好的可塑性的过程。它是注射成型的准备过程。由于塑料的导热性差，对热传递是不利的，容易引起塑料熔体的热均匀性差，也就是靠近料筒或螺杆壁的塑料温度偏高，而在这两者中间的塑料温度则偏低，从而形成温度分布的不均。如果塑料受到的剪切作用强时，就会产生大量的摩擦热，使塑料升温快，但是也容易引起塑料受到过多的热而降解。

2. 流动与冷却过程

流动与冷却过程是指首先用螺杆或柱塞将具有流动性和温度均匀的塑料熔体注射到模具，然后注射到模具中并将型腔注满，塑料熔体在一定的成型工艺条件下冷却定型，最后制品从模具型腔中脱出，一直冷却到与环境温度一致的这一过程。这个过程所经历的时间虽然短，但是塑料熔体在其间所发生的变化很多，而且这些变化对制品的质量影响很大。

这一过程需要很高的注射压力，因为塑料熔体从料筒注射到模具型腔需要克服一系列的阻力（主要有塑料熔体与料筒、喷嘴、浇注系统、型腔和塑料熔体之间的摩擦等），并且还需要对塑料熔体进行压实。塑料熔体一进入模具后立即被冷却，这个过程一直到塑料与所处的环境温度一致时为止。

1.4.2　工艺条件

在注塑成型中，主要的工艺参数是温度、压力、时间和速度等，下面将分别介绍这些工艺参数。

1．温度控制

注塑过程需要控制的温度有料筒温度，喷嘴温度和模具温度等。下面主要介绍这三种温度。

（1）料筒温度：料筒温度主要影响塑料的塑化和流动。每一种塑料都具有不同的流动温度（熔化温度）和分解温度。即使是同一种塑料，由于来源或牌号不同，它的流动温度（熔化温度）及分解温度也是有差别的，因而设定的料筒温度也不相同。

（2）喷嘴温度：一般把喷嘴温度设置在略低于料筒最高温度，这是为了防止熔料在直通式喷嘴可能发生的"流涎现象"和防止熔料过分受热而分解。但是喷嘴温度也不能过低，否则可能会造成熔料的冷凝而将喷嘴堵死，或者由于冷凝料注入模腔而影响制品的外观和性能。

（3）模具温度：模具温度对制品的内在性能和表观质量影响很大。模具温度的高低决定于塑料有无结晶性、制品的结构与尺寸、性能要求，以及其他工艺条件（熔料温度、注射速度及注射压力、模塑周期等）。

2．压力控制

注塑过程中的压力主要包括塑化压力、注射压力和保压压力三种，它们直接影响塑料的塑化和制品的质量。

（1）塑化压力（也称背压）：采用螺杆式注射机时，螺杆顶部熔料在螺杆转动后退时所受到的压力称为塑化压力。这种压力的大小一般是通过液压系统中的溢流阀来调整的。在注射中，增加塑化压力会提高熔体的温度，但也会减小塑化的速度。此外，增加塑化压力常能使熔体的温度均匀、色料的混合均匀和排出熔体中的气体。在注塑过程中，塑化压力的设置应在保证制品质量优良的前提下越低越好，一般都在 10MPa 以下，其具体数值是随所使用的塑料的品种的不同而不同的。

（2）注射压力：目前，大多数的注射机的注射压力都是以柱塞或螺杆顶部对塑料所施的压力为基准的。在注塑成型中，注射压力的作用是克服塑料从料筒流向型腔的流动阻力，并给予熔料充模的速率及对熔料进行压实等。注射压力的大小设置主要取决于塑料的性能、制品的结构和大小、模具的结构和大小等综合因素。

（3）保压压力：保压压力是使塑料熔体在冷却的过程中不致产生回流，并且能够继续补充因塑料熔体冷却收缩而不足的空间，从而得到最佳的制品。在注塑过程中，保压压力值设定过高，就会容易造成制品毛边、过度充填、制品粘模、浇口附近的应力集中等不良现象；保持压力值设定过低，又会容易造成收缩太大、尺寸不稳定等制品缺陷的现象。

3．时间控制

成型周期也称注塑周期，一般以完成一次注塑过程所需时间的总和来表示。成型周期直接影响劳动生产率和设备利用率。在整个成型周期中，主要有注射时间、保压时间、冷却时间和开模时间，它们对制品质量的影响很大，下面简要介绍这些时间。

（1）注射时间：注射时间（也叫充模时间）可以理解为反比于充模速率，在注射生产过程中，注射时间一般约为 1～5 秒。注射时间开始于模具合模，螺杆（或柱塞）向前推进，将材料挤入模具，这个过程一般非常快。塑料材料一接触冷的模具型腔壁，就粘在上面并凝固，流动通道在凝固层之间，注射时间对凝固层的厚度有很大影响，注射时间是影响产品品质的主要因素之一。

（2）保压时间：保压时间是对模具型腔内塑料施加压力的时间，在整个成型周期内所占的比例较大，一般约为 5～120 秒（特厚制件可高达 3～10 分钟）。在浇口处熔料完全封冻之前，保压时间的多少，对制品质量的影响较大，若在以后，则基本无影响。保压时间依赖于物料的性能、料温、模温，以及主流道和浇口的大小。

（3）冷却时间：冷却时间一般指没有压力作用于材料，产品继续冷却凝固，直到冷却到可以顶出为止的时间。

（4）开模时间：开模时间为模具打开、顶出产品和再合模的时间。

4．速度控制

注塑过程中速度主要包括螺杆转速和注塑速度等两种。下面简要介绍这两种速度。

（1）螺杆转速

螺杆转速直接影响注塑物料在螺杆中输送、塑化和剪切效应，因此它是影响塑化能力、塑化质量和成型周期的重要参数。螺杆转速越高，塑化能力越强。但是，螺杆转速太快，就会容易引起塑料的热分解、使螺杆或料筒的磨损加速等。

（2）注塑速度

注塑速度的设定是控制塑料熔体充填模具的时间及流动模式，它是流动过程中的重要条件。注塑速度的设定正确与否对产品外观品质有很大的影响。注塑速度设定的基本原则是配合塑料在模穴内流动时，按其流动所经过的断面大小来升降，并且遵守慢→快→慢的原则和尽量快的要领。

1.5 注塑常用塑料的主要性质

树脂（plastics）一般是指由一种或多种简单的单体（monomers）经由化学聚合反应（polymerization）而成的长链状高分子聚合物（polymers）。塑料一般是指以树脂（或在加工过程中用单体直接聚合）为主要成分，以增塑剂、填充剂、稳定剂、润滑剂、着色剂等添加剂为辅助成分，在加工过程中能流动成型的材料。有时树脂也被人们常称为塑料。

1.5.1 概述

塑料材料分子链的结构、规模大小等都直接影响塑料的化学性质与物理性质。塑料材料的化学性质与物理性质还受到加工过程和热历史的影响。例如，同种塑料材料熔胶的黏滞性（即流动阻力）随着分子量的增加而增加，随着加工温度和上升而降低。同种塑料材料的玻璃化温度、耐热性、耐冲击性随着分子量增加而提高。

与金属材料、木材等材料相比，塑料主要有以下特性：

（1）大多数塑料质轻，密度低；
（2）耐冲击性好，化学稳定性好；
（3）具有较好的耐磨性和着色性；
（4）良好的绝缘性和隔热性，导热性低；
（5）一般成型加工性好，加工成本低；
（6）原料丰富，价格低廉；
（7）尺寸稳定性较差，容易变形；
（8）多数塑料耐低温性差，低温下变脆；
（9）容易老化，强度低；
（10）大部分塑料耐热性差，热膨胀率大，易燃烧。

塑料的分类体系比较复杂，各种分类方法也有所交叉，按常规分类主要有以下三种。

1. 按使用特性分类

根据各种塑料不同的使用特性，人们通常将塑料分为通用塑料、工程塑料和特种塑料三种类型。

- 通用塑料：一般是指产量大、用途广、成型性好、价格便宜的塑料，如聚乙烯、聚丙烯、聚氯乙烯、酚醛等。
- 工程塑料：通常是指能承受一定外力作用，具有良好的机械性能和耐高、低温性能，尺寸稳定性较好，可以用作工程结构的塑料，如聚酰胺、聚碳酸酯、聚砜等。
- 特种塑料：一般是指具有特种功能，用于特殊领域的塑料。例如，氟塑料和有机硅具有突出的耐高温、自润滑等特殊功用，增强塑料和泡沫塑料具有高强度、高缓冲性等特殊性能，这些塑料都属于特种塑料的范畴。

2. 按加工方法分类

根据各种塑料不同的成型方法，可以分为膜压、层压、注射、挤出、吹塑、浇铸塑料和反应注射塑料等多种类型。

3. 按理化特性分类

根据各种塑料不同的理化特性，可以把塑料分为热固性塑料和热塑性塑料两种类型。

- 热塑性塑料：是指在特定温度范围内能反复加热软化和冷却固化的塑料，如聚乙烯、聚丙烯、聚碳酸酯等。
- 热固性塑料：是指在受热或其他条件下能固化或具有不溶（熔）特性的塑料，如酚醛塑料、环氧塑料等。

1.5.2　热塑性塑料

热塑料性塑料是指在一定温度范围内能进行多次加热软化和冷却固化的一类塑料。热塑料性塑料的种类很多，下面介绍几种常见的热塑料性塑料。

1. HDPE高密度聚乙烯

聚乙烯是五种通用塑料中的一种。下面简要地介绍一下高密度聚乙烯的性质和注塑工艺条件。

（1）特性

HDPE 密度在 $0.94\sim0.965\text{g/cm}^3$ 之间。HDPE 具有高的结晶度、高抗张力强度、高的扭曲温度，以及良好的化学稳定性。HDPE 具有较强的抗渗透性，HDPE 的抗冲击强度较低，HDPE 的流动特性较好，MFR（熔体流动指数）为 $0.1\%\sim28\%$ 之间。分子量越高，HDPE 的流动特性越差，但是有更好的抗冲击强度。成型后收缩率较高，一般在 $1.5\%\sim4\%$ 之间。

（2）注塑工艺条件

- 干燥处理：一般不需要干燥。
- 注射温度：180～280℃，推荐注射温度为220℃。
- 模具温度：20～95℃，推荐模具温度为40℃。
- 注射压力：700～1050bar。
- 注射速度：推荐使用高速注射。

2. LDPE低密度聚乙烯

下面简要地介绍一下低密度聚乙烯的性质和注塑工艺条件。

（1）特性

LDPE 材料的密度为 $0.91\sim0.94\text{ g/cm}^3$。LDPE 对气体和水蒸汽具有渗透性。LDPE 的热膨胀系数很高不适合用于加工长期使用的制品。LDPE 的收缩率在 $1.5\%\sim5\%$ 之间。

（2）注塑工艺条件

- 干燥处理：一般不需要干燥。
- 注射温度：180～280℃，推荐注射温度为220℃。
- 模具温度：20～70℃，推荐模具温度为40℃。
- 注射压力：700～1350bar。
- 注射速度：推荐使用高注射速度。

3. PP聚丙烯

聚丙烯也是五种通用塑料中的一种，聚丙烯最突出的性质是它具有多面性，它能适合于许多加工方法和用途。下面简要地介绍一下聚丙烯的性质和注塑工艺条件。

（1）特性

聚丙烯（简称PP）与聚乙烯（PE）相比，PP 有较高的熔化温度和抗张强度。PP 对化学侵蚀有很强的抵抗力，PP 还是优秀的电绝缘体，其介电常数和损耗因数很低，它的耐湿性很好，但不是良好的阻隔氧气的材料。

（2）注塑工艺条件

- 干燥处理：一般不需要干燥。
- 注射温度：200～280℃，推荐注射温度为230℃。
- 模具温度：20～80℃，推荐模具温度为50℃。

- 注射压力：500～1250bar。
- 注射速度：推荐使用高的注射速度。

4．PP-R聚丙烯无规共聚物

下面简要地介绍一下聚丙烯无规共聚物的性质和注塑工艺条件。

（1）特性

聚丙烯无规共聚物也是聚丙烯的一种。与 PP 均聚物相比，无规共聚物改进了光学性能，提高了抗冲击性能，降低了熔化温度；同时在化学稳定性、水蒸汽隔离性能和器官感觉性能方面与均聚物基本相同。

（2）注塑工艺条件
- 干燥处理：一般不需要干燥。
- 注射温度：200～280℃，推荐注射温度为 230℃。
- 模具温度：20～80℃，推荐模具温度为 50℃。
- 注射压力：700～1200bar。
- 注射速度：推荐使用高速注射。

5．PS聚苯乙烯

聚苯乙烯是五种通用塑料中的一种，下面简要地介绍一下聚苯乙烯的性质和注塑工艺条件。

（1）特性

聚苯乙烯（PS）是一种热塑性树脂，由于其价格低廉且易加工成型。聚苯乙烯的密度 1.05 g/cm^3 左右。聚苯乙烯是一种无色、透明的塑料，具有极好的光学性能，并具有较高的刚性，但脆性大。

（2）注塑工艺条件
- 干燥处理：一般不需要干燥。
- 注射温度：180～280℃，推荐注射温度为 230℃。
- 模具温度：20～70℃，推荐模具温度为 50℃。
- 注射压力：700～1300bar。
- 注射速度：推荐使用高速注射。

6．PVC聚氯乙烯

聚氯乙烯是五种通用塑料中的一种，下面简要地介绍一下聚氯乙烯的性质和注塑工艺条件。

（1）特性

PVC（聚氯乙烯）是使用最广泛的塑料材料之一。PVC 的收缩率在为 0.2%～0.6%之间，PVC 材料是一种非结晶性材料，PVC 材料具有透明性、不易燃性、高强度、耐气候变化性，以及优良的几何稳定性。PVC 对氧化剂、还原剂和强酸都有很强的抵抗力。但是它能够被浓氧化酸如浓硫酸、浓硝酸所腐蚀，不适合与芳香烃、氯化烃接触。PVC 的流动特性相当差，其加工温度范围很窄。

（2）注塑工艺条件
- 干燥处理：通常不需要干燥处理。
- 注射温度：160～220℃，推荐注射温度为190℃。
- 模具温度：20～70℃，推荐模具温度为40℃。
- 注射压力：600～1050bar。
- 注射速度：推荐用低的注射速度。

7．ABS丙烯腈、丁二烯和苯乙烯树脂三元聚合物

ABS是一种工程塑料，也是五种通用塑料中的一种，下面简要地介绍一下ABS的性质和注塑工艺条件。

（1）特性

ABS是一种无定形的热塑塑料，它在一定温度范围内软化而不是突然熔化。ABS稍具吸湿性，在加工前应予以干燥。各种ABS材料都易于接受常用的二次加工处理，如机械加工、电镀、涂漆、粘合、紧固等。ABS塑料的一个优点就是其加工性能，ABS材料的加工操作条件范围宽广和具有良好的剪切稀化流动特性。

（2）注塑工艺条件
- 干燥处理：ABS材料具有吸湿性，要求在加工之前进行干燥处理。推荐干燥条件为80～90℃下干燥2个小时以上，ABS材料的湿度应保证小于0.1%。
- 注射温度：210～280℃；推荐注射温度为250℃。
- 模具温度：30～80℃，推荐模具温度为50℃。
- 注射压力：500～1000bar。
- 注射速度：推荐使用中高速度注射。

8．PC聚碳酸酯

聚碳酸酯是一种工程塑料，下面简要地介绍一下聚碳酸酯的性质、注塑工艺条件。

（1）特性

PC具有特别好的抗冲击强度、热稳定性、光泽度、抑制细菌特性、阻燃特性以及抗污染性。PC有很好的机械特性，但流动性能较差，因此这种材料的注塑过程较困难。

（2）注塑工艺条件
- 干燥处理：PC材料具有吸湿性，加工前需要干燥。推荐干燥条件为100～150℃，3～4个小时。PC材料加工前的湿度必须小于0.02%。
- 注射温度：260～340℃，推荐注射温度为300℃。
- 模具温度：70～120℃，推荐模具温度为95℃。
- 注射压力：推荐使用高注射压力。
- 注射速度：对于较小的浇口推荐使用低速注射，对其他类型的浇口推荐使用高速注射。

9．PA聚酰胺或尼龙

聚酰胺是一种工程塑料，聚酰胺有很多不同的产品，其性能差别不是很大，下面主要介绍其中一个产品——聚酰胺6的特性和注塑工艺条件。

（1）特性

PA6 的化学物理特性和 PA66 很相似。但是，PA6 的熔点比 PA66 低，加工温度范围比 PA66 较宽。PA6 的抗冲击性和抗溶解性比 PA66 要好，吸湿性比 PA66 强。

（2）注塑工艺条件

- 干燥处理：由于 PA6 很容易吸收水分，因此加工前需要干燥。推荐在 80～105℃，8 个小时以上的真空烘干。
- 注射温度：230～280℃，推荐注射温度为 250℃。
- 模具温度：20～100℃，推荐模具温度为 95℃。
- 注射压力：750～1250bar。
- 注射速度：推荐使用高速注射。

1.5.3 热固性塑料

热固性塑料，在加热时会软化，随后分子间发生化学键结，形成高度联接的网状结构。热固性塑料具有较好的机械强度、较高的使用温度和较佳的尺寸稳定性，许多热固性塑料是工程塑料。

在成形之前，热固性塑料和热塑性塑料一样具有链状结构。在成形过程中，热固性塑料以热或化学聚合反应，形成交联结构。一旦反应完全，聚合物分子键形成三维的网状结构。这些交联的键结将会阻止分子链之间的滑动，结果热固性塑料就变成了不溶的固体。如果没有发生裂解，即使再加热也不能使它们再次软化或熔融而进行再加工。

1. PF酚醛塑料

酚醛塑料是一种热固性塑料，下面简要地介绍一下酚醛塑料的性质和成型工艺条件。

（1）特性

酚醛塑料是一种硬而脆的热固性塑料，俗称电木粉。机械强度高，坚韧耐磨，尺寸稳定，耐腐蚀，电绝缘性能优异。密度为 1.5～2.0g/cm^3，成型收缩率一般在 0.5%～1.0%之间。

酚醛塑料成型性较好，但其收缩及方向性一般比氨基塑料大，并含有水分挥发物。成型前要预热，成型过程中要排气，不预热则应提高模温和成型压力。硬化速度一般比氨基塑料慢，硬化时放出的热量大。大型厚壁塑件的内部温度容易过高，容易发生硬化不均和过热。

（2）成型工艺条件

成型温度为 150～170℃。模温对流动性影响较大，一般超过 160℃时，流动性会迅速下降。

2. MF，UF氨基塑料

氨基塑料是一种热固性塑料，下面简要地介绍一下氨基塑料的性质、成型工艺条件。

（1）特性

氨基塑料具有耐电弧性和电绝缘性良好，耐水、耐热性较好，适于压缩成型。密度为 1.3～1.8g/cm^3，成型收缩率一般在 0.6%～1.0%之间。

氨基塑料流动性好，硬化速度快，故预热及成型温度要适当，涂料、合模及加压速度要快。含水分挥发物多，易吸湿、结块，成型时应预热干燥，并防止再吸湿，但是如果过于干燥则流动性下降。成型时有水分及分解物，有酸性，模具应镀铬以防腐蚀，成型时应排气。

（2）成型工艺条件

成型温度对塑件质量影响较大，温度过高易发生分解、变色、气泡和色泽不均，温度过低时流动性差，不光泽。成型温度在160～180℃之间。

1.6 常见制品缺陷及产生原因

注塑成型加工过程是一个涉及模具设计与制造、原材料特性与原材料预处理方法、成型工艺、注塑机操作等多方面因素，并且与加工环境条件、制品冷却时间、后处理工艺密切相关的复杂加工流程。同时，注塑成型加工过程中所用的塑料原料多种多样，模具设计的种类和形式也各不相同。

在众多的因素影响下，注塑成型制品的缺陷的出现就在所难免。因此，探索缺陷产生的内在机理和预测制品可能产生缺陷的位置和种类，并用于指导产品和模具设计与改进，注塑成型工艺的调整。归纳这些缺陷产生的原因规律，制订更为合理的工艺操作条件就显得非常重要。下面将从影响注塑成型加工过程中的塑料材料特性、模具结构、注塑成型工艺及注塑设备等主要因素来阐述注塑成型缺陷产生的原因及其解决办法。

1.6.1 飞边

飞边（Molding Flash）又称披缝、溢料、溢边等，大多发生在模具分合面上，如模具的分型面、滑块的滑配部位、顶杆的孔隙、镶件的缝隙等处。飞边缺陷分析及排除方法如下。

1. 设备缺陷

注塑机合模力不足，极易产生飞边。当注射压力大于合模力使模具分型面密合不良时容易产生溢料飞边。因此，需要检查是否增压过量和检查塑料制品投影面积与成型压力的乘积是否超出了设备的合模力，或者改用合模吨位大的注塑机。

2. 模具缺陷

在出现较多的飞边时需要检查模具、动模与定模是否对中、分型面是否紧密贴合、型腔及模芯部分的滑动件磨损间隙是否超差、分型面上有无粘附物或异物、模板间是否平行、模板的开距是否调节到正确位置、导合销表面是否损伤、拉杆有无变形、排气槽孔是否太大太深等。根据上述逐步检查，对于检查到的误差可做相应的整改。

3. 工艺条件设置不当

料温过高、注射速度太快或时间过长、注射压力在模腔中分布不均、充模速率不均衡、加料量过多，以及润滑剂使用过量都会导致飞边。因此，出现飞边后，应考虑适当降低料筒温度、喷嘴温度和模具温度，以及缩短注射周期。操作时应针对具体情况采取相应的措施。

1.6.2 气泡或真空泡

气泡或真空泡（Bubbles）缺陷，是塑料中的水分或气体留在塑料熔体中变成的气泡，或者是由于成型制品的体积收缩不均引起厚壁部分产生了空洞，形成真空泡。气泡或真空泡的出现会使得制品填充不满、表面不平等缺陷。气泡或真空泡（Bubbles）缺陷分析及排除方法如下。

1. 模具缺陷

如果模具的浇口位置不正确或浇口截面太大、主流道和分流道长而狭窄，或流道内有贮气死角或模具排气不良，这些都会引起气泡或真空泡。因此，需要针对具体情况，调整模具的结构，特别是进浇口位置应设置在塑件的厚壁处。

2. 工艺条件设置不当

许多工艺参数对产生气泡及真空泡都有直接的影响。例如，注射压力太低、注射速度太快、注射时间和周期太短、加料量过多或过少、保压不足、冷却不均匀或冷却不足、料温和模温控制不当，这些工艺条件都会引起塑料制品内产生气泡。对此，通过调节注射速度、调节注射与保压时间、改善冷却条件、控制加料量等方法避免产生气泡及真空泡。

在控制模具温度和熔体温度时，注意温度不能太高，否则会引起塑料降聚分解，产生大量气体或过量收缩，从而形成气泡或缩孔。若温度太低会造成充料压实不足，塑件内部容易产生空隙，形成真空泡。在通常情况下，将熔体温度控制得略为低一些，模具温度控制得略为高一些，就不容易产生大量的气体，也不容易产生缩孔。

3. 原料不符合使用要求

如果塑料原料中的水分或易挥发物含量超标、料粒大小不均匀、原料的收缩率太大、塑料的熔体指数太大或太小、再生料含量太多，这些因素都会影响塑件产生气泡及真空泡。对此，应分别采用预干燥原料、筛选料粒、更换树脂、减少再生料的用量等方法来处理。

1.6.3 凹陷及缩痕（Sink Mark）

凹陷及缩痕（Sink Mark）是由于缺料注射引起的局部内收收缩造成的。注塑制品表面产生的凹陷是注塑成型过程中的一个常见问题。凹陷一般是由于塑料制品壁厚不均引起的，它可能出现在外部尖角附近或者壁厚突变处。产生凹陷的根本原因是材料的热胀冷缩。凹陷及缩痕（Sink MarK）缺陷分析及排除方法如下。

1. 设备缺陷

如果注塑机的喷嘴孔太小或者喷嘴处局部阻塞，导致注射压力局部损失太大引起凹陷及缩痕。对此，应更换或进行清理喷嘴。

2. 模具缺陷

模具设计不合理或有缺陷，会在塑件表面产生凹陷及缩痕。这些不合理设计和缺陷有：

模具的流道及浇口截面太小、浇口设置不对称、进料口位置设置不合理、模具磨损过大，以及模具排气不良影响供料、补缩和冷却等。因此，针对具体的情况，采取适当扩大浇口及浇道截面、浇口位置尽量设置在制品的对称处、进料口应设置在塑件厚壁处等措施解决。

3. 工艺条件设置不当

工艺条件设置不当，会引起塑件表面产生凹陷及缩痕。例如，注射压力太低、注射及保压时间太短、注射速率太慢、料温及模温太高、塑件冷却不足、脱模时温度太高和嵌件处温度太低，这些都会引起塑件表面出现凹陷或桔皮状的细微凹凸不平。因此，应适当提高注射压力和注射速度，延长注射和保压时间，补偿熔体收缩。再如，塑件在模内的冷却不充分，会引起塑件表面产生凹陷及缩痕。可通过适当降低料筒温度和适当降低冷却水温度。

4. 原料不符合成型要求

如果塑料原料的收缩率太大、流动性能太差、塑料原料内润滑剂不足或者塑料原料潮湿，这些都会引起塑件表面产生凹陷及缩痕。因此，针对不同的情况，可分别采取选用低收缩率的树脂牌号、在塑料原料中增加适量润滑剂、对塑料原料进行预干燥处理等措施来解决。

5. 塑件形体结构设计不合理

如果塑件各处的壁厚相差很大时，厚壁部位很容易产生凹陷及缩痕。因此，设计塑件形体结构时，壁厚应尽量一致。

1.6.4　翘曲变形（Warping）

翘曲变形（Warping）是注塑制品的形状偏离了模具型腔的形状和结构。它是塑料制品成型加工中常见的缺陷之一。影响注塑制品翘曲变形的因素有很多，如模具的结构、塑料材料的热物理性能、注塑成型过程的工艺条件均对制品翘曲变形都有不同程度的影响。翘曲变形（Warping）缺陷成因分析及排除方法如下。

1. 模具缺陷

在确定浇口位置时，不要使塑料熔体直接冲击型芯，应使型芯受力均匀。在设计模具的浇注系统时，使流料在充模过程中尽量保持平行流动。

模具脱模系统设计不合理时，会引起很大的翘曲变形。如果塑件在脱模过程中受到较大的不均衡外力的作用，会使其塑料制品结构产生较大的翘曲变形。

模具的冷却系统设计不合理，使塑件冷却不足或不均，都会引起塑件各部分的冷却收缩不一致，从而产生塑件翘曲变形。因此，在模具冷却系统的设计时，使塑件各部位的冷却均衡。

2. 工艺条件设置不当

导致塑件翘曲变形的工艺操作有：注射速度太慢、注射压力太低、不过量充模条件下保压时间及注射时间和周期太短、冷却定型时间太少、熔料塑化不均匀、原料干燥处理时烘料温度过高和塑件退火处理工艺控制不当。因此，需要针对不同的情况，分别调整对应的成型加工的工艺参数。

3．原料不符合成型要求

分子取向不均衡是造成热塑性塑料的翘曲变形的主要因素。塑件径向和切向收缩的差值就是由分子取向产生的，通常，塑件在成型过程中，沿熔料流动方向上的分子取向大于垂直流动方向上的分子取向，由于在两个垂直方向上的收缩不均衡，塑件必然产生翘曲变形。

1.6.5 裂纹及白化（Craze Crack）

裂纹及白化是塑料制品注塑成型中较常见的一种缺陷，其产生的主要原因是由于应力所致。主要有残余应力、外部应力和外部环境所产生的应力。裂纹及白化（craze crack）注塑缺陷分析及排除方法如下。

1．模具缺陷

外力作用是导致塑件表面产生裂纹和白化的主要原因之一。塑件在脱模过程中，由于脱模不良，塑件表面承受的脱模力接近于树脂的弹性极限时，就会出现裂纹或白化。出现裂纹或白化后，可以采取适当增大脱模斜度，脱模机构的顶出装置要设置在塑件壁厚处，适当增加塑件顶出部位的厚度，提高型腔表面的光洁度，必要时可使用少量脱模剂等方法来解决。

2．工艺条件设置不当

残余应力过大是导致塑料制品表面裂纹和白化的主要原因之一。在工艺设置时，应按照减少塑件残余应力的要求来设定工艺参数，可以用适当增加冷却时间、缩短保压时间和降低注射压力等措施来解决。

1.6.6 欠注（Short Shot）

欠注又叫短射、充填不足、充不满、欠料，俗称欠注，指料流末端出现部分不完整现象或一模多腔中一部分填充不满，特别是薄壁区或流动路径的末端区域。产生短注的主要原因是流动过程中阻力过大，造成熔体流动不好，这些因素都有可能造成欠注。欠注（Short Shot）缺陷成因分析及排除方法如下。

1．设备问题

设备选型不当。在选用设备时，塑料制品和浇注系统的总重量不能超出注塑机的最大注射量的85%。

2．模具缺陷

浇注系统设计不合理。因此可以适当扩大流道截面和浇口面积，必要时可采用多点进料的方法。模具排气不良也会造成塑料制品欠注。因此，检查有无设置冷料穴或者其位置是否正确。

3．工艺条件设置不当

在工艺条件设置方面，影响塑料制品欠注的因素有模具温度太低、熔料温度太低、喷嘴温度太低、注射压力或保压不足、注射速度太慢等。当塑料熔体进入低温模腔后，会因冷却太快而无法充满型腔的各个角落。因此，开机前必须将模具预热至工艺要求的温度，可以用适当提高料筒的温度、适当延长注射时间、适当提高注射压力和适当提高保压时间等方法来解决。

4．原料不符合成型要求

塑料原料的流动性差，会导致填充不足，可在原料配方中增加适量助剂改善树脂的流动性能。如果塑料原料配方中润滑剂量太多，导致欠注，可减少润滑剂用量。

5．塑件结构设计不合理

当形体十分复杂且成型面积很大，或者塑件厚度与长度不成比例时，使型腔很难充满。

1.6.7　银纹（Silver Streaks）

银纹（Silver Streaks）是由于塑料中的空气和水蒸气挥发，或者其他塑料混入分解而烧焦，在塑料制品表面形成的喷溅状的痕迹。银纹（Silver Streaks）缺陷成因分析及排除方法如下。

1．模具缺陷

对于银纹，需要检查模具冷却水道是否渗漏，防止模具表面过冷结霜及表面潮湿，需要用加大浇口、加大主流道及分流道截面、加大冷料穴和增加排气孔等方法来解决。

2．工艺条件设置不当

在工艺条件设置方面，对于银纹需要用适当提高背压、降低螺杆转速、降低料筒和喷嘴温度等方法防止熔料局部过热，也可用降低注射速度等方法来解决。

3．原料不符合成型要求

降解银纹是热塑性塑料受热后发生部分降解；要尽量选用粒径均匀的树脂，减少再生料的用量。水气银纹产生的主要原因是原料中水分含量过高，水分挥发时产生的气泡导致塑件表面产生银纹，因此，必须按照树脂的干燥要求，充分干燥原料。

1.6.8　流痕（Flow Mark）

流痕（Flow Mark）是指塑件在浇口附近波浪形的表面缺陷。产生流痕主要原因是塑件温度分布不均匀或塑料熔体冷却太快。塑料熔体在浇口附近产生乱流、在浇口附近产生冷料或者在保压阶段没有补充足够的塑料也会产生流痕。流痕（Flow Mark）缺陷分析及排除方法如下。

1. 模具缺陷

当塑料熔体从流道狭小的截面流入较大截面的型腔或型腔流道狭窄且光洁度很差时，流料很容易形成湍流，导致塑件表面形成螺旋状波流痕。因此，适当扩大流道及浇口截面，可以把模具的浇口设置在厚壁部位或直接在壁侧设置浇口，可以在注料口底部及分流道端部应设置较大的冷料穴。

2. 工艺条件设置不当

在工艺条件设置不当中，造成流痕的原因有较低熔体温度、模具温度和较低的注射速度、注塑压力等。可以对注射速度采取慢—快—慢等分级控制，保持较高的模具温度，可以在工艺操作温度范围内适当提高料筒及喷嘴温度。

3. 原料不符合成型要求

塑料原料中的挥发性气体和流动性能较差的塑料熔体都可能导致塑件表面产生云雾状波流痕。因此，在条件允许的情况下，可以选用稳定性好的塑料原料和低粘度的塑料原料。

1.6.9 熔接痕（Weld Lines）

熔接痕（Weld Lines）是熔融塑料在型腔中遇到嵌件、孔洞、流速不连贯的区域、充模料流中断的区域或多个浇口进料，发生多股熔体的汇合时，非常容易发生熔接痕的现象。熔接痕不仅使塑件的外观质量受到影响，而且使塑件的力学性能受到不同程度的影响。熔接痕缺陷分析及排除方法如下。

1. 模具缺陷

模具的结构对流料的熔接状况的影响非常大，因为熔接不良主要产生于熔料的分流汇合。因此，在可能的条件下，应选用一点式浇口，尽量采用分流少的浇口形式并合理选择浇口位置，尽量避免充模速率不一致及充模料流中断，尽量在模具内设置冷料井。

2. 工艺条件设置不当

低温塑料熔体的汇合性能较差，容易形成熔接痕。因此，适当提高模具温度、适当提高料筒及喷嘴温度，还可以适当提高注射速度或者增加注射压力。

3. 原料不符合成型要求

塑料原料的流动性差，可在原料配方中适当增用少量润滑剂，提高熔料的流动性能，或者选用流动性能较好的塑料原料。当使用的原料水分或易挥发物含量太高，会导致产生的熔接不良或熔接痕。对此，可以采取原料预干燥的措施予以解决。

4. 塑件结构设计不合理

如果塑件壁厚设计的厚度悬殊大、太薄或嵌件太多，都会引起熔接不良。因此，在设计塑件结构时，应确保塑件的壁厚尽可能趋于一致、最薄部位必须大于成型时允许的最小壁厚，应尽量减少嵌件的使用。

1.6.10 变色（Color Change）

变色（Color Change）又称色泽不均（color streaks）是指注塑后的制品与标准颜色不同。变色及色泽不均故障分析及排除方法如下。

1. 模具缺陷

如果模具内的机油、脱模剂或顶销与销孔摩擦的污物混入塑料熔体内、模具冷却不均匀或者模具排气不良，都会导致塑件表面变色。因此，在注塑前应首先保证模腔清洁，可适当减少合模力、重新定位浇口，或将排气孔设置在最后充模处。

2. 工艺条件设置不当

螺杆转速，注射背压太高、注射压力太高、注射和保压时间太长、注射速度太快、料筒内有死角，以及润滑剂用量太多，都会导致塑件表面色泽不均。喷嘴处有焦化熔料积留时，适当降低喷嘴温度。对于螺杆转速、背压、注射压力、注射和保压时间等工艺参数的调整，可根据实际情况，按照逐项调整的原则进行微调。

3. 原料不符合成型要求

由着色剂分布不均匀或着色剂的性质不符合使用要求，可能造成在进料口附近或熔接部位色泽不均。因此，在选用着色剂时应对照工艺条件和塑件的色泽要求认真选择。

如果原料中易挥发物含量太高、混有其他塑料或干燥不良、纤维增强原料成型后纤维填料分布不均、纤维裸露或树脂的结晶性能太好影响塑件的透明度，都会导致塑件表面色泽不均。因此，针对不同情况需要分别处理。

1.6.11 表面光泽不良（Lusterless）

光泽不良（Low Gloss）是指表面昏暗没有光泽，如果是透明制品则透明性低下。造成光泽不良的原因很多，其他的一些注塑缺陷也是造成光泽不良的原因。表面光泽不良（Lusterless）缺陷分析及排除方法如下。

1. 模具故障

如果模具表面有伤痕、微孔、腐蚀、油污、水分、脱模剂用量太多或选用不当，都会使塑件表面光泽不良。因此，模具的型腔表面应具有较好的光洁度，模具表面必须保持清洁，及时清除油污和水渍，使用脱模剂的品种和用量要适当。

模具的脱模斜度太小、模具排气不良等模具故障都会影响塑件的表面质量，导致表面光泽不良。因此适当增加模具的脱模斜度，增加模具的排气量等方法予以排除。

2. 成型条件控制不当

模具温度对塑件的表面质量也有很大的影响，模温太高会导致塑件表面发暗。如果注射速度太快或太慢、注射压力太低、保压时间太短、纤维增强塑料的填料分散性能太差、填料外露或铝箔状填料无方向性分布、料筒温度太低、熔料塑化不良以及供料不足都会导致塑件表面光泽不良。对此，应针对具体情况进行调整。

3．成型原料不符合使用要求

塑料原料中水分或其他易挥发物含量太高、原料或着色剂分解变色导致光泽不良，以及原料的流动性能太差都会导致塑件表面光泽不良。因此，采取对原料进行预干燥处理、选用耐温较高的原料和着色剂、换用流动性能较好的树脂、增加适量润滑剂、提高模具和塑料熔体温度等方法来处理。

1.6.12 黑斑（Black Specks）

黑斑（Black Specks）是制品表面出现的暗色或暗色条纹。黑斑（Black Specks）缺陷分析及排除方法如下。

1．设备故障

如果螺杆与料筒的磨损间隙太大，会使塑料熔体在料筒中滞留时间过长，导致滞留的塑料熔体局部过热分解产生黑点及条纹。因此，观察故障能否排除，应检查料筒、喷嘴内有无贮料死角并修磨光滑。

2．模具故障

如果模具排气不良，使熔料过热分解产生黑点及暗色条纹。对此，应检查浇口位置和排气孔位置是否正确、选用的浇口类型是否合适；清除模具内粘附的防锈剂、顶针处的渗油等物质。

3．成型条件控制不当

如果注射压力太高、注射速度太快、充模时塑料熔体与型腔腔壁的相对运动速度太高，很容易产生摩擦过热，使熔料分解产生黑点及暗色条纹。因此，应适当降低注射压力和注射速度。

料温太高会使塑料熔体过热分解，形成碳化物。因此，应立即检查料筒的温度控制器是否失控，并适当降低料筒温度。

4．原料不符合成型要求

如果原料中再生料用量太多、易挥发物含量太高、水敏性树脂干燥不良、润滑剂品种选用不正确或使用超量、细粉料太多、原料着色不均，都会不同程度地导致塑件表面产生黑点及条纹。对此应针对不同情况，采取相应措施，分别排除。

1.6.13 脱模不良（Die Adhesion）

脱模不良（Die Adhesion）通常是浇口料未同制品一起脱模以及不正常的操作而引起的

制品粘模现象。无论浇口料黏模流道，还是制品粘在模腔上，造成脱模不良的根源可能是注塑设备故障引起的，也可能是注塑工艺不当引起的。脱模不良（Die Adhesion）缺陷成因分析及解决办法如下。

1. 模具故障

产生粘模及脱模不良，模具故障是其中主要原因之一。模具型腔表面粗糙，模具的型腔及流道内留有凿纹、刻痕、伤痕、凹陷等表面缺陷；模具刚性不足、在注射压力的作用下产生形变、脱模斜度不足，这些因素都很容易使塑件粘附在模具内，导致脱模困难。因此，应采取提高模腔及流道的表面光洁度或修复损伤部位和减小镶块缝隙、设计足够的刚性和强度、保证足够的脱模斜度等措施分别排除。

2. 工艺条件控制不当

如果螺杆转速太高、注射压力太大、注射保压时间太长，就会形成过量填充，使得成型收缩率比预期小，脱模困难。如果料筒及熔料温度太高、注射压力太大，热熔料很容易进入模具镶块间的缝隙中产生飞边，导致脱模不良。因此，在排除粘模及脱模不良故障时，应适当降低注射压力、缩短注射时间、降低料筒温度、延长冷却时间，以及防止熔料断流等。

3. 原料不符合使用要求

如果在塑料原料中混入杂质，或者不同品级的塑料原料混用，都会导致塑件粘模。脱模剂使用不当也会对粘模产生一定程度的影响。

1.6.14 尺寸不稳定（Unstable Gauge）

尺寸不稳定（Unstable Gauge）是指在相同的注塑机和成型工艺条件下，每一批塑料制品之间或每模生产的各型腔塑料制品之间，塑件的尺寸发生变化。产品尺寸的变化是由于设备、注塑条件不合理及物料性能有变化等原因造成的。尺寸不稳定（Unstable Gauge）注塑缺陷分析及排除方法如下。

1. 设备故障

如果注塑设备的塑化容量不足、注塑机供料不稳定、注塑机螺杆的转速不稳定、液压系统的止回阀失灵、温度控制系统出现热电偶烧坏、加热器烧坏等，都会引起塑件的尺寸不稳定。这些故障只要查出后予以解决排除。

2. 模具故障

影响到塑件的尺寸不稳定的因素有模具的结构设计和制造精度。在成型过程中，如果模具的刚性不足或者模腔内的成型压力太高，使模具产生了过大的变形，就会造成塑件成型尺寸不稳定。如果模具的导柱与导套间的配合间隙由于制造精度差或磨损太多而超差，也会使塑件的成型尺寸精度下降。

3. 工艺条件设置不当

注射成型时，温度、压力和时间等各项工艺参数，必须严格按照工艺要求进行控制，尤其是每种塑件的成型周期必须一致,不可随意变动。

注射压力太低、保压时间太短、模温太低或不均匀、料筒及喷嘴处温度太高,以及塑件冷却不足,都会导致塑件形体尺寸不稳定。因此,采用较高的注射压力和注射速度、适当延长充模和保压时间、适当提高模具温度和料筒温度等措施,都有利于提高塑件的尺寸稳定性,分别排除。

4．成型原料选用不当

成型原料的收缩率对塑件尺寸精度影响很大、成型原料的收缩率很大,也很难保证塑件的尺寸精度。一般情况下,成型原料的收缩率越大或者收缩率波动越大,则塑件的尺寸精度越难保证。因此,在选用成型树脂时,必须充分考虑原料成型后的收缩率对塑件尺寸精度的影响。

1.6.15 喷射（Jetting）

喷射又叫喷射痕、喷射流涎,是指在制品的浇口处出现的流线。当塑料熔体高速流过喷嘴、流道和浇口等狭窄区域后,突然进入相对高的、相对较宽的小阻力区域后,熔融物料会沿着流动方向如蛇一样弯曲前进,与模具表面接触后迅速冷却而不能与后续进入型腔的熔融物料很好地融合,就在制品上造成了明显的流纹。喷嘴流涎故障分析及排除方法如下。

1．设备缺陷

注塑机的喷嘴孔太大会造成喷射。应换用小孔径的喷嘴,或使用弹簧针阀式喷嘴和倒斜度喷嘴。

2．模具缺陷

在热流道模具中,为了防止喷嘴流涎,应设置可释放模腔中残余应力的装置。

3．工艺条件设置不当

会造成喷嘴流涎的工艺条件有喷嘴处局部温度太高、熔料温度太高、料筒内的余压太高。因此,用适当降低喷嘴温度、降低料筒温度、缩短模塑周期、在喷嘴内设置滤料网、适当降低注射压力等方法来解决喷嘴流涎。

4．成型原料选用不当

成型原料水分含量太高,也会引起喷嘴流涎。因此,应干燥原料。

1.6.16 表面剥离（Delamination）

表面剥离（Delamination）是指塑料制品表面的层剥离塑料。表面剥离注塑缺陷分析及排除方法如下。

1．模具缺陷

将浇口与型腔的转角平滑化,可以避免造成塑料剥离。

2. 工艺条件设置不当

如果塑料熔体温度太低，塑件层之间可能无法熔融连接好，受到顶出的作用力，很有可能使塑件表面剥离，故可以提高料筒温度、提高模具温度或者提高背压。尽量避免使用过量的脱模剂解决脱模问题，应该改善顶出系统来排除脱模困难。提高射出速度也可以改善塑件表面剥离。

3. 成型原料选用不当

回收塑料过多或有杂质、塑料含水量过大，都会可能引塑件表面剥离。因此，减少回收塑料的用量、使用无污染的塑料、将塑料干燥达到注塑工艺要求等方法来解决塑件表面剥离的缺陷。

1.6.17 鱼眼（Fish Eyes）

鱼眼（Fish Eyes）是一种塑件表面的瑕疵，是未熔化的塑料被压挤到模穴内，呈现在塑件表面的瑕疵。鱼眼注塑缺陷分析及排除方法如下。

1. 工艺条件设置不当

如果塑料料筒温度太低、螺杆转速太低和背压太低，使塑料没有完全熔融，很有可能产生鱼眼，故可以提高料筒温度、提高螺杆转速或者提高背压。尽量避免使用过量的脱模剂解决脱模问题，应该改善顶出系统来排除脱模困难，提高射出速度也可以改善塑件表面剥离。

2. 成型原料选用不当

回收塑料过多或有杂质，都会可能引鱼眼。因此，减少回收塑料的用量、使用无污染的塑料等方法来解决鱼眼的缺陷。

1.7 本章小结

本章主要学习了 Moldflow 模流分析所需要的一些基本的专业知识，包括注塑机、注塑模具、塑料成型加工工艺、塑料材料的知识和常见制品缺陷及产生原因方面的知识。本章学习的重点和难点是掌握塑料成型加工工艺的理论知识和实践经验，以及常见制品缺陷、产生原因和解决方法等方面的知识和经验。下一章将介绍模流分析软件及其安装。

第 2 章　Autodesk Moldflow 软件简介及安装

Autodesk Moldflow 提供了两个模拟分析软件：AMA（Autodesk Moldflow Adviser，塑件顾问）和 AMI（Autodesk Moldflow Insight，高级成型分析专家），分别为不同的使用者提供服务。本章将简单介绍 Moldflow 软件的基本情况，主要包括 Moldflow 软件的几个主要组成部分，以及本书要介绍的软件的主要模块的基本功能和 Autodesk Moldflow Insight 2010 软件的安装。Moldflow 软件是按模块分别安装的，通过学习安装 Autodesk Moldflow 软件，使读者对该软件有一个较深的认识。

2.1　Autodesk Moldflow 软件简介

Moldflow 软件最初由 Moldflow 公司研发。该公司是一家专业从事塑料成型计算机辅助工程分析（CAE）的软件和咨询公司，是塑料分析软件的创造者。自 1976 年发行世界上第一套流动分析软件以来，它一直主导着塑料 CAE 软件市场。

后来，Moldflow 公司被欧特克（Autodesk）公司收购。收购后，该软件被命名为 Autodesk Moldflow。目前，Moldlfow 的最新版本为 Autodesk Moldflow 2010。Autodesk Moldflow 2010 软件在性能、仿真分析精确度，以及与主流计算机辅助设计（CAD）软件的互操作性等方面都实现了进一步提升，为优化塑料产品设计、模具设计与模具制造提供了更加出色的解决方案。

在产品的设计及制造过程中，Moldflow 提供了两大模拟分析软件：AMA（Autodesk Moldflow Adviser，塑件顾问）和 AMI（Autodesk Moldflow Insight，高级成型分析专家）。

1. Autodesk Moldflow Adviser（塑件顾问）

它简化了塑料注塑成型的仿真分析功能，帮助设计者对其早期设计进行快速分析和验证，以避免出现制造延误或代价高昂的模具返工。AMA 简便易用，能快速响应设计者的分析变更，因此主要针对注塑产品设计工程师、项目工程师和模具设计工程师，用于产品开发早期快速验证产品的制造可行性，AMA 主要关注外观质量（熔接线、气穴等）、材料选择、结构优化（壁厚等）、浇口位置和流道（冷流道和热流道）优化等问题。

2. Autodesk Moldflow Insight（高级成型分析专家）

它凭借其丰富的塑料材料数据库，可对业内最先进的成型工艺进行有效的深度仿真。AMI 用于注塑成型的深入分析和优化，是全球应用最广泛的模流分析软件之一。企业通过 Moldflow 这一有效的优化设计制造的工具，可将优化设计贯穿于设计制造的全过程，彻底改变传统的依靠经验的"试错"的设计模式，使产品的设计和制造尽在掌握之中。

2.2 Autodesk Moldflow 软件的安装

Autodesk Moldflow 软件的安装跟其他 Windows 软件的安装方法类似。本节主要讲解 Autodesk Moldflow Insight 2010 和 Autodesk Moldflow Design Link 2010 模块的安装，其他的模块安装就不用介绍了。有兴趣的读者自己去安装试一试。Autodesk Moldflow Insight 2010 这个模块是 Autodesk Moldflow 软件的主模块，有了它，就可以使用 Autodesk Moldflow 软件了。Autodesk Moldflow Design Link 2010 模块是 Autodesk Moldflow 软件与其他软件的数据转换模块。

2.2.1 安装 Autodesk Moldflow Insight 2010 模块

首先介绍 Autodesk Moldflow Insight 模块的安装，读者可以跟着下面的操作过程一步一步地学习。

（1）插入光盘，打开资源管理器。打开 cdstartup 目录。双击光盘根目录下的【cdstartup.exe】文件，弹出【Autodesk Moldflow 2010】软件安装界面的对话框，如图 2.1 所示。

（2）选择【Autodesk Moldflow Insight 2010】选项，弹出【Autodesk Moldflow Insight 2010】选择语言界面的对话框，如图 2.2 所示。

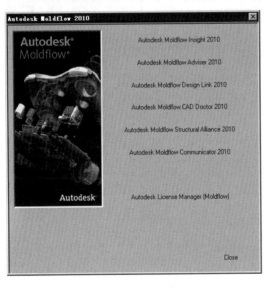
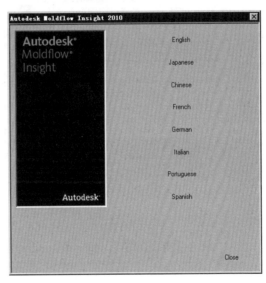

图 2.1 【Autodesk Moldflow 2010】软件安装界面　　图 2.2 【Autodesk Moldflow Insight 2010】选择语言

（3）可以根据情况选择英文、中文或者其他语言。现在选择中文安装选项。单击【Chinese】命令，弹出【Autodesk Moldflow Insight 2010】组件选择对话框，如图 2.3 所示。

（4）选择【Install Autodesk Moldflow Insight 2010】选项，弹出【Setup-Autodesk Moldflow Insight】对话框，如图 2.4 所示。

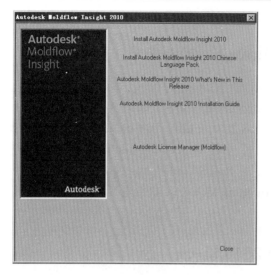 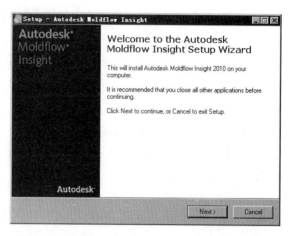

图 2.3 【Autodesk Moldflow Insight 2010】组件选择对话框

图 2.4 安装【Autodesk Moldflow Insight】对话框

（5）单击【Next】按钮，弹出【License Agreement】对话框，选择【I accept the agreement】选项，如图 2.5 所示。

（6）单击【Next】按钮，弹出【Select Destination Location】对话框，可以选择不同的目录来安装。本例采用程序默认的安装目录，如图 2.6 所示。

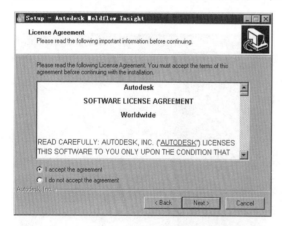 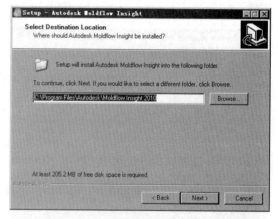

图 2.5 【License Agreement】对话框

图 2.6 【Select Destination Location】对话框

（7）单击【Next】按钮，弹出【Standard or Custom User Folder】对话框，选择【In each user's My Documents' folder】选项，如图 2.7 所示。

（8）单击【Next】按钮，可以选择不同的目录来安装，本例采用程序默认的安装目录，弹出【Select Temporary Filer Folder】对话框，如图 2.8 所示。

（9）单击【Next】按钮，弹出【Ready to Install】对话框，如图 2.9 所示。

（10）单击【Install】按钮，弹出【Installing】对话框，如图 2.10 所示。

（11）安装完 Autodesk Moldflow Insight 2010 后，自动弹出【安装程序—Autodesk License Manager（Moldflow）】对话框，如图 2.11 所示。

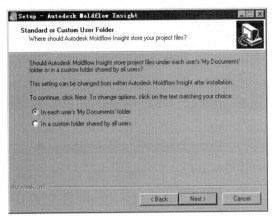

图 2.7 【Standard or Custom User Folder】对话框　　图 2.8 【Select Temporary Filer Folder】对话框

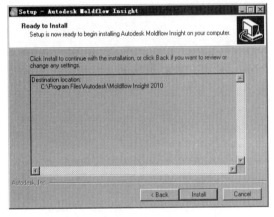

图 2.9 【Ready to Install】对话框　　图 2.10 【Installing】对话框

（12）可以选择不同的目录来安装。本例采用程序默认的安装目录。单击【下一步】按钮，弹出安装程序—【选择 Autodesk License Manager（Moldflow）组件】对话框，如图 2.12 所示。

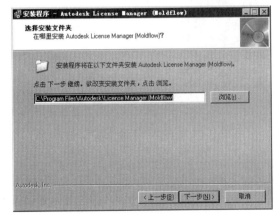
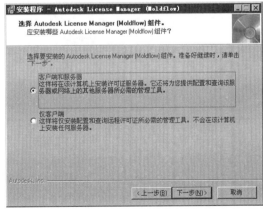

图 2.11 【Autodesk License Manager （Moldflow）】对话框　　图 2.12 【选择 Autodesk License Manager （Moldflow）组件】对话框

（13）选择【客户端和服务器】选项或【仅客户端】选项，具体选择哪一项，请咨询 Autodesk Moldflow 公司或其代理商。本例选择【客户端和服务器】选项，选择完成后，单击【下一步】按钮，弹出安装程序—【Autodesk License Manager（Moldflow）服务器】对话框，如图 2.13 所示。

（14）可以输入服务器的主机名。本例采用程序默认的主机名。单击【下一步】按钮，弹出【准备安装】对话框，如图 2.14 所示。

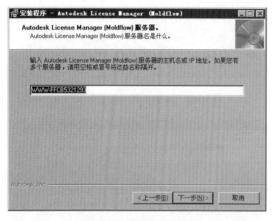

图 2.13 【Autodesk License Manager（Moldflow）服务器】对话框

图 2.14 【准备安装】对话框

（15）单击【安装】按钮，弹出【正在安装】对话框，如图 2.15 所示。

（16）安装完成后，弹出【完成 Autodesk License Manager（Moldflow）安装向导】对话框，如图 2.16 所示。

图 2.15 【正在安装】对话框

图 2.16 【完成 Autodesk License Manager（Moldflow）安装向导】对话框

（17）单击【完成】按钮，退出 Moldflow Insight 2010 许可证管理安装程序。在图 2.3 中选择【Install Autodesk Moldflow Insight 2010 Chinese Language Pack】选项，弹出【选择安装语言】对话框，如图 2.17 所示。

（18）单击【确定】按钮，弹出安装程序—【欢迎安装 Autodesk Moldflow Insight 简体中文语言包】对话框，如图 2.18 所示。

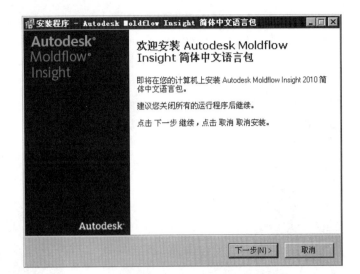

图 2.17 【选择安装语言】对话框　　图 2.18 【安装 Autodesk Moldflow Insight 简体中文语言包】对话框

（19）单击【下一步】按钮，弹出【准备安装】对话框，如图 2.19 所示。

（20）单击【安装】按钮，弹出【完成 Autodesk Moldflow Insight 简体中文语言包安装向导】对话框，如图 2.20 所示。

 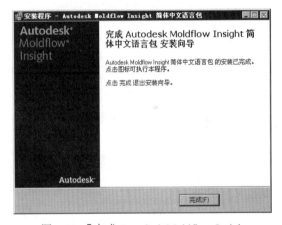

图 2.19 【准备安装】对话框　　图 2.20 【完成 Autodesk Moldflow Insight 简体中文语言包安装向导】对话框

（21）安装完成后，单击【完成】按钮。退出安装 Autodesk Moldflow Insight 2010 程序。

2.2.2　安装 Autodesk Moldflow Design Link 2010 模块

Autodesk Moldflow Design Link 2010 模块的主要功能是：其他主流 CAD 软件生成的模型可以直接输入到 Autodesk Moldflow 中。作者通过使用对比后发现，安装 Autodesk Moldflow Design Link 2010 模块后，输入到 Autodesk Moldflow 的模型在划分网格时不合理的情况大大减少了。

（1）图 2.1 中的 Moldflow 软件安装画面，选择【Autodesk Moldflow Design Link 2010】选项，弹出【Autodesk Moldflow Design Link 2010】对话框，如图 2.21 所示。

（2）选择【Install Autodesk Moldflow Design Link 2010】选项，弹出【Setup-Autodesk Moldflow Design Link】对话框，如图 2.22 所示。

图 2.21 【Autodesk Moldflow Design Link 2010】对话框

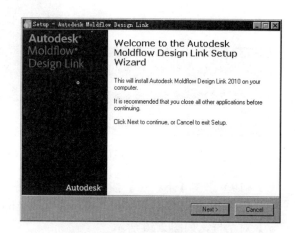
图 2.22 【Setup-Autodesk Moldflow Design Link】对话框

（3）单击【Next】按钮，弹出【License Agreement】对话框，选择【I accept the agreement】选项，如图 2.23 所示。

（4）单击【Next】按钮，弹出【Select Destination location】对话框，如图 2.24 所示。

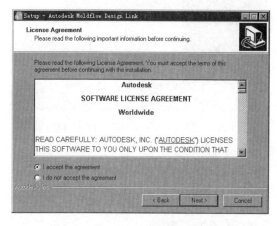
图 2.23 【License Agreement】对话框

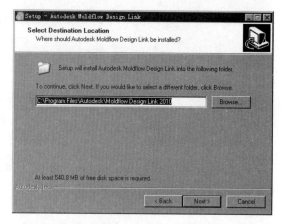
图 2.24 【Select Destination location】对话框

（5）可以选择不同的目录来安装。本例采用程序默认的安装目录。单击【Next】按钮，弹出【Ready to Install】对话框，如图 2.25 所示。

（6）单击【Install】按钮，弹出【Installing】对话框，如图 2.26 所示。

（7）【Installing】对话框完成后，弹出【Microsoft Visual C++ 2005 Redistributable】对话框，如图 2.27 所示。

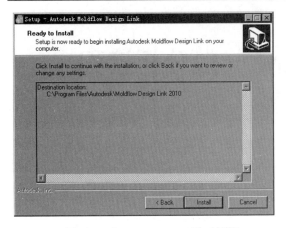

图 2.25 【Ready to Install】对话框

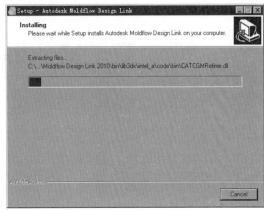

图 2.26 【Installing】对话框

（8）配置和安装完【Microsoft Visual C++ 2005】后，弹出【Completing the Autodesk Moldflow Design Link Setup Wizard】对话框，如图 2.28 所示。

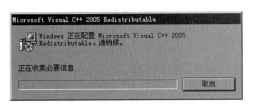

图 2.27 【Microsoft Visual C++ 2005 Redistributable】对话框

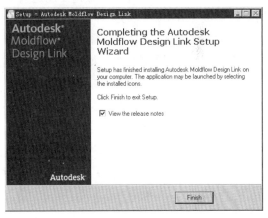

图 2.28 【Completing the Autodesk Moldflow Design Link Setup Wizard】对话框

（9）单击【Finish】按钮，退出安装 Autodesk Moldflow Design Link 2010 模块程序。其他模块程序读者可以自行选择安装。

2.3 本章小结

本章主要介绍了 Autodesk Moldflow 软件包的基本情况和安装。本章的重点和难点是 Autodesk Moldflow Insight 和 Autodesk Moldflow Design Link 2010 模块的安装。下一章将初步认识一下 Moldflow 分析的一般流程。

第 3 章　Moldflow 一般分析流程

Moldflow 的分析流程是指一个分析任务一般所需要完成的步骤。本章通过一个实例介绍 Moldflow 软件进行分析的一般操作过程，使读者形成一个清晰、明确的分析操作思路。对于一个 Moldflow 分析过程，需要做些什么工作。通过本章的学习，读者能对 Moldflow 分析过程有一个较全面的认识。

3.1　新建一个工程项目

在 Moldflow 的分析中，首先要创建一个工程（Project），就像创建一个新文件夹一样，用于包含整个分析过程的文件和数据（可以包含多个分析过程和报告）。

启动 Moldflow 软件，选择【文件】|【新建工程】命令，弹出【创建新工程】对话框，如图 3.1 所示。在【工程名称】文本框中输入设定的项目名称，如 ch3。在【创建位置】文本框中输入该工程的文件目录，本例采用默认值，单击【确定】按钮，创建该工程。

图 3.1　【创建新工程】对话框

3.2　导入或新建 CAD 模型

对于一个 Moldflow 分析，必须有一个分析的对象，也就是要有一个塑料制品，将一个塑料制品输入电脑，就成了一个二维或三维的 CAD 模型。Moldflow 可以创建一个 CAD 模型，也可以把其他 CAD 软件创建的模型输入到 Moldflow 中，也就是导入 CAD 模型。选择【文件】|【导入】命令，弹出【导入】对话框，在此对话框中，可以选择指定文件夹下的某一个 CAD 文件，如图 3.2 所示。

选择文件后，单击【Open】按钮，弹出【导入—选择网格类型】对话框，如图 3.3 所示。

图 3.2　【输入】对话框

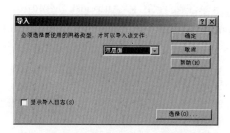

图 3.3　【导入—选择网格类型】对话框

选择【双层面】网格模式,单击【确定】按钮,完成导入一个 CAD 模型。

3.3 划 分 网 格

在导入或新建模型之后,要对未划分网格的模型进行网格划分,以便计算机分析和运算。在图 3.3 中,单击【确定】按钮,弹出【Autodesk Moldflow Design Link 屏幕输出】对话框,如图 3.4 所示。程序经过一段时间运行等待后,【Autodesk Moldflow Design Link 屏幕输出】对话框关闭,网格自动划分完成,如图 3.5 所示。

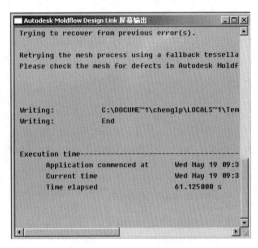

图 3.4 【Autodesk Moldflow Design Link 屏幕输出】对话框

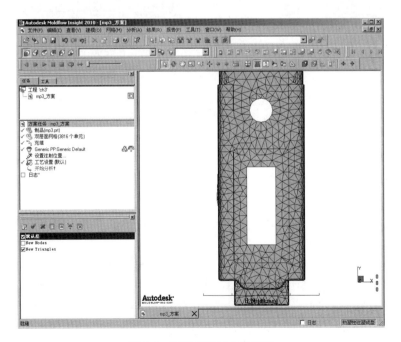

图 3.5 网络自动划分的结果

一般情况下，自动划分的网格有时不是很理想，需要重新划分网格。选择【网格（Mesh）】|【生成网格】命令，或者在任务窗口中双击【创建网格】图标，弹出【生成网格】对话框。在全局网格边长（Global edge length）右侧文本框中输入合理的网格单元边长。对于导入文件格式为 IGES 的情况，还要输入合并容差（IGES merge tolerance），其默认值一般是 0.1mm，如图 3.6 所示。

单击【立即划分网格】按钮，等待电脑分析计算完成后，如图 3.7 所示。从图 3.5 可以看出有害物 816 个网格单元，而从图 3.7 中可以看出有 6630 个网格单元，这说明现在的网格划分比以前的多了，网格更细了。

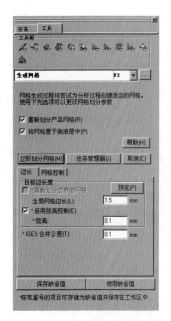 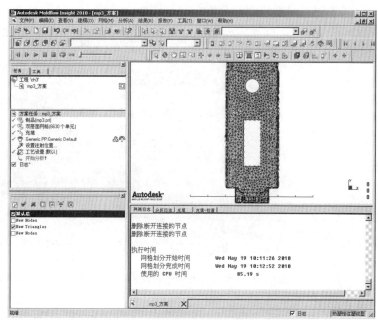

图 3.6 【生成网格】对话框　　　　　　　　图 3.7 网络划分结果

3.4 检验及修改网格

网格划分后，网格可能存在错误或缺陷。因此，需要检查网格可能存在的错误或缺陷。注意，不是每一个塑料制品在进行网格划分后每一项都有错误，本例只针对有错误的地方进行修改和讲解。

选择【网格（Mesh）】|【网格统计（Mesh Statistics）】命令，等待一会儿，弹出【网格统计】对话框，如图 3.8 所示。

查看图 3.8 所示的各项网格质量统计报告。该报告显示网格无自由边、无相交单元等问题。报告还指出网格最大纵横比为 37.543（大于 6），这可能会影响到分析结果的准确性。另外，匹配率也是很重要的。对于这个案例匹配为 88.6%（大于 85%），符合要求。单击【关闭】按钮，关闭【网格统计】结果对话框。

选择【网格（Mesh）】|【网格诊断（Mesh Diagnostic）】|【纵横比诊断（Aspect Ratio

Diagnostic）】命令，弹出【纵横比诊断（Aspect Ratio Diagnostic）】对话框；在最小值一栏中输入 6；确认下拉式菜单中的显示（Display）处于选中状态，并且勾选【将结果放置到诊断层中（Place results in diagnostic layer）】选项前的选择框也已被选中，如图 3.9 所示。

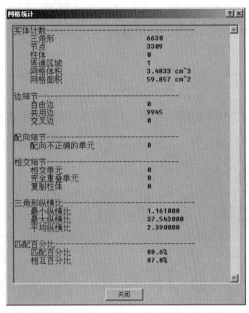

图 3.8 【网格统计】结果对话框

单击【显示（Show）】按钮。在图形编辑窗口中显示了高纵横比的单元，如图 3.10 所示。用长短线标明了这些单元。长线表示纵横比比较高的单元，短线表示较低的单元，但它们的纵横比都大于了 6。这些单元已单独放在了另外一层中，这样就可以更直观地看到有问题的单元。

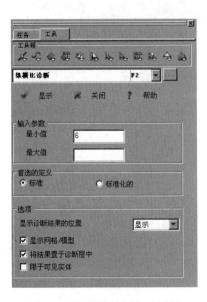

图 3.9 【纵横比诊断】对话框

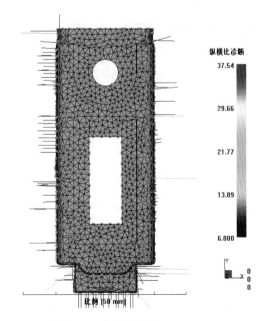

图 3.10 网格纵横比

网格修复向导工具是一个作用频率较高的工具，使用它可以提高工作效率。在进行修复之前，它会告诉用户出现了什么问题。但是要注意的是，使用这个工具时，处理好一个或几个问题后，可能产生一个或几个新的问题。

下面将介绍一下使用网格修复向导工具来处理网格缺陷，操作过程如下。

（1）选择【网格（Mesh）】|【网格修复向导（Mesh Repair Wizard）】命令，弹出【网格修复向导－缝合自由边】对话框，如图 3.11 所示。

（2）从图 3.11 中发现没有自由边存在，故不需修复。单击【跳过】按钮，弹出【网格修复向导－填充孔】对话框，如图 3.12 所示。

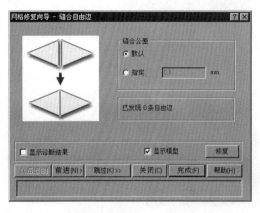

图 3.11 【网格修复向导－缝合自由边】对话框　　　图 3.12 【网格修复向导－填充孔】对话框

（3）从图 3.12 中可以得知，不存在任何孔，故不需修复。单击【跳过】按钮，弹出【网格修复向导－突出】对话框，如图 3.13 所示。

（4）从图 3.13 中得知，已发现 0 个突出单元，故不需修复。单击【跳过】按钮，弹出【网格修复向导－退化单元】对话框，如图 3.14 所示。

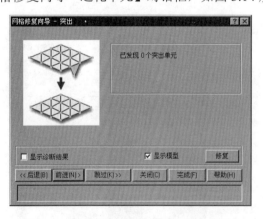 

图 3.13 【网格修复向导－突出】对话框　　　图 3.14 【网格修复向导－退化单元】对话框

（5）在图 3.14 中，单击【修复】按钮。等待几秒钟，显示修复退化单元的结果，如图 3.15 所示。

（6）在图 3.15 中，单击【跳过】按钮，弹出【网格修复向导－反向法线】对话框，如图 3.16 所示。

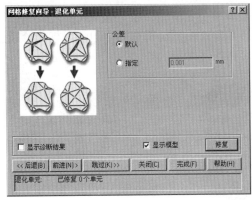

图 3.15 【网格修复向导－退化单元】对话框　　　图 3.16 【网格修复向导－反向法线】对话框

（7）从图 3.16 中得知，已发现 0 个未取向的单元，因此不需修复。单击【跳过】按钮，弹出【网格修复向导－修复重叠】对话框，如图 3.17 所示。

（8）从图 3.17 中得知，已发现 0 个重叠和 0 个交叉点，因此不需修复。单击【跳过】按钮，弹出【网格修复向导－折叠面】对话框，如图 3.18 所示。

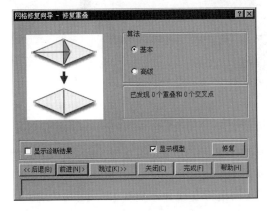
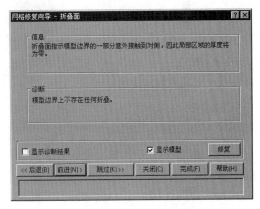

图 3.17 【网格修复向导－修复重叠】对话框　　　图 3.18 【网格修复向导－折叠面】对话框

（9）从图 3.18 中可以知道，模型边界上不存在任何折叠，因此不需要修复。单击【跳过】按钮，弹出【网格修复向导－纵横比】对话框，如图 3.19 所示。

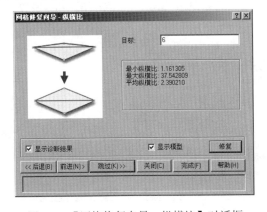

图 3.19 【网格修复向导－纵横比】对话框

(10) 在图 3.19 中,可以清楚地知道当前模型的最小纵横比、最大纵横比和平均纵横比的值。勾选【显示诊断结果】复选框,等待几秒钟后,在图形编辑窗口中出现纵横比诊断结果,如图 3.20 所示。

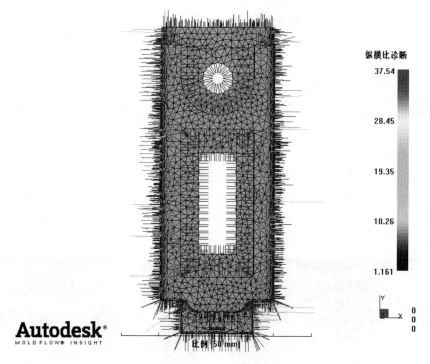

图 3.20　在图形编辑窗口中纵横比诊断结果

(11) 在图 3.19 中,单击【修复】按钮。等待几秒钟,显示修复纵横比的结果,如图 3.21 所示。

(12) 在图 3.19 中,单击【前进】按钮,弹出【网格修复向导－摘要】对话框,如图 3.22 所示。

(13) 在图 3.22 中,可以了解到网格修复向导处理了多少个网格单元。单击【关闭】按钮,退出网格修复向导对话框。

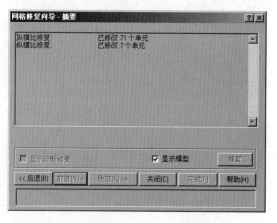

图 3.21　【网格修复向导－纵横比】对话框　　　　图 3.22　【网格修复向导－摘要】对话框

使用网格工具来降低网格纵横比，本例再介绍通过合并节点工具来修复网格。图 3.23 显示的网格问题可通过用合并节点的方法来处理。

下面将介绍如何使用合并节点工具，操作过程如下：

（1）选择【网格】|【网格工具】|【节点工具】|【合并节点】命令，弹出【合并节点】对话框，如图 3.24 所示。

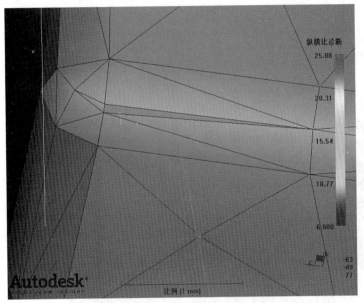

图 3.23 要修改的网格

图 3.24 【合并节点】对话框

（2）在图 3.25 中，即在图形编辑窗口中，选择的第一个节点是要保留的节点，选图中的第 1 个节点。

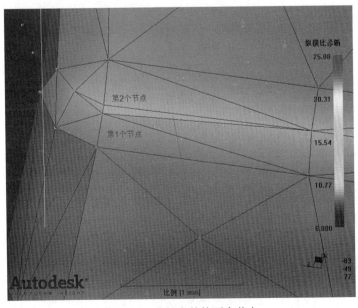

图 3.25 选择合并的两个节点

（3）选择图 3.25 中的第 2 个节点。

注意：为了便于讲解，图中的第 1 个节点、第 2 个节点是作者标上去的，以下相同。

（4）单击【合并节点】对话框中的【应用】按钮，完成一次节点的合并的操作，在图形编辑窗口中结果如图 3.26 所示。

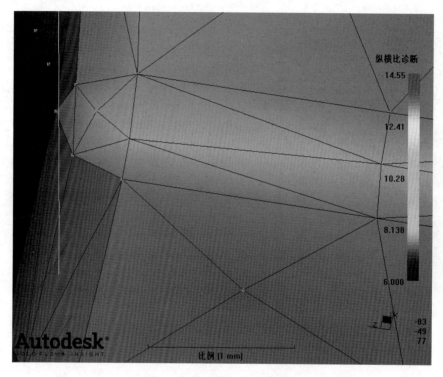

图 3.26　合并两个节点的结果

其他的网格的处理本例不作详细的介绍，请读者自己去练习完成。作者把处理完的网格的模型文件放在光盘\例子\CH3\CH3-4 文件夹下。

3.5　选择分析类型

Autodesk Moldflow Insight 2010 的分析类型有充填、保压、冷却、应力还有它们之间的组合，以及组合再加上翘曲分析等。本例进行充填+冷却分析。

方案任务区的分析类型为充填，双击【充填】图标，从弹出的【分析类型】对话框中选择【充填+冷却】选项，单击【确定】按钮完成选择。如果打开的分析类型队列中没有，可以单击【更多】按钮，在弹出的【自定义常用分析序列】对话框中选择。也可以选择【分析】|【设置分析序列】|【自定义分析序列】命令，弹出【自定义常用分析序列】对话框，如图 3.27 所示。

勾选【充填+冷却】选项，单击【确定】按钮，退出【自定义常用分析序列】对话框。

再次选择【分析】|【设置分析序列】|【充填+冷却】命令，完成分析类型的设置，如图 3.28 所示。

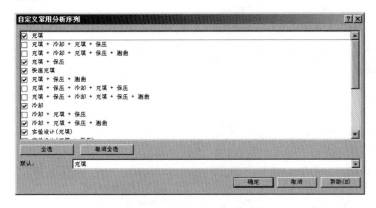

图 3.27 【自定义常用分析序列】对话框

图 3.28 充填+冷却分析类型

3.6 选择成型材料

本章选择常用于电子产品的 PC（聚碳酸酯）作为分析的成型材料。

（1）选择【分析】|【选择材料】命令，弹出【选择材料】对话框，如图 3.29 所示。从图中【制造商】下拉列表框中选择材料的生产者（本例选择 Dow Chemical USA），再从【牌号】下拉列表框中选择所需要的牌号（本例选择的是 Calbre 301 EP 20）。

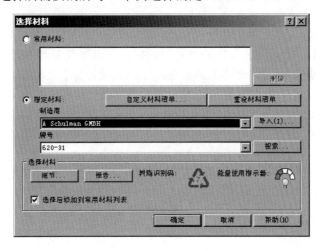

图 3.29 【选择材料】对话框

（2）单击【细节】按钮，弹出【热塑性塑料】对话框。图 3.30 的材料对话框显示了 PC 材料的成型工艺参数。

（3）单击 OK 按钮，退出【热塑性塑料】对话框。再次单击【确定】按钮，完成选择并退出【选择材料】对话框，结果如图 3.31 所示。

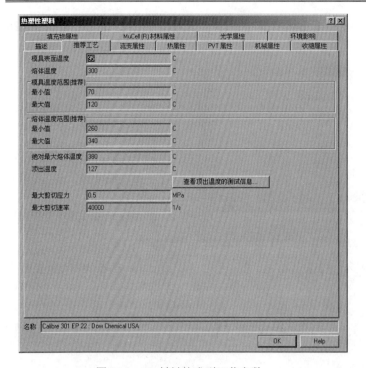

图 3.30　PC 材料的成型工艺参数　　　　　图 3.31　完成材料选择

3.7　工 艺 参 数

本章直接采用 Autodesk Moldflow Insight 2010 默认的成型工艺条件。图 3.32 和图 3.33 分别是充填工艺条件和冷却工艺条件的设置对话框。在方案任务区的工艺设置为默认，双击【工艺设置（默认）】图标，弹出【工艺设置向导－充填设置】对话框，如图 3.32 所示。单击 Next 按钮，弹出【工艺设置向导－冷却设置】对话框，如图 3.33 所示。

图 3.32　【工艺设置向导－充填设置】对话框

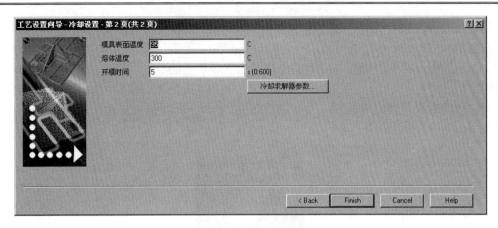

图 3.33 【工艺设置向导－冷却设置】对话框

3.8 选择浇口位置

进行充填、流动、冷却等分析时，必须进行浇口设置，否则分析无法进行。本章浇口位置的选择采用的是 Autodesk Moldflow Insight 2010 提供的浇口位置分析。根据分析得到的最佳浇口位置进行选择浇口位置。Autodesk Moldflow Insight 2010 的浇口位置分析为用户进行成型分析提供了很好的参考，避免了由于浇口位置设置不当引起的制品缺陷。

进行浇口位置分析时不用设置浇口位置。复制 mp3 方案，在项目中生成一个新的分析方案。具体操作是：右击在方案任务区的【方案任务：mp3_方案】图标，在弹出的快捷菜单中选择【复制】命令，完成复制一个 mp3 方案。双击完成复制后的图标，激活该方案。把该方案的分析类型设置为浇口位置，具体操作是选择【分析】|【设置分析序列】|【浇口位置】命令，完成分析类型的设置。浇口位置分析也采用 Autodesk Moldflow Insight 2010 默认的成型工艺条件。

双击【开始分析】图标，程序开始运行。运行完成后，得到最佳浇口位置，结果如图 3.34 所示。

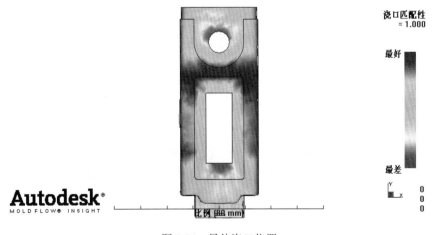

图 3.34 最佳浇口位置

分析结果图 3.34 中给出了浇口位置分布的合理程度系数。其中,最佳浇口位置的合理程度系数为 1。从图 3.34 中可以看到,Autodesk Moldflow 分析出的最佳浇口位置在中部靠上方附近(在左边制品模型中查找与右边的浇口匹配性图示中的颜色对应的颜色,右边图示中最上端的颜色是绿色,则表示左边图示中绿色的位置就是最佳浇口位置)。下面就可以根据浇口位置的分析结果设置浇口位置,然后进行充填+冷却分析。图 3.35 所示的是选择了浇口位置的模型。

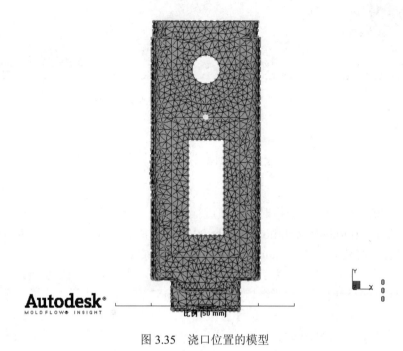

图 3.35 浇口位置的模型

3.9 创建浇注和冷却系统

本例创建浇注系统和冷却系统采用向导来完成的。使用向导创建浇注系统操作步骤如下。

(1)选择【建模】|【流道系统向导】命令,弹出【流道系统向导-布置】对话框,单击【模型中心】按钮,使主流道位于模型的中心,有利于注射压力和锁模力的平衡,如图 3.36 所示。

(2)单击 Next 按钮,弹出【流道系统向导-主流道/流道/竖直流道】对话框,输入如图 3.37 所示的值。在【入口直径】后的文本框中输入 2.5;在【长度】后的文本框中输入 35;在【拔模角】后的文本框中输入 2;在【直径】后的文本框中输入 4;勾选【梯形】前的复选框;在【底部直径】后的文本框中输入 4;在【拔模角】后的文本框中输入 10。

(3)单击 Next 按钮,弹出【流道系统向导-浇口】对话框,输入如图 3.38 所示的值。在【始端直径】后的文本框中输入 2;在【末端直径】后的文本框中输入 1;在【长度】后的文本框中输入 1。

(4)单击 Finish 按钮,利用向导创建的浇注系统已经生成,图如 3.39 所示。

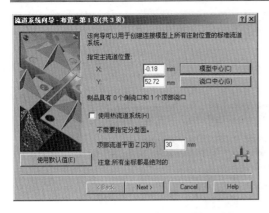 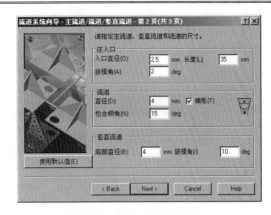

图 3.36 【流道系统向导－布置】对话框　　图 3.37 【流道系统向导－主流道/流道/竖直流道】对话框

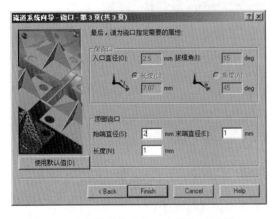 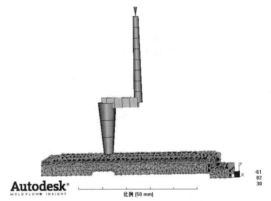

图 3.38 【流道系统向导－布置】对话框　　图 3.39 创建的浇注系统

使用向导创建冷却系统操作步骤如下。

（1）选择【建模】|【冷却回路向导】命令，弹出【冷却回路向导－布置】对话框，指定水管直径为 8，如图 3.40 所示。

（2）单击 Next 按钮，弹出【冷却回路向导－管道】对话框，设定管道数量为 2，管道中心之间的间距为 20mm，如图 3.41 所示。

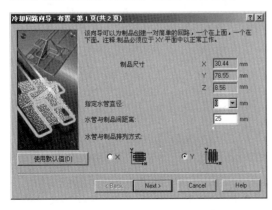 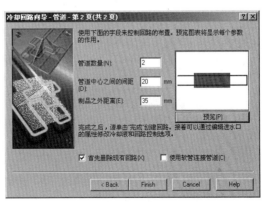

图 3.40 【冷却回路向导－布置】对话框　　图 3.41 【冷却回路向导－管道】对话框

（3）单击 Finish 按钮，利用冷却回路向导创建的冷却系统已经生成，如图 3.42 所示。

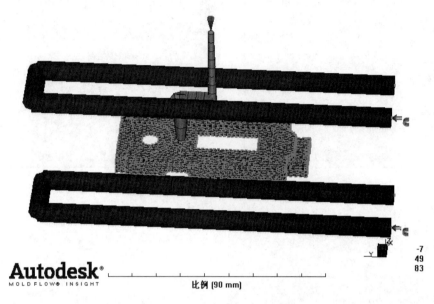

图 3.42　创建的冷却系统

3.10　分　　析

双击案例任务窗口中的【开始分析】图标，或者单击【分析】|【开始分析】命令，程序开始运行。等待程序运行完成后，在方案任务窗口中原来【开始分析】变成了【结果】，如图 3.43 所示。

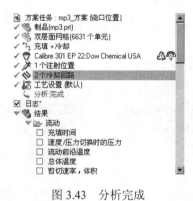

图 3.43　分析完成

3.11　分析结果

本例的分析结果，在方案任务窗口中【分析结果】列表下，分析结果由流动（Flow）和冷却（Cool）两个部分组成。屏幕输出（Screen Output）如图3.44所示。屏幕输出（Screen Output）是Insight进行任何分析都会出现的分析过程的屏幕显示。屏幕显示是随着分析过程的进程而进行动态显示的，用户可以从屏幕显示的信息，观察分析过程中各处参数的变化情况和分析中间结果。

```
| 时间    | 体积    | 压力    | 锁模力   | 流动速率  | 状态   |
| (s)    | (%)    | (MPa)  | (tonne) | (cm^3/s)|       |
|--------------------------------------------------------|
| 0.03  | 3.22   | 11.79  | 0.00    | 6.46    | U     |
| 0.06  | 6.86   | 16.93  | 0.00    | 7.08    | U     |
| 0.10  | 12.69  | 19.26  | 0.01    | 7.33    | U     |
| 0.13  | 17.24  | 19.55  | 0.01    | 7.39    | U     |
| 0.16  | 20.48  | 20.66  | 0.02    | 7.28    | U     |
| 0.18  | 23.86  | 27.81  | 0.08    | 6.89    | U     |
| 0.22  | 28.22  | 31.56  | 0.15    | 7.21    | U     |
| 0.25  | 32.60  | 33.87  | 0.22    | 7.29    | U     |
| 0.28  | 37.20  | 35.54  | 0.29    | 7.31    | U     |
| 0.31  | 41.57  | 37.50  | 0.41    | 7.29    | U     |
| 0.34  | 46.15  | 39.48  | 0.55    | 7.32    | U     |
| 0.37  | 50.60  | 41.24  | 0.69    | 7.35    | U     |
| 0.40  | 55.34  | 43.00  | 0.83    | 7.36    | U     |
| 0.43  | 59.56  | 44.41  | 0.96    | 7.37    | U     |
| 0.46  | 64.11  | 45.84  | 1.10    | 7.38    | U     |
| 0.49  | 68.55  | 47.06  | 1.22    | 7.39    | U     |
| 0.52  | 73.09  | 48.15  | 1.34    | 7.40    | U     |
| 0.55  | 77.42  | 49.39  | 1.58    | 7.35    | U     |
| 0.58  | 80.48  | 71.99  | 4.93    | 7.37    | U     |
| 0.61  | 84.86  | 73.85  | 5.39    | 7.42    | U     |
| 0.64  | 89.49  | 73.18  | 5.46    | 7.41    | U     |
| 0.68  | 94.00  | 73.80  | 5.64    | 7.41    | U     |
| 0.70  | 97.49  | 74.72  | 5.84    | 7.40    | U/P   |
| 0.71  | 98.31  | 66.11  | 5.57    | 5.51    | P     |
| 0.71  | 98.89  | 59.77  | 5.17    | 4.64    | P     |
| 0.72  | 99.94  | 59.77  | 4.89    | 4.89    | P     |
| 0.72  | 100.00 | 59.77  | 4.90    | 4.89    | 已充填 |
```

图3.44 屏幕输出

结果概要（Results Summary）如图3.45所示。结果概要（Results Summary）显示主要的结果信息，包括分析过程中的警告生错误提示、分析的主要参数值、计算时间和结果等。

```
充填阶段结果摘要：

    最大注射压力        (在  0.6999 s) =    74.7185 MPa

充填阶段结束的结果摘要：

    充填结束时间                =   0.7204 s
    总重量(制品 + 流道)          =   4.9454 g
    最大锁模力 – 在充填期间       =   5.8396 tonne
    推荐的螺杆速度曲线(相对)：
      %射出体积       %流动速率
    ----------------------------
        0.0000         10.0000
       10.0000         18.5247
       21.7051         18.5247
       30.0000         50.1739
       40.0000         52.5368
       50.0000         88.1357
       60.0000        100.0000
       70.0000         80.3825
       80.0000         35.0953
       90.0000         44.9783
      100.0000         32.9717
    % 充填时熔体前沿完全在型腔中    =   21.7051 %
```

图3.45 结果概要

充填分析结果主要包括充填时间（Fill Time）、压力（Pressure）、熔接线（Weld Lines）、气穴（Air Traps）、流动前沿温度（Temperature at Flow Front）、冻结层因子（Frozen Layer Fraction）等。下面介绍充填分析结果，充填分析结果主要包括：

充填时间（Fill Time）分析结果如图 3.46 所示。从充填时间的结果图中可以得知，浇口两侧方向的充填时间分别为 0.72s 和 0.54s，相差 0.18s，基本可以接受。

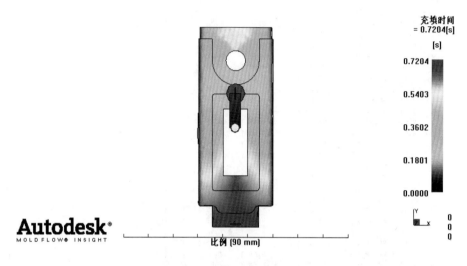

图 3.46　充填时间分析结果

压力（Pressure）分析结果如图 3.47 所示，压力结果图显示了充填过程中模具型腔内的压力分布。

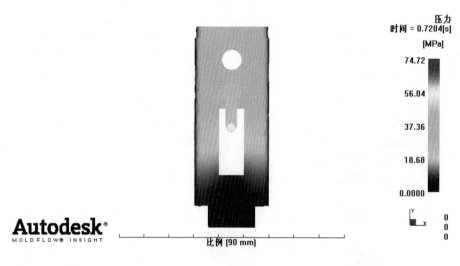

图 3.47　压力分析结果

熔接线（Weld Lines）分析结果如图 3.48 所示，熔接线结果图显示了熔接线在模具型腔内的分布情况，制品上应该避免或减少熔接线的存在。解决的方法有：适当增加模具温度、适当增加熔体温度、修改浇口位置等。

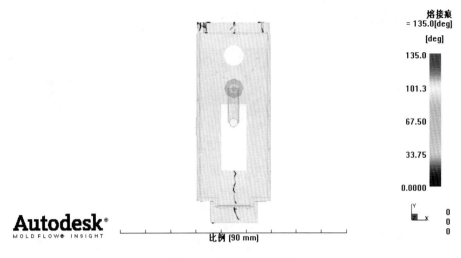

图 3.48　熔接线分析结果

气穴（Air Traps）分析结果如图 3.49 所示。气穴结果图显示了气穴在模具型腔内的分布情况。气穴应该位于分型面上、筋骨末端或者在顶针处，这样气体就容易从模腔内排出，否则制品容易出现气泡、焦痕等缺陷。解决的方法有：修改浇口位置、改变模具结构、改变制件区域壁厚、修改制件结构等。

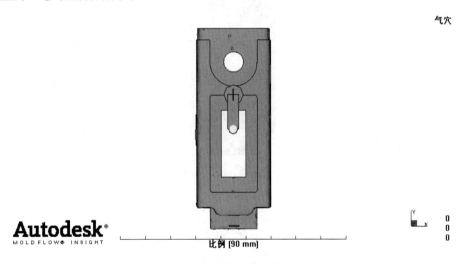

图 3.49　气穴分析结果

流动前沿温度（Temperature at Flow Front）分析结果如图 3.50 所示。模型的温度差不能太大，合理的温度分布应该是均匀的。

冻结层因子（Frozen Layer Fraction）分析结果如图 3.51 所示。从冻结层因子的结果图中可以得知，在这一时刻，制品表面的冷却层的厚度。

冷却（Cool）分析结果主要包括制品达到顶出温度的时间（Time to reach ejection temperature，part result）、制品平均温度（Average Temperature）、制品温度（Temperature）等。

下面介绍冷却分析结果。

制品达到顶出温度的时间（Time to reach ejection temperature, part result）分析结果如图

3.52 所示。冷却时间的差值应尽量小,以实现均匀冷却。

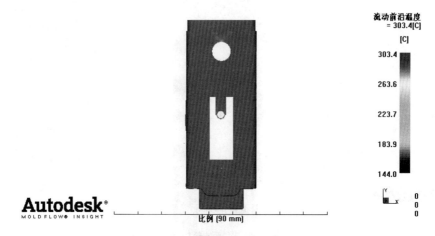

图 3.50　流动前沿温度分析结果

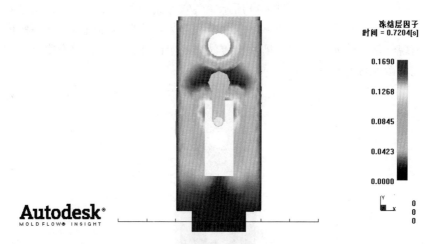

图 3.51　冻结层因子分析结果

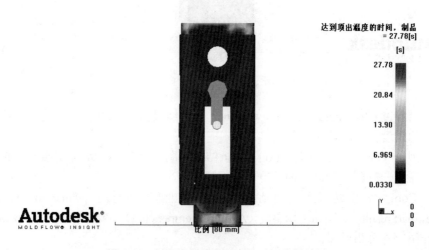

图 3.52　制品达到顶出温度的时间分析结果

制品平均温度（Average Temperature）分析结果如图 3.53 所示。制品的温度差不能太大，合理的温度分布应该是均匀的。

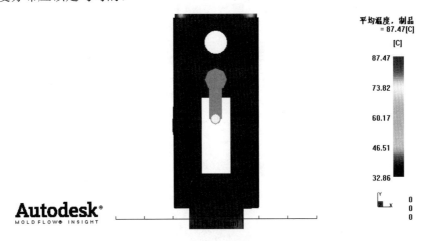

图 3.53　制品平均温度分析结果

制品温度（Temperature）分析结果如图 3.54 所示。制品的温度差不能太大，合理的温度分布应该是均匀的。

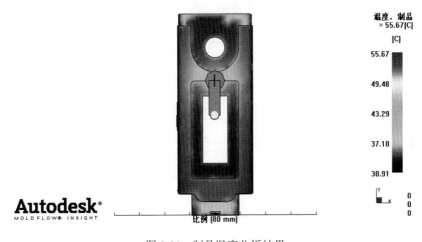

图 3.54　制品温度分析结果

从分析结果中得到了足够的信息，就可以根据制品的分析结果对工艺条件、模具结构、制品结构进行调整，以获得最佳质量的制品。

3.12　本章小结

本章通过一个案例的操作描述了 AMI 的一般分析流程。使读者能够从本章学习 AMI 分析要进行的工作和一般的顺序，形成了一个完整的流程。本章的重点和难点是掌握 AMI 分析的流程，从模型的输入、网络的划分与处理、分析类型的选择、工艺参数的设置到分析结果等。下一章将介绍 AMI 软件的基本知识。

第 2 篇 前处理操作篇

- 第 4 章 初识 Moldflow
- 第 5 章 网格划分
- 第 6 章 网格诊断
- 第 7 章 网格处理
- 第 8 章 浇注系统创建
- 第 9 章 冷却系统创建

第 4 章 初识 Moldflow

本章将介绍 Moldflow 的基础知识：Moldflow 的用户界面、各个菜单项的主要功能、常用功能操作等。其中包括常用菜单编辑、建模、网格、分析、结果等的操作，使读者在进行分析之前，能够通过本章的介绍熟悉 Moldflow 的相关操作，为以后的学习奠定基础。

4.1 有限元分析基础

有限元分析就是利用数学近似的方法对真实物理系统进行模拟。有限元分析利用简单而又相互作用的元素（单元），从而可以用有限数量的未知量去逼近无限未知量的真实系统。即使用有限元方法来分析静态或动态的物理物体或物理系统。

在这种方法中，一个物体或系统被分解为由多个相互联结、简单、独立的单元组成的几何模型。这些独立的单元的数量是有限的，因此被称为"有限元"。由实际的物理模型中推导出来的平衡方程式被使用到每个单元上，由此产生了一个方程组。这个方程组可以用线性代数的方法来求解。

有限元分析这种方法中，用较简单的问题代替复杂问题后再求解。它将求解域看成是由许多称为有限元的小的互连单元组成，对每一单元假定一个合适的近似解，然后推导求解这个域总的满足条件，从而得到问题的解。值得注意的是，这个解不是准确解，而是近似解。这是因为实际复杂的问题被较简单的问题所取替。但是由于大多数实际问题难以得到准确解，而有限元不仅计算精度较高，而且能满足各种复杂情况，从而成为行之有效的工程分析方法。

有限元是指那些集合在一起能够表示实际连续域的离散单元。有限元的概念早在几个世纪前就已产生并且得到了实际的应用，如用多边形（有限个直线单元）逼近圆来求圆的周长。有限元法最初被称为矩阵近似方法，应用于航空器的结构强度计算。因为有限元法的方便性、实用性和有效性，引起各行各业的科学家的浓厚兴趣。经过短短数十年的时间，随着计算机技术的快速发展和普及，有限元方法成为一种丰富多彩、应用广泛并且实用高效的数值分析方法。

对于一种方法而言，有限元求解法的基本步骤是相同的，只是对于不同物理性质和数学模型的问题，其具体公式和运算求解不同。

一般来说，有限元分析可分成三个阶段，即前处理、处理和后处理。前处理是建立有限元模型，完成单元网格划分，定义相关参数；处理就是电脑和软件去完成一系列的复杂的数学运算；后处理则是采集处理分析结果，使用户能简便提取信息，了解计算结果。

4.2 注塑成型模拟技术

计算机辅助工程分析（Computer-Aided Engineering，CAE）是应用计算机分析 CAD 几

何模型之物理问题的技术,可以让设计者进行仿真以研究产品的行为,进一步优化设计。

注塑成型模拟技术是应用质量守恒、动量守恒、能量守恒方程式,再加上高分子材料的流变理论和有限元数值求解法所建立的一套描述塑料注塑成型过程的技术。通过模拟塑料注塑成型过程的热历史与充填、保压等行为模式,从而获得塑料在模具型腔内的速度、应力、压力、温度等参数的变化与分布,塑件冷却凝固以及翘曲变形的行为,并且可能进一步探讨成型参数与模具设计参数等的关系。

理论上,注塑成型模拟技术可以协助工程师了解塑料制品设计、模具设计及成型工艺条件的奥秘,也能够帮助生手迅速累积经验,协助老手找出可能被忽略的因素。注塑成型模拟技术可以缩减试模时间、节省开模成本和资源、改善产品品质、缩短产品上市的周期、降低不良率。

4.3　Moldflow 的操作界面介绍

Moldflow 的用户界面如图 4.1 所示。其典型界面可以分为主窗口、图形编辑窗口、日志窗口、菜单栏、工具栏、状态栏、项目管理栏、任务栏和工作层管理栏等组成。

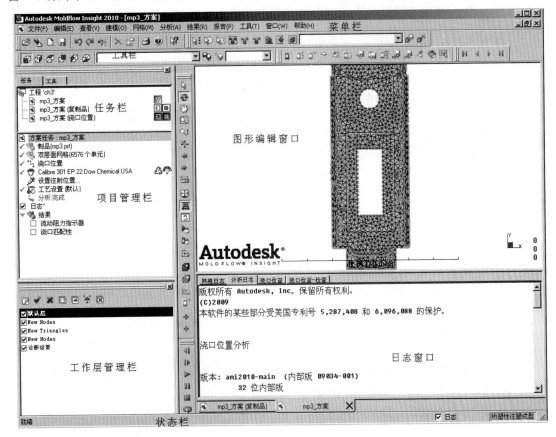

图 4.1　Moldflow 的用户界面

菜单栏的下方是工具栏,显示操作命令的快捷方式。工具栏左下方是任务栏,显示当前案例的状态，包括网格类型、网格数量、分析类型、材料、工艺条件、浇口数量、分析结果等。任务栏的下方是项目管理栏，显示当前项目包含的文件。项目管理栏的下方是工作层管理栏，显示当前模型的层划分以及各个图形层的状态。工作层管理栏的下方是状态栏，显示当前操作的状态。工具栏右下方是图形编辑窗口，显示案例的模型、分析结果等。图形编辑窗口的下方是日志窗口，显示案例的分析进程中的有关信息、结果等文字输出。

Insight 软件具有整合所有前后处理工作的单一环境，即具有建模、网格处理、分析、查看结果、制作报告、帮助系统等六大功能于一体。依次完成对一个塑料制品的模拟，即造型、前处理、分析、结果汇总等工作，操作简单、直观。菜单及其主要功能的说明如表 4.1 所示。

表 4.1 菜单及其主要功能

菜　　单	主　要　功　能
文件（File）	创建、打开、关闭、导入、导出，以及保存项目或者模型
编辑（Edit）	复制、切割、粘贴、选择和编辑目标及其属性
视图（View）	控制 AMI 中的各种显示，控制图层的显示功能以及锁定窗口
模型（Modeling）	手工或使用向导创建、复制或查询实体、节点、曲线和模型区域。创建镶件、型腔复制、创建浇注系统、冷却水路和模具边界
网格（Mesh）	创建、诊断和修复网格
分析（Analysis）	设置成型工艺，分析序列，选择材料，设置工艺条件和该分析的所有属性
结果（Result）	显示结果选项，查询结果和将结果以文件方式输出
报告（Report）	在一个或多个分析方案中创建、编辑和查看 HTML 报告
工具（Tools）	创建、导入和编辑分析使用的热塑性材料及其他材料的数据库
窗口（Window）	在显示窗口中控制子窗口的显示
帮助（Help）	打开 MPI 的在线帮助和其他的 MPI 信息，包括快捷键、操作指南，以及进入 Moldflow 网站

有时，菜单选项是灰色显示的表示不可用。

4.3.1 文件操作

在文件菜单中，用户可以新建、打开或者关闭项目；在当前项目中新建方案、报告和文件夹，导入、导出 CAD 模型；对项目进行管理；设置 Moldflow 的一些常用操作和显示功能。下面介绍两个主要命令。Moldflow 中的文件菜单与其他应用软件常见菜单操作和功能相类似的，不再作介绍。

1．项目管理命令

项目管理命令可以对项目进行组织管理。选择【文件（File）】|【组织工程（Organize Project）】命令，弹出【组织工程（Organize Project）】对话框，如图 4.2 所示。

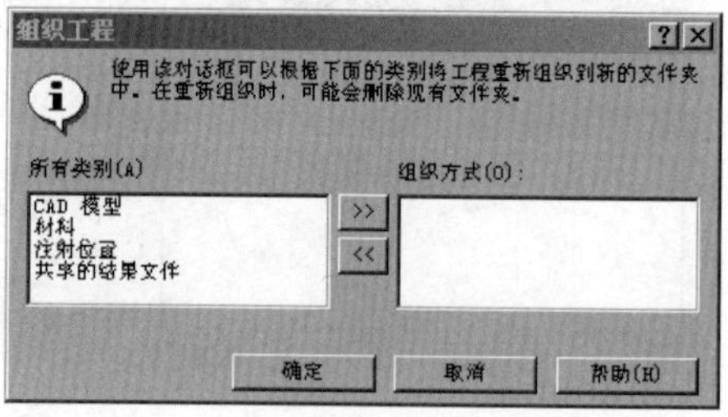

读者可以根据不同的排列顺序重新组织项目中已经存在的案例或报告。

图 4.2 【组织工程】对话框

2．参数设置命令

在参数设置命令中，读者可以修改默认的操作、显示设置等，使 Insight 更加个性化，更加适合个人习惯。

（1）选择【文件（File）】|【参数设置（Preference）】命令，弹出【参数设置—概述】对话框，如图 4.3 所示。在【参数设置—概述】对话框可以设置使用测量单位类型，单位类型可以是公制的，也可以是美国英制的；可以设置是否在间隔时间内对方案进行自动保存；还可以对分析选项进行更改。例如，通过单击【要记住的材料数量】选项后的微调按钮，使微调框内的数字变成 30，这样系统就能记住常用的材料数量的变成 30 个了。

（2）单击【更改分析选项】按钮，弹出【选择默认分析类型】对话框，如图 4.4 所示。例如，可以通过不勾选【运行全部分析】复选框来选择单选项【仅运行分析】选项，这样 AMI 在分析时就不执行"检查模型参数"了。更改完成后单击【确定】按钮退出。

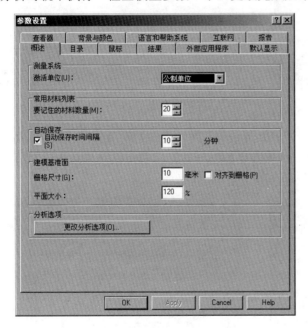

图 4.3 【参数设置—概述】对话框　　　　图 4.4 【选择默认分析类型】对话框

（3）在图 4.3 中，选择【目录】选项卡，弹出【参数设置—目录】对话框，如图 4.5 所示。在【参数设置—目录】对话框中可以更改工程目录，设置公司工作区目录和默认导入目录。例如，可以在【工程目录】下的文本框内输入"D:\My AMI 2010 Project\"来设置工程目录的位置。

（4）在图 4.5 中，选择【鼠标】选项卡，弹出【参数设置—鼠标】对话框，如图 4.6 所示。在【参数设置—鼠标】对话框中，读者可以设置鼠标中键、右键以及滚轮与键盘键组合后的组合键所对应的操作。用户可以将不同的组合键定义为局部放大、居中、全屏、旋转等操作。

（5）在图 4.6 中，选择【结果】选项卡，弹出【参数设置—结果】对话框，如图 4.7 所示。Insight 中各个分析类型对应的默认输出分析结果不一定全部包括读者关注的结果。因此，读者在【参数设置—结果】对话框可以增加与删除分析结果的一些子选项,可以设置这些分析结果选项在结果中的顺序;也可以优化内存的设置。

图 4.5 【参数设置—目录】对话框　　　　　　图 4.6 【参数设置—鼠标】对话框

(6)在图 4.7 中,选择【外部应用程序】选项卡,弹出【参数设置—外部应用程序】对话框,如图 4.8 所示。在【参数设置—外部应用程序】对话框中,读者可以对 Autodesk Moldflow Design Link 应用程序进行设置,也可以对 MFR 选项进行设置。

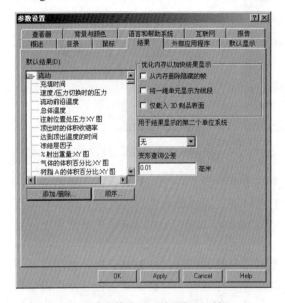

图 4.7 【参数设置—结果】对话框　　　　　　图 4.8 【参数设置—外部应用程序】对话框

(7)在图 4.8 中,选择【背景与颜色】选项卡,弹出【参数设置—背景与颜色】对话框,如图 4.9 所示。读者根据个人的习惯,在【参数设置—背景与颜色】对话框是可以设置【系统/MDI 背景】的颜色,也可以设置【模型/视图背景】的颜色,还可以设置【选中单元颜色】

和【未选中单元颜色】等。

（8）在图 4.9 中，选择【报告】选项卡，弹出【参数设置—报告】对话框，如图 4.10 所示。在【参数设置—报告】对话框中，读者可以对【默认报告格式】进行设置，可以对【默认图像大小】进行设置，还可以对【动画设置】进行修改。

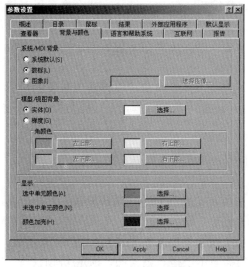

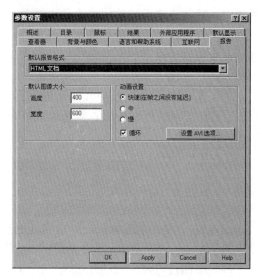

图 4.9 【参数设置—背景与颜色】对话框　　　图 4.10 【参数设置—报告】对话框

（9）在图 4.10 中，选择【默认显示】选项卡，弹出【参数设置—默认显示】对话框，如图 4.11 所示。读者根据个人的习惯，在【参数设置—默认显示】对话框中可以设置单元、节点、曲面等的显示格式。

（10）在图 4.11 中，选择【语言和帮助系统】选项，弹出【参数设置—语言和帮助系统】对话框，如图 4.12 所示。读者根据个人的习惯，在【参数设置—语言和帮助系统】对话框中可以设置中文或英文语言。

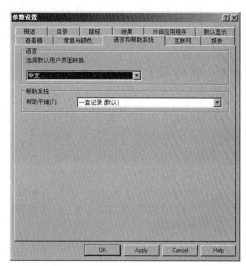

图 4.11 【参数设置—默认显示】对话框　　　图 4.12 【参数设置—语言和帮助系统】对话框

4.3.2 编辑和视图操作

Moldflow 中的文件菜单与其他应用软件常见菜单操作和功能类似，不再作介绍。在编辑菜单中，有些命令可以使用户方便而准确地进行选择编辑。例如，选择方式命令可以对模型进行分类选择；全选命令和取消全选命令可以对模型进行全部选择或者取消全部选择；反向选择命令可以用较少的选取范围实现较多的选取范围；展开选择命令仅适用于网格选取范围的扩大。

视图菜单中提供了 Insight 显示内容与方式的选择。工具条命令可以设置工具条的显示与否，工具栏的命令可以使读者快速地选择命令，而不必去菜单中选择命令。视图操作工具条，如图 4.13 所示。

图 4.13　视图操作工具条

图 4.13 中前九个图标依次可以完成的功能为：选择、旋转、移动、局部放大、整体缩放、设定显示中心、上一视图、下一视图和测量。这几个按钮可以对模型进行全方位的观察。接下来的六个图标可以完成的功能为：按窗口大小全部显示模型、透视图、锁定/解锁视图、锁定/解锁动画、锁定/解锁图、默认方式显示。接下来的四个图标可以完成的功能为：编辑剖切平面、移动剖切平面、增加 XY 曲线和检查结果。最后两个图标可以完成的功能为：水平拆分和垂直拆分。

标准视图浏览按钮工具条，如图 4.14 所示。

图 4.14　标准视图浏览按钮工具条

图 4.14 中六个图标依次可以完成的功能为：前视图、右视图、俯视图、后视图、左视图和仰视图。读者还可以根据需要，增加视图。

4.3.3 建模操作

用于 Insight 分析的案例模型可以先在 PRO/E、UG、AutoCAD 等主流 CAD 软件中创建好，然后导入 Insight 中进行处理和分析。也可以直接在 Insight 中创建，得到的模型为中面模型。建模菜单在 Insight 提供的建立 CAD 模型的一项功能。利用 Insight 提供的建模工具可以很方便地在图形编辑窗口创建点、线、面等基本图形元素，从而设计出复杂的 CAD 模型。下面将分别介绍这些基本图形元素的创建。

1．点的创建

Insight 提供了五种创建点的工具，读者可以根据不同的需要选择不同的创建点的工具来进行点的创建。下面将分别介绍这五种创建点的工具。

（1）按坐标创建节点工具（Create Nodes by Coordinates Tool）：根据用户输入的三维坐标

值进行点的创建。选择【建模（Modeling）】|【创建点（Create Nodes）】|【按坐标（Coordinate）】命令，弹出【坐标创建节点工具】对话框，如图 4.15 所示。

（2）在坐标之间创建节点工具（Create Nodes—Node Between Coordinates Tool）：在两点之间创建指定数目的点，用户需要指定两个点的位置或三维坐标值以及将要创建的点的个数。选择【建模（Modeling）】|【创建点（Create Nodes）】|【在坐标之间工具（Node Between Coordinates tool）】命令，弹出【坐标中间创建节点工具】对话框，如图 4.16 所示。

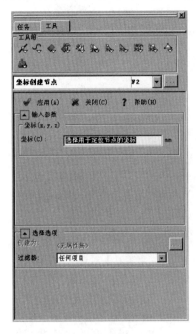

图 4.15 【坐标创建节点工具】对话框　　　　图 4.16 【坐标中间创建节点工具】对话框

（3）平分曲线创建节点工具（Create Nodes by Dividing Curve Tool）：在一条曲线上创建指定个数的点，把该曲线等分。选择【建模（Modeling）】|【创建点（Create Nodes）】|【平分曲线（Divide Curve）】命令，弹出【平分曲线创建节点工具（Create Nodes by Dividing Curve Tool）】对话框，如图 4.17 所示。如果勾选【在曲线末端创建点】复选框，那么将创建包括曲线两个端点在内的点。

（4）偏移创建节点工具（Create Nodes by Offset tool）：根据指定的基准坐标和偏移矢量值，创建指定个数的点。选择【建模（Modeling）】|【创建点（Create Nodes）】|【按偏移（Offset）】命令，弹出【偏移创建节点工具（Create Nodes by Offset Tool）】对话框，如图 4.18 所示。

图 4.17 【平分曲线创建节点工具】对话框

（5）交点工具（Create Nodes by Intersection Tool）：在两条曲线的交点位置实现点的创建。选择【建模（Modeling）】|【创建点（Create Nodes）】

|【按交叉（Intersect）】命令，弹出【交点工具（Create Nodes by Intersection Tool）】对话框，如图 4.19 所示。

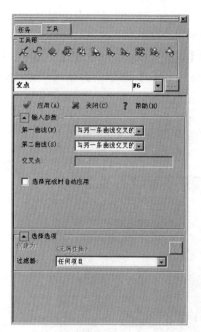

图 4.18 【偏移创建节点工具】对话框　　　图 4.19 【交点工具】对话框

2. 曲线的创建

Insight 提供了 6 种创建曲线的工具，读者可以根据不同的需要选择不同的创建曲线的工具来实现曲线的创建。下面将分别介绍这 6 种创建曲线的工具。

（1）直线工具（Line Tool）：此工具用连接两个点的方式来创建一条线段。读者需要输入两个坐标值或者选择两个已经存在的点就可以创建一条线段。

选择【建模（Modeling）】|【创建曲线（Create Curves）】|【直线（Line）】命令，弹出【创建直线工具（Line Tool）】对话框，如图 4.20 所示。如果勾选【自动在曲线末端创建节点】复选框，则表示创建曲线的同时在曲线的两端创建两个节点。在【创建为】选项后的下拉列表中，可以将要创建的线段作为模型实体或者冷却管道等，也可以在后面的改变按钮重新定义或者编辑曲线的实体形式。

注意：在第一个坐标点后的文本框下，有两个单选按钮。当勾选【绝对】选项时，表示输入的是坐标系中相对原点的绝对坐标，而勾选【相对】选项时，表示输入的是相对第一点的相对坐标。当使用鼠标选择第二个点，则没有是绝对坐标还是相对坐标的问题。

（2）点创建圆弧工具（Arc by Point Tool）：此工具通过 3 个点来创建圆或圆弧。

选择【建模（Modeling）】|【创建曲线（Create Curves）】|【点创建圆弧（Arc by Point）】命令，弹出【点创建圆弧工具（Arc by Point Tool）】对话框，如图 4.21 所示。

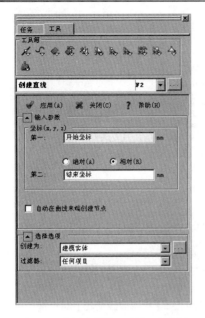 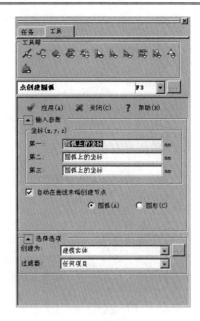

图 4.20 【创建直线工具】对话框　　　　图 4.21 【点创建圆弧工具】对话框

如果勾选【自动在曲线末端创建节点】复选框，则表示创建圆弧的同时在圆弧的两端创建两个节点。当勾选【圆弧】单选按钮选项时，表示用输入的是坐标点来创建圆弧，而勾选【圆形】单选按钮选项时，表示用输入的是坐标点来创建圆。在【创建为】选项后的下拉列表中，可以将要创建的圆或圆弧作为模型实体或者冷却管道等等。也可以在后面的改变按钮重新定义或者编辑曲线的实体形式。

（3）角度创建圆弧工具（Arc by Angle Tool）：此工具通过圆心、半径、起始角度来创建圆或圆弧。

选择【建模（Modeling）】|【创建曲线（Create Curves）】|【角度创建圆弧（Arc by Angle）】命令，弹出【角度创建圆弧工具（Arc by Angle Tool）】对话框，如图 4.22 所示。输入或选取圆心的坐标、输入半径值、圆弧的开始角度、圆弧的终止角度就可以创建圆弧了。当圆弧的开始角度为 0°、圆弧的终止角度 360°，就是创建一个圆。

如果勾选【自动在曲线末端创建节点】复选框，则表示创建圆弧的同时在圆弧的两端创建两个节点。在【创建为】选项后的下拉列表中，可以将要创建的圆或圆弧作为模型实体或者冷却管道等。也可以在后面的改变按钮重新定义或者编辑曲线的实体形式。

（4）样条曲线工具（Spline Tool）：此工具通过一组点来创建样条曲线。

选择【建模（Modeling）】|【创建曲线（Create Curves）】|【样条曲线（Spline）】命令，弹出【样条曲线工具（Spline Tool）】对话框，如图 4.23 所示。

输入或选取一组点的坐标，程序拟合生成一条样条曲线。这一组点的坐标也会显示在【选择坐标】下方的文本框内，该文本框右边的【增加】和【移除】按钮分别实现增加和删减点的坐标。如果勾选【自动在曲线末端创建节点】复选框，则表示创建样条曲线的同时在样条曲线的两端创建两个节点。在【创建为】选项后的下拉列表中，可以将要创建的圆或圆弧作为模型实体或者冷却管道等。也可以在后面的改变按钮重新定义或者编辑曲线的实体形式。

（5）连接曲线工具（Connect Curves Tool）：此工具创建将两条曲线连接在一起的一条新曲线。

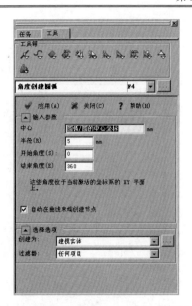
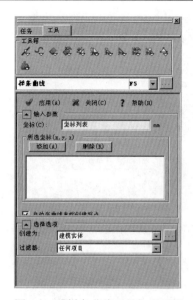

图 4.22 【角度创建圆弧工具】对话框　　　　图 4.23 【样条曲线工具】对话框

选择【建模（Modeling）】|【创建曲线（Create Curves）】|【连接曲线（Connect）】命令，弹出【连接曲线工具（Connect）】对话框，如图 4.24 所示。

选取两条已经有的曲线，程序根据指定的（Fillet）值来创建一条曲线以连接已经存在的两条曲线。当（Fillet）值为 0 时，程序创建一条连接两条曲线的曲线；当（Fillet）值大于 0 小于 100 时，也将创建一条曲线，且数值越大，则表示新曲线与两条已经存在的曲线的距离越远。在【创建为】选项后的下拉列表中，可以将要创建的圆或圆弧作为模型实体或者冷却管道，也可以在后面的改变按钮重新定义或者编辑曲线的实体形式。

（6）断开曲线工具（Break Curve Tool）：此工具将两条已经存在曲线在交点处打断，由交点作为新的端点，从而创建新的曲线。选择【建模（Modeling）】|【创建曲线（Create Curves）】|【打断（Break）】命令，弹出【断开曲线工具（Break Curve Tool）】对话框，如图 4.25 所示。

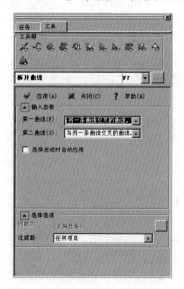

图 4.24 【连接曲线工具】对话框　　　　图 4.25 【断开曲线工具】对话框

选取两条已经存在的相交曲线即可。

3. 区域的创建

区域，也可以理解为曲面，或者是曲面的一种。由封闭的曲线生成光滑的、连续的区域，从而可能创建出用于分析的模型。Insight 提供了五种创建区域的工具，读者可以根据不同的需要选择不同的创建区域的工具来实现区域的创建。下面将分别介绍这五种创建区域的工具。

（1）通过边界创建区域工具（Create Regions by Boundary Tool）：此工具将通过一组封闭相连但不相交的曲线来创建区域。

选择【建模（Modeling）】|【创建区域（Create Regions）】|【按边界（Boundary）】命令，弹出【边界创建区域工具（Create Regions by Boundary Tool）】对话框，如图 4.26 所示。可以通过选择图形编辑窗口已经存在的一组曲线来完成曲线的选取。读者可以通过单击鼠标选择了一条曲线后，按下【Ctrl】键，同时选择其他的曲线；也可以通过拖拽鼠标的方式选取多条曲线。

（2）通过节点创建区域工具（Create Regions by Nodes Tool）：此工具将通过一组节点来创建区域。

选择【建模（Modeling）】|【创建区域（Create Regions）】|【按节点（Nodes）】命令，弹出【节点创建区域工具（Create Regions by Nodes Tool）】对话框，如图 4.27 所示。

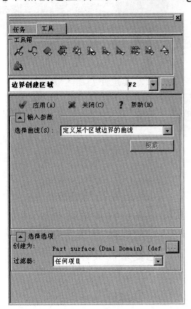   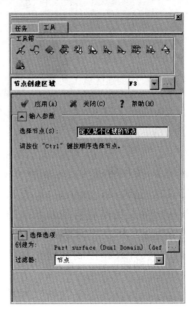

图 4.26 【边界创建区域工具】对话框   图 4.27 【节点创建区域工具】对话框

可以通过选择图形编辑窗口已经存在的一组节点来完成节点的选取。读者可以选择了一个节点后，按下 Ctrl 键，同时选择其他的节点；也可以通过拖曳鼠标的方式选取多个节点。

（3）通过直线创建区域工具（Create Regions by Ruling Tool）：此工具将通过两条曲线来创建区域。

选择【建模（Modeling）】|【创建区域（Create Regions）】|【按直线（Ruling）】命令，

弹出【直线创建区域工具（Create Regions by Ruling Tool）】对话框，如图 4.28 所示。

（4）通过拉伸创建区域工具（Create Regions by Extrusion Tool）：此工具将通过一条曲线和定义的矢量来创建区域。选择【建模（Modeling）】|【创建区域（Create Regions）】|【按拉伸（Extrusion）】命令，弹出【拉伸创建区域工具（Create Regions by Extrusion Tool）】对话框，如图 4.29 所示。

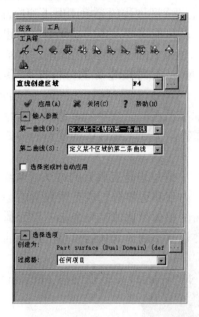 

图 4.28 【直线创建区域工具】对话框　　　　图 4.29 【拉伸创建区域工具】对话框

（5）从网格/STL 创建区域工具（Create Regions from Mesh/STL Tool）：此工具将通过指定的公差和单元属性来创建区域。

选择【建模（Modeling）】|【创建区域（Create Regions）】|【从网格/STL（from Mesh/STL）】命令，弹出【从网格/STL 创建区域工具（Create Regions from Mesh/STL Tool）】对话框，如图 4.30 所示。此工具可用来处理网格缺陷。

4．孔的创建

孔，可以理解为是一种特殊的曲面或者区域。有以下两种方式创建孔。

（1）通过边界创建孔工具（Create Hole by Boundary Tool）：此工具将通过两条的直线来创建区域。

选择【建模（Modeling）】|【创建孔（Create Holes）】|【按边界（Boundary）】命令，弹出【边界创建孔工具（Create Hole by Boundary Tool）】对话框，如图 4.31 所示。【选择区域】的下拉列表框

图 4.30 【从网格/STL 创建区域工具】对话框

中是选择即将创建的孔所在的曲面；【选择曲线】的下拉列表框中是选择即将创建的孔的边界曲线，是由一组闭合相连但不相交的曲线组成的；为了加快选择速度，勾选【启用对已连接曲线的自动搜索】选项前的复选框。

（2）通过节点创建孔工具（Create Hole by Nodes Tool）：此工具将通过两条直线来创建区域。

选择【建模（Modeling）】|【创建孔（Create Holes）】|【按边界（Node）】命令，弹出【节点创建孔工具（Create Hole by Nodes Tool）】对话框，如图 4.32 所示。【选择区域】的下拉列表框中是选择即将创建的孔所在的曲面；【选择节点】的下拉列表框中是选择即将创建的孔的节点。

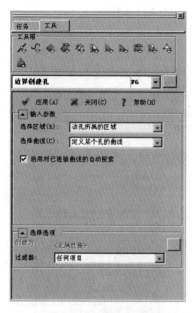

图 4.31 【边界创建孔工具】对话框　　图 4.32 【节点创建孔工具】对话框

5．嵌件的创建

嵌件是为了增加塑料制品局部的强度、耐磨性、导电性等性能而与塑料制品连接在一起使用的物品。嵌件一般在注塑之前被安装进模具。

创建模具镶件工具（Create Inserts Tool）：此工具用来创建嵌件。

选择【建模（Modeling）】|【创建镶件（Create Inserts）】命令，弹出【创建模具镶件工具（Create Inserts Tool）】对话框，如图 4.33 所示。在【选择】下拉列表框中是选择即将创建的镶件的网格；【方向】下拉列表框中是选择即将创建的镶件的生成方向，可选项有制品标准、X 轴、Y 轴、Z 轴；【投影距离】选项下输入的值是用于设定镶件的高度的；最后单击【应用】按钮完成镶件的创建。

图 4.33 【创建模具镶件工具】对话框

6. 移动/复制

移动/复制（Move/Copy）可以很方便地依据用户指定的矢量对选定的模型进行平移、旋转、比例、镜像的方式移动或复制，下面将分别介绍。

（1）平移（Translate）：将选定的模型实体按照指定的矢量进行移动。

选择【建模（Modeling）】|【移动/复制（Move/Copy）】|【平移（Translate）】命令，弹出【平移工具（Translate Tool）】对话框，如图 4.34 所示。在【选择】的下拉列表框中选取即将要平移的模型实体；【矢量】文本框中定义要偏移的量；【移动】或【复制】两个单项按钮选项供选择；最后单击【应用】按钮完成平移。

（2）旋转（Rotate）：将选定的模型实体按照指定的角度和方向进行旋转。

选择【建模（Modeling）】|【移动/复制（Move/Copy）】|【旋转（Rotate）】命令，弹出【旋转工具（Rotate Tool）】对话框，如图 4.35 所示。在【选择】下拉列表框中选取即将要旋转的模型实体；【轴】的下拉列表框中选取旋转轴；【角度】的文本框中定义旋转角度，角度是按照逆时针方向定义的，在三维坐标中也遵守右手定则；【参考点】的文本框中定义参考旋转中心坐标；【移动】或【复制】两个单项按钮选项供选择；最后单击【应用】按钮完成平移。

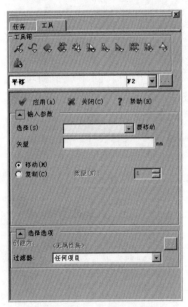

图 4.34 【平移工具】对话框

图 4.35 【旋转工具】对话框

（3）三点旋转（3 Points Rotate）：将选定的模型实体按照指定的三点进行旋转。

选择【建模（Modeling）】|【移动/复制（Move/Copy）】|【三点旋转（3 Points Rotate）】命令，弹出【三点旋转工具（3 Points Rotate Tool）】对话框，如图 4.36 所示。在【选择】的下拉列表框中选取即将要旋转的模型实体；在【坐标】的文本框中分别输入第一、第二和第三的坐标值；【移动】或【复制】两个单项按钮选项供选择；最后单击【应用】按钮完成旋转。

（4）缩放工具（Scale Tool）：将选定的模型实体按照指定的三点进行旋转。

第 4 章 初识 Moldflow

选择【建模（Modeling）】|【移动/复制（Move/Copy）】|【缩放（Scale）】命令，弹出【缩放工具】（Scale Tool）对话框，如图 4.37 所示。在【选择】的下拉列表框中选取即将要缩放的模型实体；【比例因子】的文本框中输入放大或者缩小的倍数；【参考点】的文本框中定义参考缩放的中心坐标；【移动】或【复制】两个单项按钮选项供选择；最后单击【应用】按钮完成缩放。

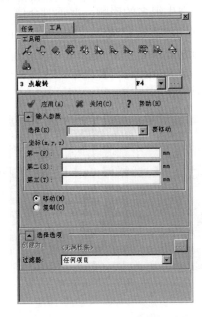

图 4.36 【三点旋转工具】对话框

图 4.37 【缩放工具】对话框

（5）镜像工具（Reflect tool）：将选定的模型实体按照指定的平面和参考点进行镜像。

选择【建模（Modeling）】|【移动/复制（Move/Copy）】|【镜像（Reflect）】命令，弹出【镜像工具（Reflect Tool）】对话框，如图 4.38 所示。在【选择】的下拉列表框中选取即将要镜像的模型实体；【镜像】的下拉列表框中选取镜像的参考平面，有 XY 平面、XZ 平面和 YZ 平面供选择；【参考点】的文本框中定义参考镜像的中心坐标；【移动】或【复制】两个单项按钮选项供选择；最后单击【应用】按钮完成镜像。

7．查询实体

在使用 Insight 时，经常会出现这种情况：在分析结果或网格诊断结果出现错误，并指出错误出现的模型实体的编号，但是在模型显示中没有给出每个实体单元的编号，这时就可以利用 Insight 提供的实体查询工具来查找相关的实体单元位置。下面介绍一下查询实体工具（Query Entities Tool）的使用。

选择【建模（Modeling）】|【查询实体（Query Entities）】命令，弹出【查询实体工具（Query Entities Tool）】对话框，如图 4.39 所示。

图 4.38 【镜像工具】对话框

【选择实体】下的文本框内输入即将要查询的实体单元编号，查询多个实体单元时，各实体单元编号之间用空格隔开。在【显示诊断结果的位置】下拉列表框中选择【显示（Display）】选项显示诊断结果。勾选【将结果置于诊断层中】选项前的复选框，就把诊断结果单独置于一个名为诊断结果的图形层中，方便用户随时查找诊断结果；单击【显示】按钮，查询的实体单元被高亮显示出来。

8. 型腔复制向导

型腔复制向导就是对一个模腔进行复制，从而创建模多腔的模型。下面介绍一下型腔复制向导工具的使用，操作过程如下。

（1）选择【建模（Modeling）】|【型腔复制向导（Cavity Duplication Wizard）】命令，弹出【型腔复制向导工具（Cavity Duplication Wizard Tool）】对话框，如图 4.40 所示。

【型腔数】文本框中输入的是模型中总的型腔数目；勾选【列】单选按钮，输入列数；行数和列数的乘积就是型腔数，故行数或者列数只要确定一个，另一个就可以通过计算得到，不需要输入值。【行间距】文本框中输入两个型腔的水平距离；【列间距】文本框中输入两个型腔的垂直距离；勾选【偏移型腔以对齐浇口】复选框，如图 4.40 所示。单击【预览】按钮，可以查看多型腔产品的布局。如果认为参数设置得不合理，则重新设置参数，直到合理为止。

（2）单击【完成】按钮，完成型腔复制。

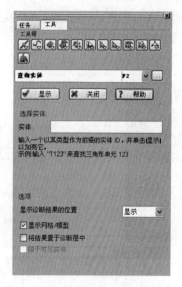

图 4.39 【查询实体工具】对话框

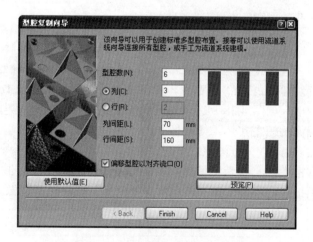

图 4.40 【型腔复制向导工具】对话框

9. 流道系统向导

Insight 提供了一个简单的浇注系统创建向导，可以不用手动创建浇注系统，可以按照向导的提示进行选择，就可以自动完成浇注系统的创建，其操作过程如下。

（1）选择【建模】|【流道系统向导】命令，弹出【流道系统向导－布置】对话框，如图 4.41 所示。X、Y 坐标对应的是注塑机喷嘴的横、纵坐标。【模型中心】和【浇口中心】将自动设置主流道 X、Y 坐标为模具或浇口的中心坐标。单击【模型中心】按钮，使主流道位

于模型的中心，有利于注射压力和锁模力的平衡。主流道 X、Y 坐标下面还用文字描述了制品中包括的侧浇口和顶部浇口的数目。

如果要创建的浇注系统是热流道浇注系统，就要勾选【使用热流道系统】复选框，【顶部流道平面 Z（2）】就是对话框右下方标 2 的虚线分型面。

（2）单击 Next 按钮，弹出【流道系统向导－主流道/流道/竖直流道】对话框，如图 4.42 所示。这个对话框要完成注入口（主流道）、分流道、竖直流道（分流道与浇口之间的流道）的尺寸设置。

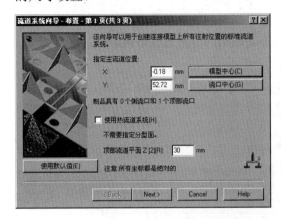 

图 4.41 【流道系统向导－布置】对话框　　图 4.42 【流道系统向导－主流道/流道/竖直流道】对话框

（3）单击 Next 按钮，弹出【流道系统向导－浇口】对话框，如图 4.43 所示。这个对话框要完成浇口的尺寸设置。

（4）单击 Finish 按钮，利用向导创建的浇注系统已经生成。

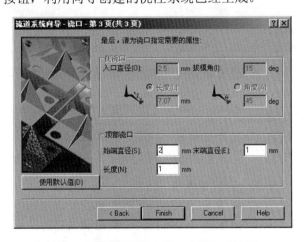

图 4.43 【流道系统向导－布置】对话框

10．冷却回路向导

冷却回路向导可以实现冷却系统的创建，该向导将创建两个分别位于模型上、下方的冷却管道。读者可以直接用它进行冷却分析，也可以在此基础上修改生成更合理的冷却回路。下面介绍一下冷却回路向导工具的使用，操作过程如下：

⚠ 注意：模型一定要位于 XY 平面上，才能利用冷却回路向导正确生成冷却系统。

（1）选择【建模（Modeling）】|【冷却回路向导（Cooling circuit wizard）】命令，弹出【冷却回路向导－布置】对话框，如图 4.44 所示。在【指定水管直径】选项后面的文本框下拉列表中选择要创建的冷却管道的直径大小。在【水管与制品间距离】选项后面的文本框中输入要创建的冷却管道的与制品表面的距离值。在【水管与制品排列方式】选项中指定水管排列方式为 X 方向分布还是 Y 方向分布。例如，在【指定水管直径】选项后面的文本框下拉列表中选择 10，在【水管与制品间距离】选项后面的文本框输入 25，表示冷却管道的直径大小为 8，冷却管道的与制品表面的距离为 25。

（2）单击 Next 按钮，弹出【冷却回路向导－管道】对话框，如图 4.45 所示。这个对话框要对管道数量、管道中心之间的间距、制品这外距离的值进行设置。例如，在【管道数量】选项后面的文本框中输入 1，在【管道中心之间的间距】选项后面的文本框输入 30，在【制品之外距离】选项后面的文本框输入 35，表示冷却管道只有 1 条，冷却管道中心之间的距离为 30，在最远的冷却管道到制品的距离为 35。

（3）单击 Finish 按钮，完成利用向导创建冷却系统。

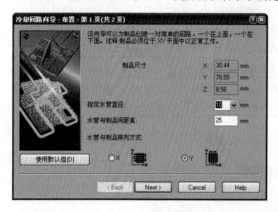

图 4.44 【冷却回路向导－布置】对话框

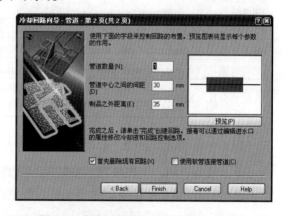

图 4.45 【冷却回路向导－管道】对话框

11. 模具表面向导

模具表面向导可以实现创建一个环绕模型的立体模具外表面。

（1）选择【建模（Modeling）】|【模具表面向导（Mold surface wizard）】命令，弹出【模具表面向导】对话框，如图 4.46 所示。

（2）模具表面向导对话框的【原点】选项用于设置产生该立方体的中心坐标，如果选择了【居中（Centered）】单选按钮，则 Insight 将自动获取该模型的中心坐标，否则就需要输入三维坐标值。模具表面向导对话框的【尺寸】选项用于设置该立方体的大小。

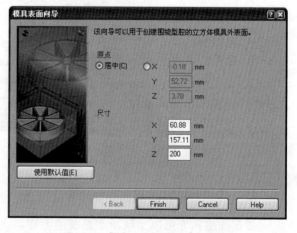

图 4.46 【模具表面向导】对话框

(3) 单击 Finish 按钮，完成利用向导创建模具表面。

4.3.4 网格操作

具有高质量的网格是 Insight 进行准确分析的前提。所以网格的划分和处理在 Insight 中有重要的地位。网格的划分、诊断和处理，分别将在第 5 章、第 6 章和第 7 章进行详细的介绍。在此只作简单的介绍。网格菜单包含以下命令：设置网格类型、生成网格、定义网格密度、创建三角形网格、创建柱体网格、创建四面体网格、网格修复向导、网格工具、全部取向、网格诊断和网格统计等。

4.3.5 分析操作

分析是 AMI 的核心，也是 AMI 分析应用的精华所在，对 AMI 软件进行正确的操作只是做分析的基础。对于一个 AMI 分析师，还要能对模具或制品成型有个好坏的判断，更要能给出合理的改进方案。因此，必须在掌握了 AMI 分析软件操作的基础上，结合相关的塑料成型知识和经验，才能灵活应用 AMI，使模拟分析在最大程度上发挥其优越性。

AMI 分析菜单包括设置成型工艺、设置分析序列、选择材料、工艺设置向导、从 MPX 导入数据、设置注射位置、设置冷却液入口、设置关键尺寸、设置约束、设置载荷、设置动态进料控制位置、编辑阀浇口时间控制器、开始分析、任务管理器等。

其中，【设置成型工艺】选项用于设定 AMI 模拟分析的成型工艺类型，主要包括热塑性注塑成型、热塑性重叠注塑、微发泡注射成型、反应成型、芯片封装、底层覆晶封装、传递成型或结构反应成型等塑料成型加工工艺。AMI 默认的设置成型工艺是热塑性注塑成型。

【设置分析序列】选项用于设定分析的种类和次序。用户可以根据需要选择其中的分析类型对制品进行分析。分析类型主要包括充填、流动、冷却、翘曲、应力、浇口位置、流道平衡、工艺窗口等。由于这些分析之间的相互关系，正如塑料制品成型加工一样，只有完成了充填后，才进行保压、冷却等。所以，在进行冷却、翘曲、应力分析时应先完成充填等相关分析。

【选择材料】命令用于设定成型所用的原料。AMI 为用户提供了一个功能强大、内容丰富的材料数据库，用户可以从中选择所需要的材料，也可以浏览该材料的特性，如材料的成型条件、流变性能、热性能和机械性能等。下面介绍一下材料数据库的使用。

（1）选择材料。选择【分析】|【选择材料】命令，弹出【选择材料】对话框，如图 4.47 所示，在此对话框中可以进行材料的选择和塑料材料性能参数的查看。

（2）搜索材料。单击【搜索】按钮，弹出【搜索标准】对话框，可以方便用户查找所需要的材料，选择【材料名称缩写】选项，再在【子字符串】选项后的文本框内输入"PC"两个字符，如图 4.48 所示。单击【搜索标准】对话框中的【搜索】按钮，弹出【选择热塑性塑料】对话框，如图 4.49 所示。

（3）选择目标材料。单击目标材料，如图 4.49 中的"4"号，用户可以通过单击【细节】按钮来查看所选材料的特性，弹出【热塑性塑料】对话框，如图 4.50 所示。

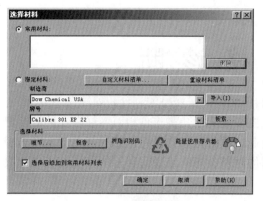
图 4.47 【选择材料】对话框

图 4.48 【搜索标准】对话框

图 4.49 【选择 热塑性塑料】对话框

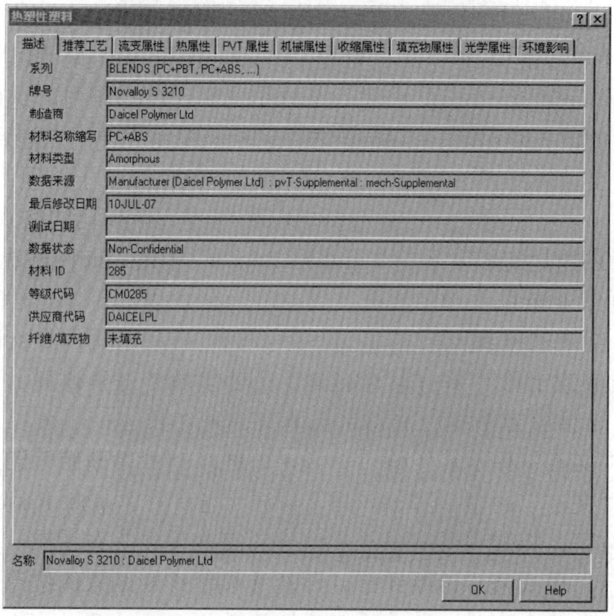

图 4.50 【热塑性塑料】对话框

（4）确定材料。在图 4.50 中，单击 OK 按钮返回到图 4.49 的【选择热塑性塑料】对话框中,再单击【选择】按钮返回到图 4.47 的【选择材料】对话框,此时对话框中的【制造商】和【牌号】选择的内容已经改变,最后单击【确定】按钮完成材料的选择。

【工艺设置向导】选择用来设置分析类型的成型工艺条件。对于不同的分析类型,其需要设置的成型工艺条件是不同的。通常情况下,AMI 已经根据成型材料的特性提供了一个可行的工艺条件作为默认值,用户也可以根据实际的需要修改这些值,获得不同的分析效果。选择【分析】|【工艺设置向导】命令,弹出【工艺设置向导】对话框,按照向导的指示,在此系列对话框中进行成型工艺条件的设置。

【设置注射位置】选择用来设置注射浇口位置(没有创建浇注系统时)和注射点(创建有浇注系统时)。在进行分析计算前,注射位置是必须设置完成,否则 AMI 是不允许进行分析的。

【设置冷却液入口】选择用来设置冷却系统中冷却液入口(创建有冷却系统时)。在进行某些类型的分析计算前,冷却液入口位置是必须设置完成,否则 AMI 是不允许进行分析的。

【设置关键尺寸】选择在应力分析中用来设定计算应力大小的基准尺寸的。

【设置约束】选择在应力分析中用来设定应力的约束的。

【设置约束】选择在应力分析中用来设定应力的施加的。

4.3.6 结果操作

在案例项目管理栏中,很详细的列出了分析得到的结果。尽管这样,有时也不能满足用户的需要。因此,在结果菜单中,可以通过适当的处理,得到不同于 AMI 默认显示方式从而符合个人需要的结果。命令用于创建一个与当前结果图不同显示类型的结果图。用户可以从 AMI 提供的列表中选出需要显示的结果,同时可以选择显示的类型是"可动态显示的结果"还是"在两个坐标轴组成的平面上拟合得到的曲线"。

(1)选择【结果】|【新建图】命令,弹出【创建新图】对话框,如图 4.51 所示,在【结果选择】选项卡中,用户可以添加显示的结果以及设置结果的显示类型。例如,先选择压力分析结果,再选择【图形类型】选项下的 XY 图。

对于以曲线显示的结果,用户可以在透明显示的模型背景上,用鼠标选取模型上的点,可以获得该点的相关结果 XY 曲线,其操作结果如图 4.52 所示。

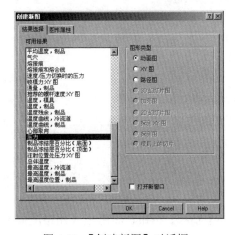

图 4.51 【创建新图】对话框

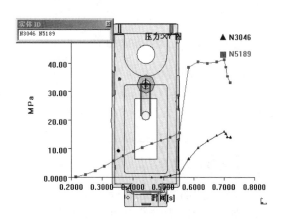

图 4.52 创建的新图

（2）选择【结果】|【检查结果】命令，鼠标变成十字带问号型，在图形编辑窗口中选择任一点，在图形编辑窗口中就会出现该点的检查结果值。图 4.53 所示的就是总体温度分析结果中检查结果图。

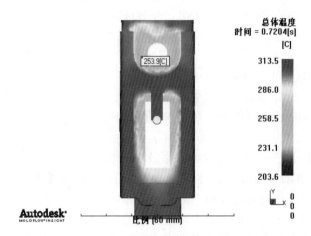

图 4.53　总休温度分析结果的检查结果

4.3.7　工具操作

在 AMI 中，用户可以创建和编辑用户个人数据库。也可以根据个人的需要导入旧版本的 Moldflow 或者 C-Mold 的材料数据库现用版本。下面介绍一下新建个人数据库的使用，以建立一个注塑机为例，操作步骤如下。

（1）选择【工具】|【新建个人数据库】命令，弹出【新建数据库】对话框，如图 4.54 所示。在此对话框中可以输入文件名以及文件所在的位置、选择数据库的类型和类型属性。例如，在【类别】后的下拉列表框中选择【工艺条件】选项，再在【属性类型】框内选择【注塑机】选项，结果如图 4.55 所示。

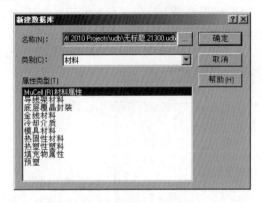
图 4.54　【新建数据库】对话框（一）

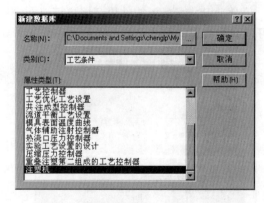
图 4.55　【新建数据库】对话框（二）

（2）单击【确定】按钮，弹出【特性】对话框，如图 4.56 所示。

（3）单击【新建】按钮，弹出【注塑机－描述】对话框，如图 4.57 所示。此对话框是描述注塑机的一般信息，不重要。

图 4.56 【特性】对话框

图 4.57 【注塑机－描述】对话框

（4）单击【新建】按钮，弹出【注塑机－注射单元】对话框，如图 4.58 所示。此对话框是设置注塑机的注射单元，按实际的注塑机参数进行设置，这个设置非常重要。这些数据要由注塑机厂家提供，每一台的数据可能是一样的。如何设置这些参数，将在后面相关章节做介绍。

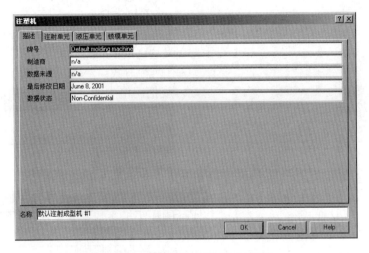

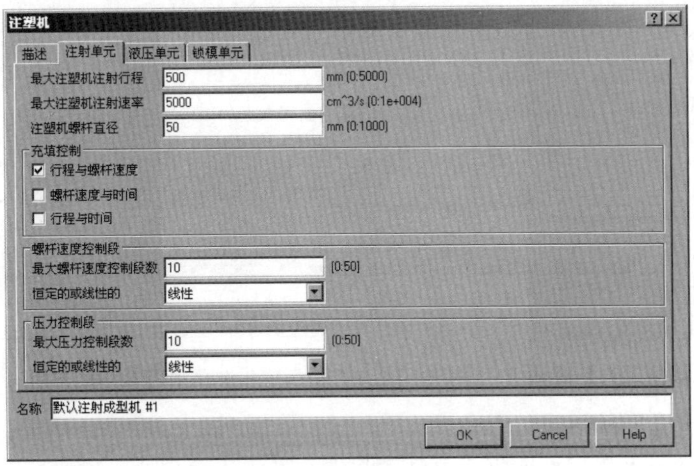

图 4.58 【注塑机－注射单元】对话框

（5）单击【液压单元】按钮，弹出【注塑机－液压单元】对话框，如图 4.59 所示。此对话框是定义注塑机的液压单元参数，按实际的注塑机参数进行设置，这个设置非常重要。如何设置这些参数，将在后面相关章节做介绍。

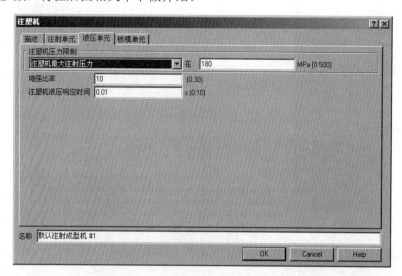

图 4.59 【注塑机－液压单元】对话框

（6）单击【锁模单元】按钮，弹出【注塑机－锁模单元】对话框，如图 4.60 所示。此对话框是用来定义注塑机的锁模单元参数，按实际的注塑机参数进行设置，这个设置非常重要。如何设置这些参数，将在后面相关章节做介绍。

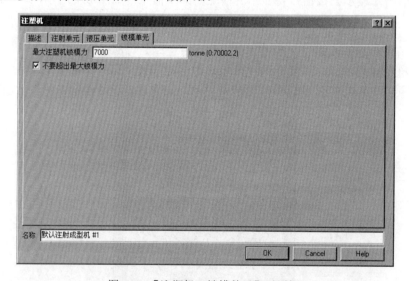

图 4.60 【注塑机－锁模单元】对话框

（7）单击 OK 按钮，返回到【特性】对话框，已经增加了刚新建的注塑机，如图 4.61 所示。

（8）单击【确定】按钮，完成一台注塑机的定义。

窗口操作主要用来在显示窗口中控制子窗口的显示，与其他程序软件一样，不做介绍。

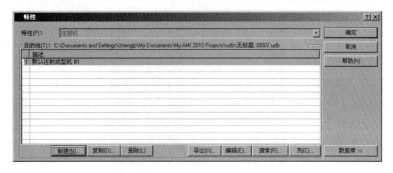

图 4.61 【特性】对话框

4.3.8 帮助系统

AMI 为软件的使用者提供了强大的帮助文档。帮助文档内容丰富，有 AMI 分析应用的帮助，有关于塑料成型的知识、常见的塑料成型问题及其解决方法等。

选择【帮助】|【搜索帮助】命令，弹出如图 4.62 所示的【帮助对话框】。帮助用户可以根据索引找到相关的帮助的主题，或者直接在帮助文档中进行关键字的搜索。同时，在【用户】对话框中，还可以利用【帮助】按钮，在进行各项设置操作时，了解各个对话框中各项设置的要求等帮助信息。

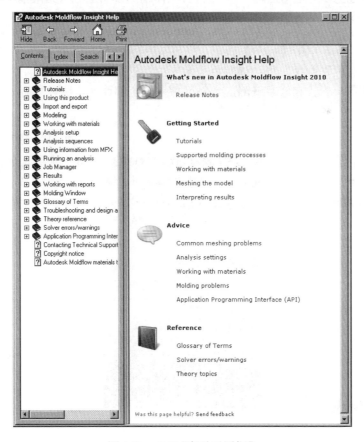

图 4.62 AMI【帮助对话框】

4.3.9 报告

在对模型完成了系统的分析后，为了使分析结果便于交流和方便没有安装 AMI 软件的人也能看到分析的结果，可以利用 AMI 提供的工具来生成一个分析的结果报告，使工作做得更完善和直观。在【报告】菜单中，可以进行生成报告的各种操作命令，这些操作命令有报告生成向导、添加封面、添加图像、添加动画、添加文本块、编辑、打开、查看等。下面将分别做一个简单的介绍。

（1）【报告生成向导】选择，根据向导的提示流程，一一地添加信息，就可以生成分析结果报告。

（2）【添加封面】选择用来创建报告的封面。用户在不采用向导来生成报告时，需要选择【报告】｜【添加封面】命令来生成报告封面。

（3）【添加图像】选择用来将一项分析结果的图像加入到报告中去。使用此命令前，需要选择方案任务栏中的一项分析结果。

（4）【添加动画】选择用来有动态变化的分析结果加入到报告中去。使用此命令前，需要选择方案任务栏中的一项分析结果。

（5）【添加文本块】选择用于给报告添加文本信息。

（6）【编辑】选择用于在已经存在的报告中，添加或删除分析结果以及其他相关信息。

（7）【打开】选择用于在已经存在的报告中，报告以网页形式打开。

（8）【查看】选择用于在已经存在的报告中，报告在模型视图中打开。

4.4 本章小结

本章详细地讲解了 Insight 的主要菜单、基本操作和一些相关的术语。使读者在了解 Insight 的主要分析之前，熟练地掌握相关的界面和操作。本章的难点是有限元的基础知识、注塑成型模拟技术的基础知识。本章的重点是 AMI 的基本操作和相关术语的理解。下一章将讲解 Moldflow 中模型网格的基本知识和网格的划分。

第 5 章 网 格 划 分

Moldflow 采用的是有限元的分析技术，它模拟塑料注塑成型过程的充填、保压和冷却。它预测塑料熔体在流道、浇口和型腔中的流动、冷却，以及可能将要发生的缺陷。它可以优化浇口位置、数量，优化注塑成型工艺参数，还可以发现可能发生的一些制品的缺陷。本章主要介绍 Moldflow 中模型网格的一些基本知识和如何划分网格，为 Moldflow 的分析打下基础。

5.1 网格的类型

Moldflow 是注塑新产品成型仿真及分析的软件，其核心的思想是有限元的方法。也可以这样说，有限元方法就是利用假想的线或面将连续介质的内部和边界分割成有限数量的、有限大小的单元体来处理。这样一来，把一个连续的相对大的整体简化成有限个小的单元体，从而得到与真实结构相近的模型，数值计算和处理就是在这些小的单元体的模型上进行的。为了便于直观理解，在 Moldflow 中将这些单元叫做网格（Mesh）。

在 Moldflow 中，把网格分成三种类型，即中面网格（Midplane）、表面网格（Fusion）、实体网格（3D），下面将分别做介绍。

5.1.1 中面网格

中面网格（Midplane）是创建在模型壁厚的中间处，由三个节点组成的三角形单元形成的单层网格，如图 5.1 所示。图 5.1 是删除中面网格中的一个三角形单元后看到的情况，从图中可以看出，此类网格只有一个面。

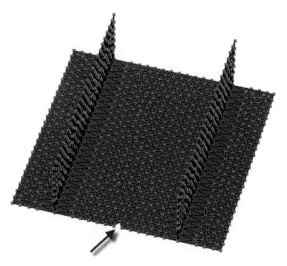

图 5.1 中面网格示意图

在创建中面网格（Midplane）时，要读取并计算模型的壁厚信息，接着在这些中面上形成相应的二维平面的三角形单元。中面网格（Midplane）具有网格划分结果简单、单元数量少、计算量小等优点。由于其忽略了熔体在厚度方向的速度分量，并假定熔体的压力也不沿壁厚方向发生变化，故所产生的信息是不完整的、有限的，其计算和处理的结果的误差也比较大。

5.1.2 实体网格

实体网格（3D）与中面网格（Midplane）和表面网格（Fusion）不同。它是由四个节点的四面体组成的网格单元，每一个四面体单元又是由四个三角形单元组成，也就是由三维立体网格组成，利用这些网格进行有限元计算。图 5.2 是删除实体网格中的一个四面体后看到的情况。从图中可以看出，此类网格中一个四面体单元是由四个三角形单元组成。

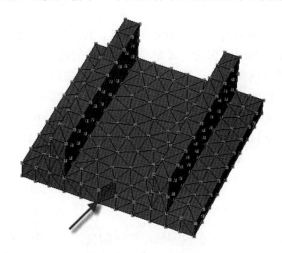

图 5.2　3D 网格示意图

与中面网格（Midplane）和表面网格（Fusion）相比，使用实体网格（3D）具有很多优点：可以获得了实体塑料制品表面的流动数据、内部的流动数据，计算数据完整。与中面网格（Midplane）和表面网格（Fusion）相比，实体网格（3D）把熔体在厚度方面上的变量考虑进去了，其计算和控制方程要复杂得多，对应的求解过程也复杂，其计算量大、计算时间很长。

5.1.3 表面网格

表面网格（Fusion）与中面网格（Midplane）不同，它是创建在模型的外表面上的，也是由三个节点组成的三角形单元形成的网格，其优缺点介于实体网格（3D）与中面网格（Midplane）之间。图 5.3 是删除一个表面网格中的一个三角形单元后看到的情况。此类网格形成在模型的外表面，是由三角形单元组成的。

三种网格各有特点。在实际的工程应用中，对塑料制品的情况进行一个综合的分析，用最合适的网格类型，最小的成本，得到相对好的分析结果。

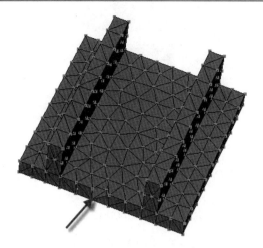

图 5.3 表面网格示意图

5.2 网格的划分

在导入或新建模型之后,要对没有划分网格的模型进行网格划分。通常塑料制品的网格数量在几千到几十万不等。下面将简要介绍一下在 Moldflow 中如何划分网格。

(1) 单击【新建】按钮,弹出【创建新工程】对话框,如图 5.4 所示。

(2) 在【工程名称】文件框中输入工程名 ch5,单击【确定】按钮,创建一个新项目。

(3) 在创建好的项目上导入一个模型。单击【输入】按钮后,在对话框中选择一个模型文件,这时弹出一个对话框,如图 5.5 所示。

图 5.4 创建一个项目

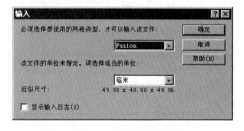

图 5.5 选择网格类型

(4) 选择一种网格划分的类型,即在中面网格(Midplane)、表面网格(Fusion)、实体网格(3D)中选择一个网格类型;同时也要选择模型所采用的单位,即在 Millimeter(毫米)、Centimeter(厘米)、Meter(米)、Inch(英寸)中选择一个单位。选择完成后,单击 OK 按钮,模型被导入,如图 5.6 所示,此时还没有划分网格。

(5) 划分网格。选择【网格(Mesh)】|【生成网格】命令,或者在任务窗口中双击【创建网格】图标,弹出网格生成对话框,如图 5.7 所示。

(6) 在全局网格边长(Global edge length)右侧文本框中输入合理的网格单元边长。一般来说,网格单元边长取值是塑料件壁厚的 1.5～2 倍。对于导入文件格式为 IGES 的情况,还要输入合并容差(IGES merge tolerance),其默认值一般是 0.1mm。输入结果如图 5.8 所示,单击【预览(Preview)】按钮,可以查看网格的大致状况,同时也可以作为网格划分的参考,结果如图 5.9 所示。

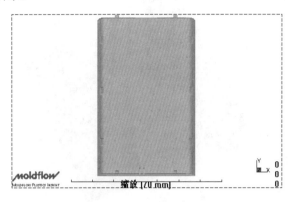

图 5.6　模型

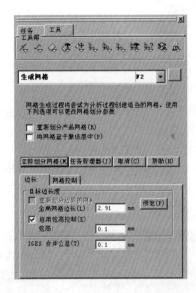　　　　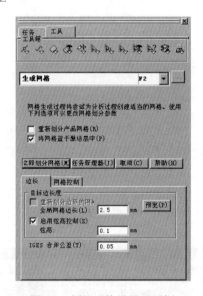

图 5.7　划分网格对话框　　　　图 5.8　划分网格设置对话框

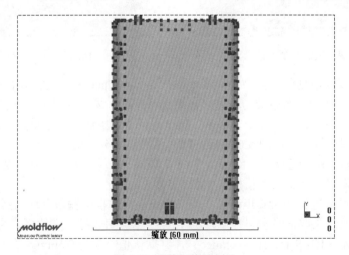

图 5.9　预览网格的划分

（7）单击对话框中的【立即产生网格】按钮，电脑开始计算，图 5.10 是显示正在进行分析计算。处理结果如图 5.11 和图 5.12 所示。

图 5.10 划分网格进程图

图 5.11 任务栏窗口划分网格结果图

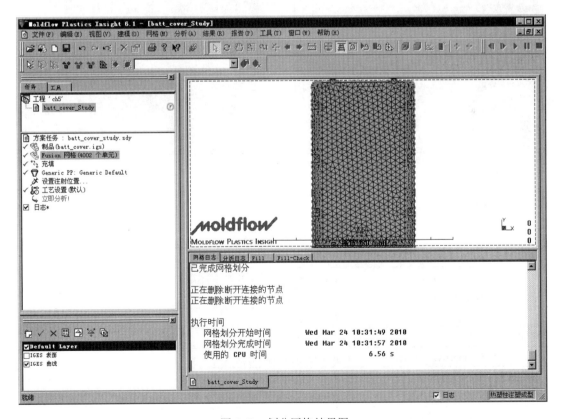

图 5.12 划分网格结果图

5.3 网格的状态统计

在 Moldflow 中，系统自动生成的网格一般都有一定的缺陷。随着制件的复杂程度加大缺陷也可能增多。网格的缺陷对计算结果的正确性和准确性产生很多的影响，严重时会使计算根本无法进行。所以，进行 Moldflow 分析之前需要对网格的状态进行统计，并根据网格的统计结果对现有的网格进行修改，或者进行重新进行网格的划分。

网格划分后，选择【网格（Mesh）】|【网格统计（Mesh Statistics）】命令，等待一会儿，弹出【统计结果】的对话框，如图 5.13 和图 5.14 所示。

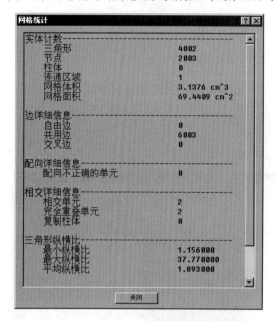 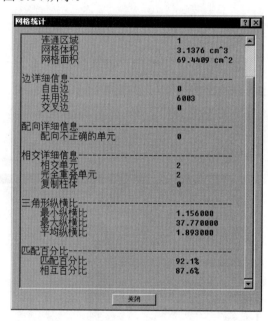

图 5.13　网格统计结果窗口（1）　　　　图 5.14　网格统计结果窗口（2）

网络统计信息的说明见表 5.1。

表 5.1　网络统计信息项目

项　目	说　明
实体个数（Entity counts）	统计网格划分后模型中各类实体单元的个数
三角形（Surface triangles）	显示三角形单元的个数
节点（Node）	显示节点的个数
柱体（Beams）	显示一维单元的个数
连通区域（Connectivity regions）	显示连通区域的个数
网格体积（Mesh Volume）	显示网格所占有的空间
网格面积（Mesh Area）	显示所有三角形网格面积之和
边详细信息（Edge details）	统计网格中单元边的信息
自由边（Free edges）	统计网格中自由边的信息

续表

项　　目	说　　明
共用边（Manifold edges）	统计网格中共用边的信息。共用边是指由两个三角形或3D单元所共用的一条边
交叉边（Non-manifold edges）	统计网格中交叉边的信息，交叉边是指两个以上三角形或3D单元所共用的一条边
配向详细信息（Orientation details）	统计单元的定向信息
配向不正确的单元（Elements not oriented）	统计没有定向的单元数
相交详细信息（Intersection details）	统计单元交叉信息
相交单元（Element intersections）	统计互相交叉的单元数，表示不同平面上的单元相互交叉的情况
完全重叠单元（Fully overlapping elements）	统计完全重叠单元数。表示单元重叠的情况，一种情况为单元部分重叠，另一种情况为单元完全重叠
复制柱体（Duplicate beams）	一维单元重叠信息
三角形纵横比（Surface triangle aspect ratio）	统计三角形单元的纵横比信息。三角形单元的纵横比是指三角形的长高两个方向的极限尺寸之比
最小纵横比（Minimum aspect ratio）	显示纵横比的最小值
最大纵横比（Maximum aspect ratio）	显示纵横比的最大值
平均纵横比（Average aspect ratio）	显示纵横比的平均值
匹配百分比（Match ratio）	统计单元匹配率的信息（仅仅针对Fusion类型的网格），表示模型上下表面网格单元的相匹配程度

注意：在处理每一种类型网格时，对表5.1中不同的项目可能有不同的要求。

下面简要说明一下在处理网格时的一些具体要求，一定要注意。

- 连通区域：统计模型网格划分后模型内独立的连通域，其值应为1，否则说明模型存在问题。要重新划分网格或者用下一章讲到的网格处理方法来修复。
- 网格体积：可以理解为模型的体积。
- 网格面积：对于Fusion类型网格，可以理解为模型的表面积。
- 自由边：在Fusion和3D类型网格中，不允许存在自由边。
- 共用边：在Fusion类型网格中，只存在共用边。
- 交叉边：在Fusion网格类型中，不允许存在交叉边。
- 配向不正确的单元：该值一定要为0。
- 相交单元：单元互相交叉穿过是不允许的。
- 完全重叠单元：表示单元重叠的情况，一种情况为单元部分重叠，另一种情况为单元完全重叠，这两种情况都是不允许发生的。
- 三角形纵横比：单元纵横比对分析结果计算的精确性有很大的影响。一般在Midplane和Fusion类型网格的分析中，纵横比的推荐极大值是6，纵横比的推荐平均值小于3。在3D类型网格中，推荐的纵横比极大极小值分别是50和5，平均应该在15左右。
- 匹配百分比：对于Flow分析，单元匹配率应大于85%是可以接受的，低于50%根本无法计算。对于 Warp 分析，单元匹配率同样要超过 85%，如果单元匹配率太低，就应该重新划分网格。

5.4 本章小结

本章主要介绍了在 Moldflow 中网格的三种类型、创建一个工程、网格如何划分、网格的状态统计以及网格统计作息的意义和注意点。本章学习的重点和难点是三种网格的应用范围、网格的划分、网格统计信息的意义。下一章将对网格的诊断进行讲解。

第 6 章 网 格 诊 断

Insight 中提供了丰富的网格缺陷诊断工具，主要是为了更加方便地对网格存在的缺陷进行处理。网格诊断工具和网格处理工具联合在一起，很好地解决网格缺陷的问题。本章先介绍网格诊断的工具和其常用的方法，具体的处理方法将在下一章做进一步的介绍。本章的案例模型采用的是第 5 章所用的模型的结果。

6.1 网格纵横比诊断

在表面模型和中面模型网格中，纵横比是指三角形长和高方向的极限尺寸之比。网格纵横比诊断是用来查找和确定与所定义的网格纵横比大小相符的网格单元的一种工具。网格纵横比缺陷是 Insight 中模拟分析中最常见的问题，几乎每一个模型在输入 Insight 中都会遇到这一问题。因此，网格纵横比诊断与修补非常重要。下面将介绍一下如何进行网格纵横比诊断，操作过程如下。

（1）选择【网格（Mesh）】|【网格诊断（Mesh Diagnostic）】|【纵横比诊断（Aspect Ratio Diagnostic）】命令，弹出【纵横比诊断工具（Aspect Ratio Diagnostic Tool）】对话框，如图 6.1 所示。

- 对话框中【输入参数】选项下有两个选项：最小值（Minimum）和最大值（Maximum）。最小值（Minimum）和最大值（Maximum）分别确定在诊断结果中将显示单元的纵横比的最小值和最大值。在 Autodesk Moldflow Insight 默认的情况下，最小值（Minimum）一栏为 6，最大值（Maximum）一栏为空白。这样一来，模型中比最小纵横比大的单元将全部在诊断结果中显示，从而方便用户消除和修改这些缺陷。
- 【首选的定义（Preferred definition）】选项中包括两个子选项：标准（Standard）和标准化的（Normalized），这些是计算三角形单元纵横比的格式。标准（Standard）格式的主要目的是与低版本的 Autodesk Moldflow Insight 网格纵横比相一致。一般使用标准化的（Normalized）格式。
- 【显示诊断结果的位置】下拉列表框中有两种方式：显示（Display）和文本（Text）。
- 选择【将结果置于诊断层中】复选框，就把诊断结果单独置于一个名为诊断结果的图形层中。这样就方便用户随时查找诊断结果。

（2）如果采用"文本"模式显示诊断结果，即在【显示诊断结果的位置】的选项后面的文本框内显示的是"文本"两个字时，单击【纵横比诊断（Aspect Ratio Diagnostic）】对话框上面的【显示】按钮，将弹出【网格纵横比诊断文本信息】对话框，如图 6.2 所示。

如果采用"显示"模式显示诊断结果，即在【显示诊断结果的位置】的选项后面的文本框内显示的是"显示"两个字时，单击【纵横比诊断（Aspect Ratio Diagnostic）】对话框上面的【显示】按钮，将在图形编辑窗口中显示网格纵横比诊断信息，Insight 用不同颜色的引出线指出纵横比大小不同的单元如图 6.3 所示。

图 6.1 【纵横比诊断工具】对话框

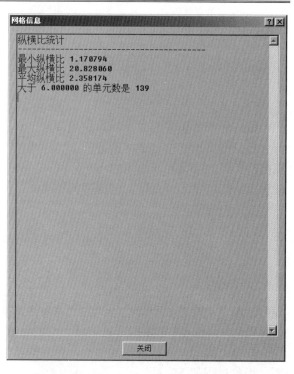

图 6.2 【网格纵横比诊断文本信息】对话框

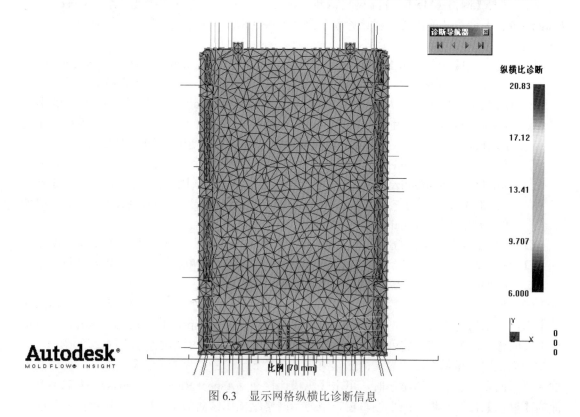

图 6.3 显示网格纵横比诊断信息

在 Insight 中，处理纵横比缺陷的方法和工具有自动修补（Auto Repair）、处理纵横比（Fix

Aspect Ratio)、全部合并（Global Merge)、合并节点（Merge Nodes)、插入节点（Insert Nodes)、移动节点（Move Nodes)、排列节点（Align Nodes)、交换共用边（Swap Edge)、对某区域重新划分网格（Remesh Area)、删除单元（Delete Entities)、创建三角形单元（Create Triangles)和补洞（Fill Hole）等网格处理方法和工具，单独或联合使用。

6.2 重叠单元诊断

重叠单元诊断是用来查找网格单元中的重叠和相交缺陷并确定它们的位置的工具。重叠是指有两个共面单元交叉；而相交是指有非共面单元交叉。下面将介绍一下如何进行重叠单元诊断，操作过程如下。

（1）选择【网格（Mesh）】|【网格诊断（Mesh Diagnostic）】|【重叠单元诊断（Overlapping Elements Diagnostic）】命令，弹出【重叠单元诊断工具（Overlapping Elements Diagnostic Tool）】对话框，如图 6.4 所示。

- 在【输入参数】选项下有查找重叠（Overlaps）和查找相交（Intersection）两个复选框。这样可以分别确定重叠单元和相交单元的位置。
- 【显示诊断结果的位置】下拉列表框中有两种方式：显示（Display）和文本（Text）。
- 选择【将结果置于诊断层中】复选框，就把诊断结果单独置于一个名为诊断结果的图形层中。这样就方便用户随时查找诊断结果。

（2）如果采用"文本"模式显示诊断结果，单击【显示】按钮，将弹出【网格重叠单元诊断文本信息】对话框，如图 6.5 所示，本例无重叠或相交的单元。

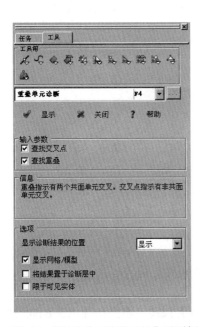

图 6.4 【重叠单元诊断工具】对话框

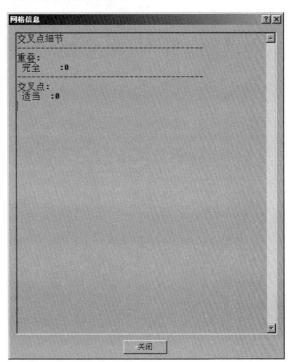

图 6.5 【重叠单元诊断网格信息文本】对话框

如果采用"显示"模式显示诊断结果，Autodesk Moldflow Insight 用颜色指出重叠或相交的单元。单击【显示】按钮，将显示网格重叠单元诊断信息，如图 6.6 所示，本例无重叠或相交的单元。

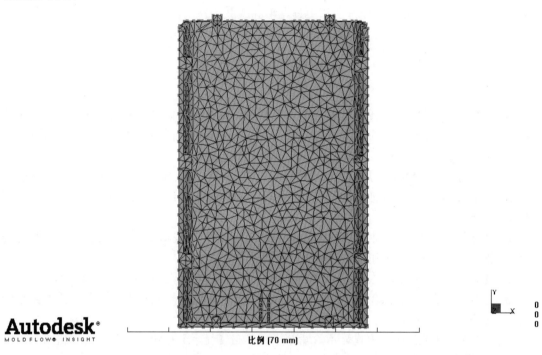

图 6.6　显示网格重叠单元诊断信息

在 Insight 中，处理网格重叠单元缺陷的方法和工具有自动修补（Auto Repair）、合并节点（Merge Nodes）、插入节点（Insert Nodes）、清除节点（Purge Nodes）、交换共用边（Swap Edge）、对某区域重新划分网格（Remesh Area）、删除单元（Delete Entities）、创建三角形单元（Create Triangles）和补洞（Fill Hole）等网格处理方法和工具，单独或联合使用。

6.3　网格配向诊断

网格配向诊断就是用来查找网格中与所定义的单元方向不一致的单元并确定它们的位置的工具。下面将介绍一下如何进行网格配向诊断，操作过程如下。

（1）选择【网格（Mesh）】|【网格诊断（Mesh Diagnostic）】|【配向诊断（Mesh Orientation Diagnostic）】命令，弹出【配向诊断工具（Overlapping Elements Diagnostic Tool）】对话框，如图 6.7 所示。

- 【显示诊断结果的位置】下拉列表框中有两种方式：显示（Display）和文本（Text）。
- 选项【将结果置于诊断层中】呈灰色，表示此项不可选，就是不能把诊断结果单独置于一个名为诊断结果的图形层中。

（2）如果采用"文本"模式显示诊断结果，单击【显示】按钮，将弹出【网格配向诊断文本信息】对话框，如图 6.8 所示，本例没有未配向的单元。

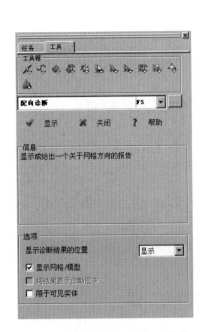 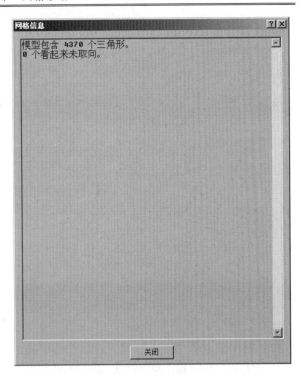

图 6.7 【配向诊断工具】对话框　　　　图 6.8 【网格配向诊断信息文本】对话框

如果采用"显示"模式显示诊断结果，Autodesk Moldflow Insight 用不同颜色指出配向与否的单元。单击【显示】按钮，将显示网格配向诊断信息，如图 6.9 所示，本例没有未配向的单元。

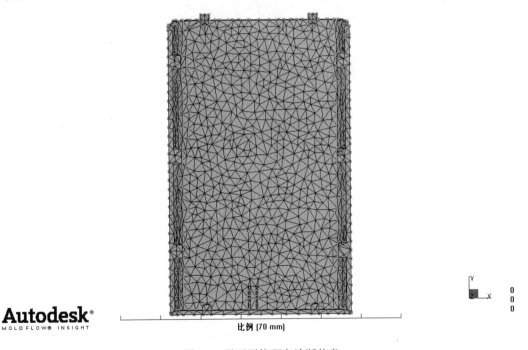

图 6.9　显示网格配向诊断信息

在 Insight 中,处理网格配向缺陷的方法和工具有自动修补(Auto Repair)、单元取向(Orient Elements)和全部单元重定向(Orient All)等网格处理方法和工具,单独或联合使用。

6.4 网格自由边诊断

网格自由边诊断就是用来查找网格中有自由边的单元并确定它们的位置的工具。下面将介绍如何进行网格自由边诊断,操作过程如下。

(1)单击【网格(Mesh)】|【网格诊断(Mesh Diagnostic)】|【自由边诊断(Free Edges Diagnostic)】命令,弹出【自由边诊断工具(Free Edges Diagnostic Tool)】对话框,如图 6.10 所示。

- 在【输入参数】选项下勾选【查找有交叉边(non-manifold edge)】复选框。
- 【显示诊断结果的位置】下拉列表框中有两种方式:显示(Display)和文本(Text)。
- 选择【将结果置于诊断层中】复选框,就把网格中的自由边存在的位置单独置于一个名为诊断结果的图形层中。这样就方便用户随时查找诊断结果和便于修改存在的缺陷。

(2)如果采用"文本"模式显示诊断结果,单击【显示】按钮,将弹出【网格自由边诊断文本信息】对话框,如图 6.11 所示,本例无自由边的单元。

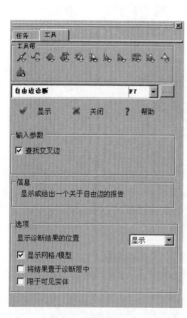

图 6.10 【自由边诊断工具】对话框

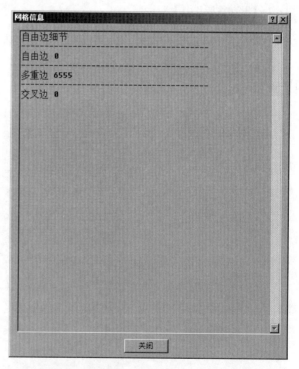

图 6.11 【网格自由边诊断信息文本】对话框

如果采用"显示"模式显示诊断结果,Autodesk Moldflow Insight 用不同的颜色指出存在自由边的单元。单击【显示】按钮,将显示网格自由边诊断信息,如图 6.12 所示,本例无自由边的单元。

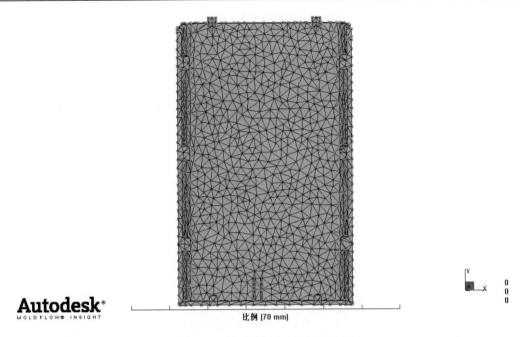

图 6.12 显示网格自由边诊断信息

在 Insight 中，处理网格自由边缺陷的方法和工具有自动修补（Auto Repair）、合并节点（Merge Nodes）、插入节点（Insert Nodes）、清除节点（Purge Nodes）、对某区域重新划分网格（Remesh Area）、删除单元（Delete Entities）、创建三角形单元（Create Triangles）和补洞（Fill Hole）等网格处理方法和工具，单独和联合使用。

6.5 网格连通性诊断

网格连通性诊断就是用来检验网格连通性并查找没有连通的单元和确定它们的位置的工具。下面将介绍如何进行网格连通性诊断，操作过程如下。

（1）选择【网格（Mesh）】|【网格诊断（Mesh Diagnostic）】|【连通性诊断（Connectivity Diagnostic）】命令，弹出【连通性诊断工具（Connectivity Diagnostic Tool）】对话框，如图 6.13 所示。

- 在【输入参数】选项下勾选【从实体开始连通性检查（Start connectivity search form entity）】项，表示从选择的单元开始去检验网格的连通性。
- 在【输入参数】选项下勾选【忽略柱体单元（Ignore Beam Element）】复选框，表示忽略网格模型中的一维单元的连通性。选择此项后在不诊断模型中的浇注系统和冷却系统。
- 【显示诊断结果的位置】下拉列表框中有两种方式：显示（Display）和文本（Text）。
- 选择【将结果置于诊断层中】复选框，就把网格中没有连通性的单元存在的位置单独置于一个名为诊断结果的图形层中。这样就方便用户随时查找诊断结果和便于修改存在的缺陷。

（2）如果采用"文本"模式显示诊断结果，单击【显示】按钮，将弹出网格连通性诊断文本信息对话框，如图 6.14 所示，本例网格单元全部连通。

图 6.13 【连通性诊断工具】对话框

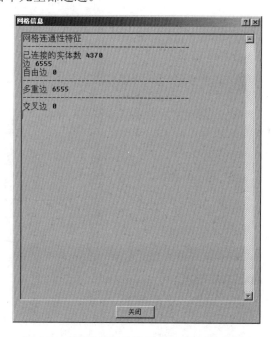
图 6.14 【网格连通性诊断信息文本】对话框

如果采用"显示"模式显示诊断结果，Autodesk Moldflow Insight 用不同颜色的引出线指出连通性与否的单元。单击【显示】按钮，将显示网格连通性诊断信息，如图 6.15 所示。图的右边柱上显示有两种颜色，每一种颜色表示一种意思；图的左边则显示每一种颜色在模型中的位置，方便用户查找和修复缺陷。本例网格单元全部连通，所以只有一种表示已连接的颜色的图形。

图 6.15 显示连通性诊断信息

在 Insight 中，处理网格连通性缺陷的方法和工具有自动修补（Auto Repair）、合并节点（Merge Nodes）、清除节点（Purge Nodes）、对某区域重新划分网格（Remesh Area）、删除单元（Delete Entities）、创建三角形单元（Create Triangles）等网格处理方法和工具，单独和联合使用。

6.6 单元厚度诊断

网格单元厚度诊断就是用来检验网格单元厚度分布和确定它们的位置的工具。AMI 在导入 CAD 模型后，其厚度可能出现误差，同时网格的修复也有可能增加或扩大这种误差。所以，在完成了网格修复后，要进行模型的厚度诊断和与塑料制品的厚度进行比较，如果不符合，则要进行修正。下面将介绍如何进行网格单元厚度诊断，操作过程如下。

（1）选择【网格（Mesh）】|【网格诊断（Mesh Diagnostic）】|【单元厚度诊断（Thickness Diagnostic）】命令，弹出【单元厚度诊断工具（Thickness Diagnostic Tool）】对话框，如图 6.16 所示。

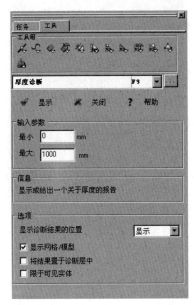

图 6.16 【单元厚度诊断工具】对话框

- 在【输入参数】选项有两个选项：最小值（Minimum）和最大值（Maximum）。最小值（Minimum）和最大值（Maximum）分别确定在诊断结果中将显示单元的厚度的最小值和最大值。在 Autodesk Moldflow Insight 默认的情况下，最小值（Minimum）一栏为 0，最大值（Maximum）一栏为 1000。这样一来，模型中比最大厚度小的单元将全部在诊断结果中显示，从而方便用户消除和修改这些缺陷。
- 【显示诊断结果的位置】下拉列表框中只有一种方式：显示（Display）。
- 选择【将结果置于诊断层中】复选框，就把网格单元的单元厚度分布位置单独置于一个名为诊断结果的图形层中。这样就方便用户随时查找诊断结果和修改。

(2)采用"显示"模式显示诊断结果,Autodesk Moldflow Insight 用不同颜色指出单元厚度大小不同的单元。单击【显示】按钮,将显示网格单元厚度诊断信息,如图 6.17 所示。图的右边柱上显示的是每一种颜色表示的意思,厚度从 0.375 到 1.3mm,其颜色是不一样的;左边的模型中显示每一种颜色在模型中的位置,方便用户查找和修复缺陷。由于本例网格厚度变化较大,故有多种颜色。

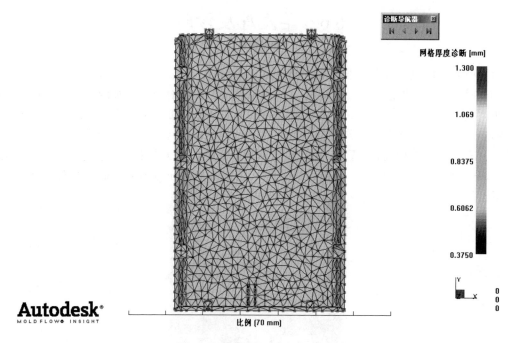

图 6.17　显示单元厚度诊断信息

AMI 中目前没有厚度的自动修复工具,只能手动修复厚度出现缺陷的单元和区域。

6.7　网格出现次数诊断

网格出现次数诊断就是用来检验网格出现次数分布和确定它们的位置的工具。此项只对一模多腔的产品有意义。下面将介绍如何进行网格出现次数诊断,操作过程如下。

(1)选择【网格(Mesh)】|【网格诊断(Mesh Diagnostic)】|【出现次数诊断(Thickness Diagnostic)】命令,弹出【出现次数诊断工具(Thickness Diagnostic Tool)】对话框,如图 6.18 所示。

❑ 【显示诊断结果的位置】下拉列表框中有一种方式:显示(Display)。
❑ 选择【将结果置于诊断层中】复选框,就把网格单元出现的次数单独置于一个名为诊断结果的图形层中。这样就方便用户随时查找诊断结果。

(2)采用"显示"模式显示诊断结果,Autodesk Moldflow Insight 将用不同颜色指出出现次数的单元。单击【显示】按钮,将显示网格出现次数诊断信息,如图 6.19 所示。图的右边柱上显示的是每一种颜色表示的意思,左边的模型中显示每一种颜色在模型中的位置,方便用户查找和修复缺陷。由于本例网格出现次数为 1,故只有一种颜色。

第 6 章 网格诊断

图 6.18 【出现次数诊断工具】对话框

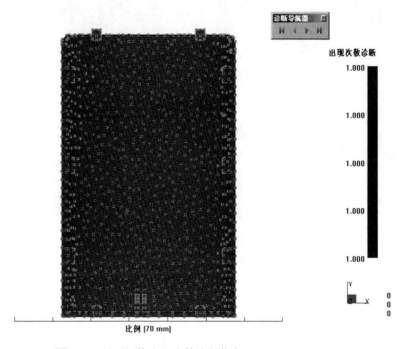

图 6.19 显示网格出现次数诊断信息

6.8 双面层网格匹配诊断

双面层网格匹配诊断就是用来检验 Fusion 模型网格上下表面网格单元的匹配程度的工具。下面将介绍如何进行双面层网格匹配诊断，操作过程如下。

（1）选择【网格（Mesh）】|【网格诊断（Mesh Diagnostic）】|【双面层网格匹配诊断（Dual Domain Mesh Match Diagnostic）】命令，弹出【双面层网格匹配诊断工具（Dual Domain Mesh Match Diagnostic Tool）】对话框，如图 6.20 所示。

- 在【输入参数】选项下勾选【相互网格匹配（Ignore Beam Element）】复选框，相互网格匹配是指 FUSION 模型中表示塑件上下两面网格的对应、匹配程度，它与原来的 CAD 模型毫无关系。
- 【显示诊断结果的位置】下拉列表框中有两种方式：显示（Display）和文本（Text）。
- 选择【将结果置于诊断层中】复选框，就把诊断结果单独置于一个名为诊断结果的图形层中。这样就方便用户随时查找诊断结果和便于修改存在的缺陷。

（2）如果采用"文本"模式显示诊断结果，单击【显示】按钮，将弹出【双面层网格匹配诊断文本信息】对话框，如图 6.21 所示。

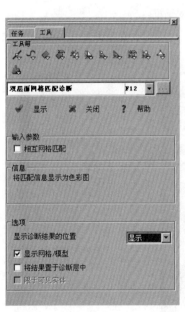

图 6.20 【双面层网格匹配诊断工具】对话框

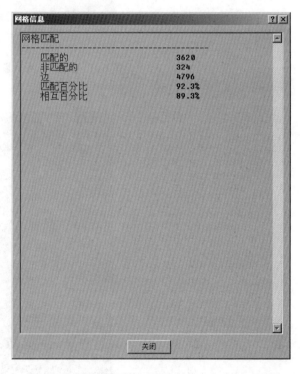

图 6.21 【双面层网格匹配诊断信息文本】对话框

如果采用"显示"模式显示诊断结果，Autodesk Moldflow Insight 用不同颜色表示双面层网格匹配与否的单元。单击【显示】按钮，将显示双面层网格匹配诊断信息，如图 6.22 所示。图的右边柱上显示的是每一种颜色表示的意思，左边的模型中显示每一种颜色在模型中的位置，方便用户查找和修复缺陷。

在 Insight 中，处理双面层网格匹配缺陷的方法和工具有自动修补（Auto Repair）、节点匹配（Match Node）、重新划分网格（Remesh）、删除单元（Delete Entities）、创建三角形单元（Create Triangles）等网格处理方法和工具，单独和联合使用。

图 6.22 显示双面层网格匹配诊断信息

6.9 折叠面诊断

折叠面诊断就是用来确定网格中存在折叠面的单元的位置的工具，如果存在折叠面，将导致厚度为 0，在分析中这是不允许的。下面介绍如何进行折叠面诊断，操作过程如下。

（1）选择【网格（Mesh）】|【网格诊断（Mesh Diagnostic）】|【折叠面诊断（Collapsed Faces Diagnostic）】命令，弹出【折叠面诊断工具（Collapsed Faces Diagnostic Tool）】对话框，如图 6.23 所示。

- ❏ 【显示诊断结果的位置】下拉列表框中只有一种方式：显示（Display）。
- ❏ 选择【将结果置于诊断层中】复选框，就把网格中有折叠面的单元存在的位置单独置于一个名为诊断结果的图形层中。方便用户随时查找诊断结果和便于修改存在的缺陷。

（2）如果采用文本显示诊断结果，单击【显示】按钮，将弹出【折叠面诊断文本信息】对话框，本例无折叠面的单元。

（3）采用"显示"模式显示诊断结果，Autodesk Moldflow Insight 用颜色表示存在折叠面的单元。单击【显示】按钮，将显示折叠面诊断信息，如图 6.24 所示，本例无折叠面的单元。

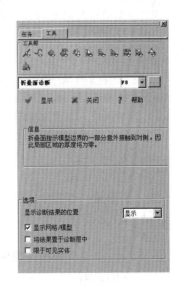

图 6.23 【折叠面诊断】工具对话框

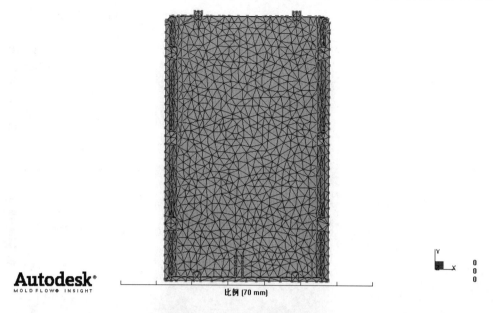

图 6.24 显示折叠面诊断信息

在 Insight 中，处理折叠面缺陷的方法和工具有自动修补（Auto Repair）、合并节点（Merge Nodes）、清除节点（Purge Nodes）、对某区域重新划分网格（Remesh Area）、重新划分网格（Remesh）、删除单元（Delete Entities）、创建三角形单元（Create Triangles）等网格处理方法和工具，单独和联合使用。

6.10 零面积单元诊断

零面积单元诊断就是用来确定网格中存在零面积单元（该单元的面积接近于 0）的位置的工具。如果存在零面积单元，在分析中这是不允许的。下面将介绍如何进行零面积单元诊断，操作过程如下。

（1）选择【网格（Mesh）】|【网格诊断（Mesh Diagnostic）】|【零面积单元诊断（Zero Area Elements Diagnostic）】命令，弹出【零面积单元诊断工具（Zero Area Elements Diagnostic Tool）】对话框，如图 6.25 所示。

❑ 在【输入参数】选项有两个选项：查找以下边长和相等的面积。在【查找以下边长】文本框中输入一个值，Autodesk Moldflow Insight 将查找在默认的面积下，边长小于输入值的单元，该单元被看成零面积单元。这样一来，模型中比三角形单元的边长小于输入值的单元将全部在诊断结果中显示，从而方便用户消除和修改这些缺陷。

❑ 【显示诊断结果的位置】下拉列表框中有两种方式：显示（Display）和文本（Text）。

❑ 选择【将结果置于诊断层中】复选框，就把网格中有零面积单元存在的位置单独置于一个名为诊断结果的图形层中。这样就方便用户随时查找诊断结果和便于修改存在的缺陷。

（2）如果采用"文本"模式显示诊断结果，单击【显示】按钮，将弹出【零面积单元诊断文本信息】对话框，如图 6.26 所示，本例无零面积单元的单元。

第 6 章 网格诊断

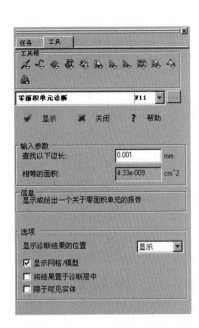 

图 6.25 【零面积单元诊断工具】对话框　　图 6.26 【零面积单元诊断信息文本】对话框

如果采用"显示"模式显示诊断结果，Autodesk Moldflow Insight 用颜色表示存在零面积单元的单元。单击【显示】按钮，将显示零面积单元诊断信息，如图 6.27 所示，本例无零面积单元的单元。

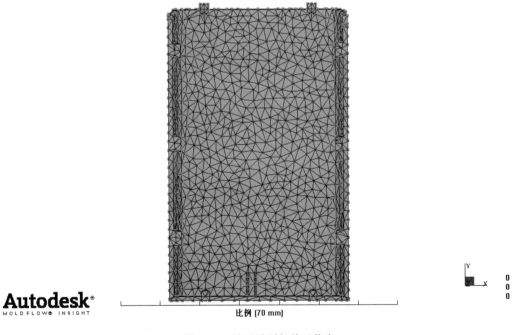

图 6.27　显示零面积单元信息

在 Insight 中，处理零面积单元缺陷的方法和工具有自动修补（Auto Repair）、全部合并（Global Merge）、合并节点（Merge Nodes）、清除节点（Purge Nodes）、对某区域重新划分网格（Remesh Area）、重新划分网格（Remesh）、删除单元（Delete Entities）、创建三角形单元（Create Triangles）等网格处理方法和工具，单独和联合使用。

以上介绍了几种常见的网格缺陷的诊断工具，其余的诊断工具请读者自学。

6.11 本章小结

本章主要介绍了几种模型网格缺陷的诊断以及处理这些缺陷的方法，这些内容是完成 Autodesk Moldflow Insight 分析前处理的基础。其中，本章的重点和难点是几种主要的网格缺陷的诊断及显示方法。下一章要讲解如何利用这些诊断结果进行网格缺陷的处理。

第 7 章 网 格 处 理

模型进行网格划分后，经过网格信息的统计，一般都会发现网格中存在一些缺陷。这就需要利用 Autodesk Moldflow Insight 中提供的网格处理工具，对这些网格缺陷进行处理。在处理这些网格缺陷时，要保持模型的几何形状，尽可能不出现较大的变化。Insight 中提供了多种网格处理工具，下面介绍其中常见的几种。本章的案例模型采用的是第 6 章所用的模型的结果。

7.1 网格自动修补

自动修补工具（Auto Repair Tool），这个工具对两层面模型（Fusion 模型）很有效，能自动修复模型网格中存在的重叠单元和单元交叉的问题，同时还可以改进单元的纵横比。在使用一次这个处理工具后，再次使用这个工具，可以提高修改的效率。这个命令不需要输入什么参数，只要单击【应用】按钮执行该命令。特别要注意是，这个工具不能处理解决模型网格中存在的所有的问题。下面将介绍自动修补工具的使用，操作过程如下。

（1）选择【网格（Mesh）】|【网格工具（Mesh Tools）】|【自动修补（Auto Repair）】命令，弹出【自动修复工具（Auto Repair Tool）】对话框，如图 7.1 所示。

（2）在【自动修复工具】对话框中单击【应用】按钮，程序自动运行。完成后会报告有多少相交和重叠网格等被修复，如图 7.2 所示。

图 7.1 【自动修复工具】对话框

图 7.2 自动修复结果

7.2 纵横比处理

修改纵横比工具（Fix Aspect Ratio Tool），这个工具能自动改进单元的纵横比，能降低模型网格的最大纵横比。使用这个工具，可以提高修改的效率。在使用一次这个处理工具后，可再次使用这个工具。修改纵横比工具（Fix Aspect Ratio Tool）能检查出当前模型的最大纵横比。这个命令需要输入目标最大纵横比，单击【应用】按钮执行该命令。特别要注意的是，这个工具不能处理解决模型网格所有的纵横比问题。下面将介绍一下修改纵横比工具的使用，操作过程如下。

（1）选择【网格（Mesh）】|【网格工具（Mesh Tools）】|【修改纵横比（Fix Aspect Ratio）】命令，弹出【修改纵横比工具（Fix Aspect Ratio Tool）】对话框，如图 7.3 所示。

（2）在【修改纵横比工具】对话框中单击【应用】按钮，程序自动运行。完成后会报告修改纵横比结果，如图 7.4 所示。

图 7.3　【修改纵横比工具】对话框

图 7.4　修改纵横比结果

7.3 网格整体合并

整体合并工具（Global Merge Tool），可以一次合并所有间距小于合并容差（Merge Tolerance）值的节点。使用这个工具，可以提高修改的效率。这个工具能自动修复模型网格中零面积单元和纵横比太大的单元等网格缺陷。这个命令需要输入合并容差（Merge Tolerance）值后，单击【应用】按钮执行该命令。如果选择【仅沿着某个单元边合并节点】复选框，表示仅当节点形成一个单元边时才允许合并。

注意：这个工具对于大型模型来说，分析处理的时间较长，与使用的计算机运算速度密切相关。这个工具不能处理解决模型网格中所有存在的问题，相反如果输入的合并容差值太大，还可能引起其他网格缺陷出现。

下面将介绍整体合并工具的使用，操作过程如下。

（1）选择【网格（Mesh）】|【网格工具（Mesh Tools）】|【整体合并（Global Merge）】命令，弹出【整体合并工具（Global Merge Tool）】对话框，如图7.5所示。

（2）在【整体合并工具】对话框单击【应用】按钮，程序自动运行。完成后会报告整体合并结果，如图7.6所示。

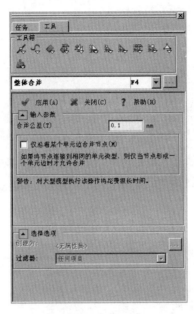

图7.5 【整体合并工具】对话框

图7.6 整体合并结果

7.4 删除单元工具

删除单元工具（Delete Entities Tool）的功能是可删除所有选中的单元。有两种方法可以删除选中的单元，一种是先选中实体后，按下键盘上的【Delete】键（本书不做介绍）；另一种就是利用 Autodesk Moldflow Insight 提供了删除单元工具（本节将做简单介绍）。

此工具为了方便用户快速选取实体单元，在过滤器选项下的下拉列表框有五个可供选择项，分别是【节点】、【最近的节点】、【曲线】、【曲面】和【任何项目】选项。过滤器的主要功能是提高选择的准确和效率。下面将介绍删除单元工具的使用，操作过程如下。

（1）选择【网格（Mesh）】|【网格工具（Mesh Tools）】|【删除单元（Global Merge）】命令，弹出【删除单元工具（Delete Entities Tool）】对话框，如图7.7所示。

(2）选择单元。在图形编辑窗口中如图 7.8 所示，将显示制品的右边的边缘附近靠近中上部的位置。用鼠标单击模型中纵横比较大的单元，选择结果如图 7.8 所示。

（3）在【删除单元工具】对话框中单击【应用】按钮，程序自动运行。完成后显示删除单元的结果，在图形编辑窗口中如图 7.9 所示。同时，可以发现 Autodesk Moldflow Insight 自动诊断并显示出缺陷，出现了自由边的缺陷。

图 7.7 【删除单元工具】对话框

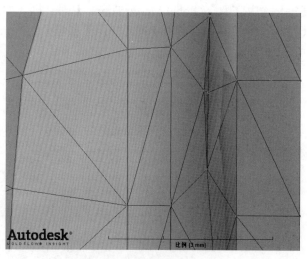

图 7.8 选择将删除的单元

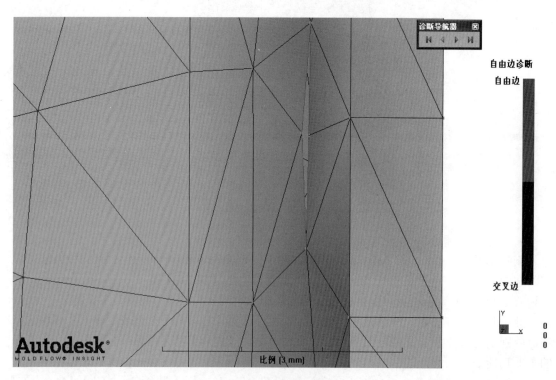

图 7.9 删除单元结果

7.5 边 工 具

边工具（Edge Tools）具有强大的功能，可以降低网格的纵横比、自由边、洞孔等网格缺陷。Insight 中提供了 3 种边工具（Edge Tools），即交换边工具（Swap Edge Tool）、缝合自由边工具（Stitch Free Edges Tool）和填充孔工具（Fill Hole Tool），下面将分别做简单介绍。

7.5.1 交换边工具

交换边工具（Swap Edge Tool）的功能是可以交换两个相邻三角形单元的共用边。这个工具可以降低网格单元的纵横比。下面将介绍一下交换边工具的使用，操作过程如下。

（1）选择【网格（Mesh）】|【网格工具（Mesh Tools）】|【边（Edge Tools）】|【交换边（Swap Edge）】命令，弹出【交换边工具（Swap Edge Tool）】对话框，如图 7.10 所示。勾选【允许重新划分特征边的网格】复选框。

（2）选择单元。在图形编辑窗口中如图 7.11 所示，将制品显示调整到反面的左边的边缘附近靠近中下部的位置。用鼠标单击模型中两个相邻的三角形单元，选择结果如图 7.11 所示。

（3）在【交换边工具】对话框中单击【应用】按钮，程序自动运行。完成后在图形编辑窗口中显示交换边的结果，如图 7.12 所示。

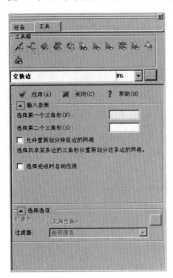

图 7.10　【交换边工具】对话框

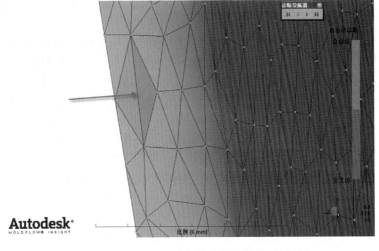

图 7.11　选择将交换边的单元

在【输入参数】选项下有两个选择框，分别是【选择第一个三角形】和【选择第二个三角形】选项，提示要选择两个三角形单元。选中【允许重新划分特征边的网格】复选框，表示选择共享共用边的三角形可以重新划分这条边的网格。

注意：选中【选择完成时自动应用】复选框，表示选择两个相邻三角形后程序自动运行，而不需要每一次单击【应用】按钮，从而提高工作效率。

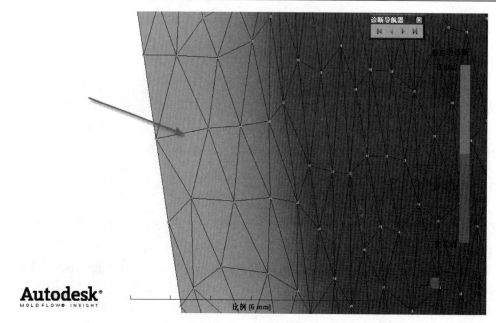

图 7.12 交换边后的结果

7.5.2 缝合自由边工具

缝合自由边工具（Stitch Free Edges Tool）的功能是可以合并两个相邻三角形单元的自由边。这个工具可以修正网格单元的自由边等网格缺陷，提高网格质量。下面将介绍缝合自由边工具的使用，操作过程如下。

（1）选择【网格（Mesh）】|【网格工具（Mesh Tools）】|【边工具（Edge Tools）】|【缝合自由边（Stitch Free Edges）】命令，弹出【缝合自由边工具（Stitch Free Edges Tool）】对话框，如图 7.13 所示。勾选缝合公差选项下的【指定】选项，需要输入缝合公差值，输入公差值 0.2mm。

（2）选择节点。在图形编辑窗口中，将制品显示调整到 7.4 节删除了单元的位置，如图 7.14 所示。用鼠标单击模型中有自由边四个节点，选择结果如图 7.14 所示。

（3）在【缝合自由边工具】对话框中单击【应用】按钮，程序自动运行。完成后在图形编辑中显示缝合自由边的结果，如图 7.15 所示。读者也可以看到状态栏下缝合自由边的结果，如图 7.16 所示。

在输入参数选项下有一个选择框，是【选择】选项，指示要选择网格节点。要注意，这里需要输入多个节点。在缝合公差选项下有两个单选按钮：【默认】和【指定】选项。一般情况下，选择【指定】选项，则需要输入缝合公差值。输入公差值的时候可以输入较大的值，这样就容易一次成功，如果输入的值太小的话，可能不能操作成功，又需要重新选择节点和输入公差值，这样就降低了效率。

在【过滤器】选项的下拉列表框有三个可供选择项，分别是【节点】、【最近的节点】和【任何项目】选项。过滤器的主要功能是提高选择的准确和效率。

注意：选择第二个或多个节点时，需要按下【Ctrl】键同时在需要选择的节点附近单击，可以增加节点的选择。

 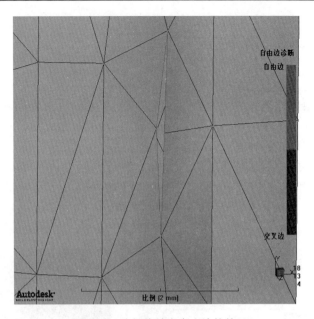

图 7.13 【缝合自由边工具】对话框　　　　图 7.14 选择将缝合自由边的单元

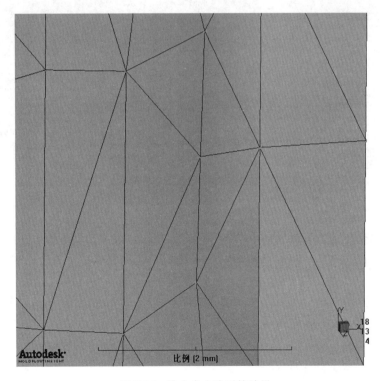

图 7.15 缝合自由边后的结果

图 7.16 状态栏下缝合自由边后的结果

7.5.3 填充孔工具

填充孔工具（Fill Hole Tool）的功能是创建三角形单元来修补模型网格上存在的洞孔或缝隙缺陷。这个工具可以修正网格单元的自由边等网格缺陷，提高网格质量。在操作之前，为了便于讲解，将上一节缝合自由边工具完成的单元删除。下面将介绍填充孔工具的使用，操作过程如下。

（1）选择【网格（Mesh）】|【网格工具（Mesh Tools）】|【边工具（Edge Tools）】|【填充孔（Fill Hole）】命令，弹出【填充孔工具（Fill Hole Tool）】对话框，如图7.17所示。

（2）选择节点。在图形编辑窗口中，将制品显示调整到7.4节删除了单元的位置，如图7.18所示。用鼠标单击并选择模型中有洞孔的边界线上的所有节点，选择结果如图7.18所示。

图7.17 【填充孔工具】对话框

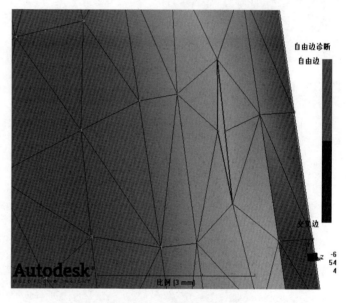
图7.18 选择将填充孔的单元

（3）在【填充孔工具】对话框中单击【应用】按钮，程序自动运行。完成后在图形编辑窗口中显示填充孔的结果，如图7.19所示。读者也可以看到状态栏下填充孔的结果，如图7.20所示。

在输入参数选项下有一个选择框，是【选择】选项。提示选择需要填充的洞孔的一组节点。需要注意的是，这里至少需要3个节点。

提示：选择第二个或多个节点时，需要按下【Ctrl】键同时在需要选择的节点附近单击，可以增加节点的选择。

在【过滤器】的下拉列表框有三个可供选择项，分别是【节点】、【最近的节点】和【任何项目】选项。过滤器的主要功能是提高选择的准确和效率。

提示：在此工具中还提供了一种快速选择节点的方法，就是先选择洞孔边界上一个节点后，然后单击【搜索】按钮，这时Insight程序会沿着自由边自动搜索缺陷边界。

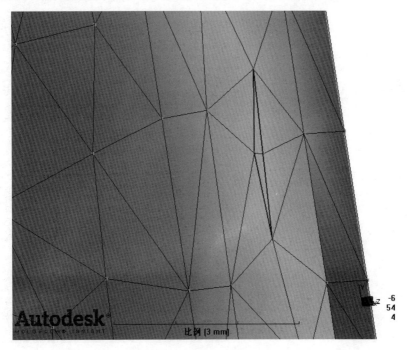

图 7.19 填充孔后的结果

图 7.20 状态栏下填充孔后的结果

7.6 重新划分网格

重新划分网格工具（Remesh Area Tool）的功能是可以对已经划分好网格的模型的局部区域根据所指定的目标网格大小，重新进行网格划分。可以用在形状简单或形状复杂的模型局部区域进行网格稀少或者网格加密。这个工具可以提高网格质量。下面将介绍重新划分网格工具的使用，操作过程如下。

（1）选择【网格（Mesh）】|【网格工具（Mesh Tools）】|【重新划分网格（Remesh Area）】命令，弹出【重新划分网格工具（Remesh Area Tool）】对话框，如图 7.21 所示。

（2）选择实体。在图形编辑窗口中，将制品显示调整到显示制品边缘角落的位置，如图 7.22 所示。用鼠标单击模型中需要重新划分网格的单元，同时此区域的下表面单元也要选择，选择结果如图 7.22 所示。

（3）在【重新划分网格工具】对话框中输入目标边长度为 1.3mm。

（4）在【重新划分网格工具】对话框中单击【应用】按钮，程序自动运行。完成后在图形编辑窗口中显示重新划分网格的结果，如图 7.23 所示。读者也可以在状态栏下看到重新划分网格的结果，如图 7.24 所示。

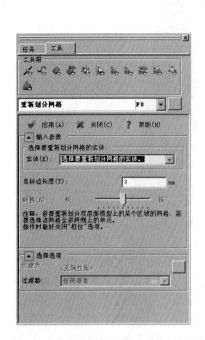

图 7.21 【重新划分网格工具】对话框

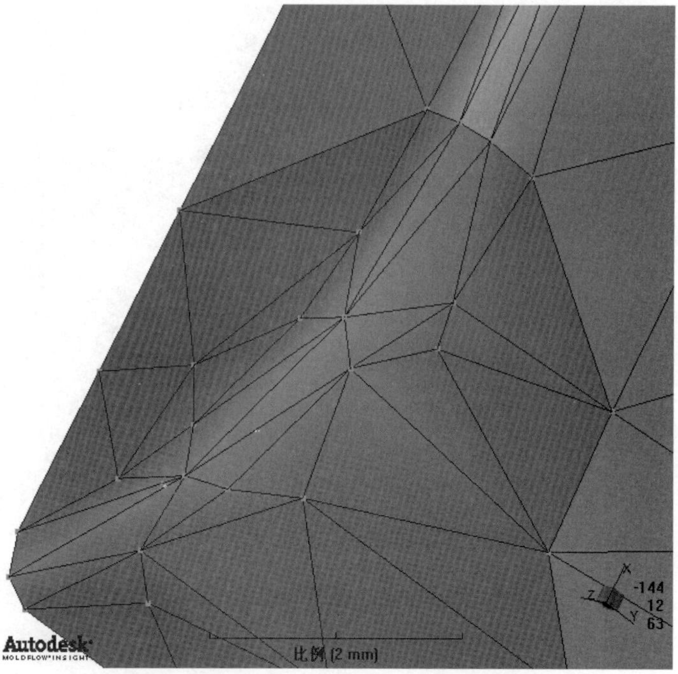

图 7.22 选择将重新划分网格的单元

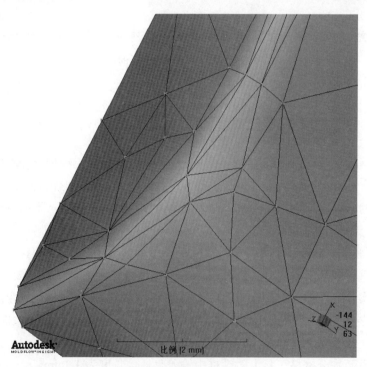

图 7.23 重新划分网格后的结果

图 7.24 状态栏下重新划分网格后的结果

在【输入参数】选项下有一个选择框,是【选择】选项。提示选择需要重新划分网格的实体。值得注意的是,选择第二个或多个实体时,需要按下【Ctrl】键同时在需要选择的实体附近单击,可以增加实体的选择。

> 注意:如果要重新划分双面层模型某个区域的网格,则需要选择模型该区域上下两面上的全部的网格单元,以保证网格上下两层的匹配。

7.7 节点工具

节点工具是在模型网格处理中使用广泛的工具,主要用来处理网格单元的纵横比、提高网格质量、提高网格匹配率等。Autodesk Moldflow Insight 提供的节点工具有合并节点(Merge Node)、插入节点(Insert Node)、对齐节点(Align Nodes)、移动节点(Move Nodes)、清除节点(Purge Nodes)和匹配节点(Match Nodes)等。下面将分别介绍这些节点工具。

7.7.1 合并节点

合并节点工具(Merge Node Tool)的功能是可以将一个或多个节点向同一个目标节点合并。这个工具可以降低网格单元的纵横比,和其他工具一起使用可以大大改善网格质量,是使用频率高的工具。为了操作方便,请打开纵横比的诊断结果。下面将介绍合并节点工具的使用,操作过程如下。

(1)选择【网格(Mesh)】|【网格工具(Mesh Tools)】|【节点工具(Nodes Tools)】|【合并节点(Merge Node)】命令,弹出【合并节点工具(Merge Node Tool)】对话框,如图 7.25 所示。勾选【仅沿着某个单元边合并节点】复选框,不勾选【选择完成时自动应用】复选框。

(2)选择节点。在图形编辑窗口中,将制品显示调整显示最大纵横比的位置,如图 7.26 所示。先选择目标节点,再选择将要合并到目标节点的节点,选择结果如图 7.26 所示。

(3)在【合并节点工具】对话框中单击【应用】按钮,程序自动运行。完成后在图形编辑窗口中显示合并节点的结果,如图 7.27 所示,也可以看到状态栏下合并节点的结果,如图 7.28 所示。

在【输入参数】选项下有两个输入框选项,分别是【要合并到的节点】选项和【要从其合并的节点】选项。第一个选项表示输入目标节点,第二个选项表示输入的节点要合并到目标节点上去。也就是在合并时,【要合并到的节点】选项中列出的目标节点固定不动,【要从其合并的节点】选项中列出的点要移动到目标节点上,形成一个点。

勾选【仅沿着某个单元边合并节点】复选框,表示节点合并到相同的单元类型,只有节点形成一个单元边时才允许合并,可以提高网格的质量。建议勾选此项。

在【过滤器】的下拉列表框中有三个可供选择项,分别是【节点】、【最近的节点】和【任何项目】选项。过滤器的主要功能是提高选择的准确和效率。

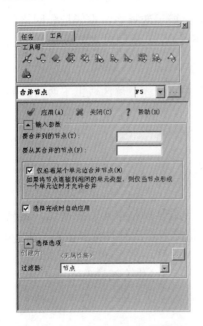

图 7.25 【合并节点工具】对话框

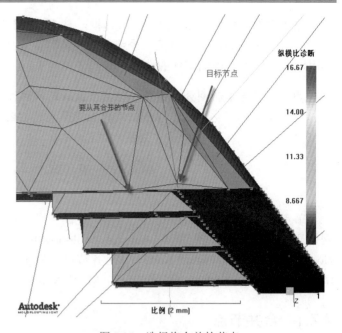

图 7.26 选择将合并的节点

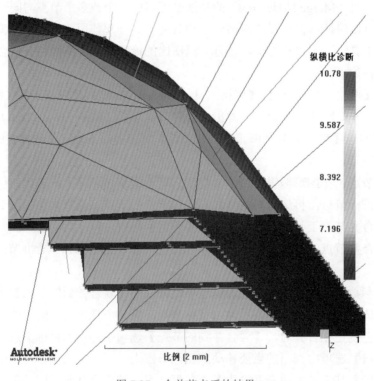

图 7.27 合并节点后的结果

图 7.28 状态栏下合并节点后的结果

⚠ 注意：选择【要从其合并的节点】选项的第二个或多个节点时，需要按下【Ctrl】键同时在需要选择的节点附近单击，可以增加节点的选择。勾选【选择完成时自动应用】复选框，表示当完成选择节点后，程序自动运行，不用每次单击【应用】按钮使程序运行，从而提高了效率。建议在以后的实际操作中勾选此项。

7.7.2 插入节点

插入节点工具（Insert Node Tool）的功能是可以将多个节点间新增一个节点。这个工具可以降低网格单元的纵横比、加密网格单元。为了操作方便，请打开纵横比的诊断结果。下面将介绍插入节点工具的使用，操作过程如下。

（1）选择【网格（Mesh）】|【网格工具（Mesh Tools）】|【节点工具（Nodes Tools）】|【插入节点（Insert Node）】命令，弹出【插入节点工具（Insert Node Tool）】对话框，如图 7.29 所示。勾选【三角形边的中点】选项。此时在【输入参数】选项下的四个文本框，只有【节点1】和【节点2】两个选项可用。【节点3】选项和【要拆分的四面体】选项为灰色的，不可选。

（2）选择节点。在图形编辑窗口中，先选择节点 1，再选择节点 2，如图 7.30 所示（注意：节点 1 和节点 2 是作者为了便于讲解标注上去的）。

 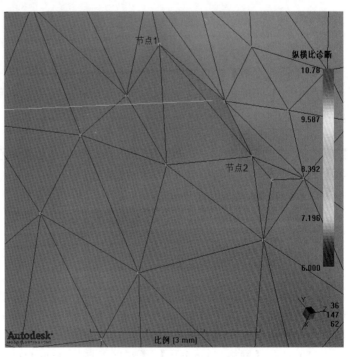

图 7.29 【插入节点工具】对话框　　　　图 7.30 选择将要在其间插入节点的节点

（3）在【插入节点工具】对话框中单击【应用】按钮，程序自动运行。完成后在图形编辑窗口中显示插入节点的结果，如图 7.31 所示（注意：新节点是作者为了便于读者理解标注上去的）。也可以看到状态栏下插入节点的结果，如图 7.32 所示。

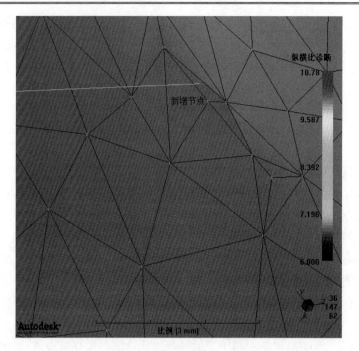

图 7.31　插入节点后的结果

图 7.32　状态栏下插入节点后的结果

在【输入参数】选项下的【创建新节点的位置】选项中有 3 个单选按钮，分别是【三角形边的中点】选项、【三角形的中心】选项和【四面体单元的中心】选项。如果选项为灰色的，表示此项不可选。本例采用【三角形边的中点】选项。

在【输入参数】选项下的还有 4 个文本框，分别是【节点 1】选项、【节点 2】选项、【节点 3】选项和【要拆分的四面体】选项，如果选项为灰色的，表示此项不可选。在【过滤器】选项下的下拉列表框有 3 个可供选择项，分别是【节点】、【最近的节点】和【任何项目】选项。过滤器的主要功能是提高选择的准确和效率。

请读者自己去练习【创建三角形的中心】选项的操作，在这里不做详细的介绍。

7.7.3　对齐节点

对齐节点工具（Align Nodes Tool）的功能是可以对节点重新排列，使节点对齐在一条直线上。首先要选定两个节点以确定一条直线，再选择需要重新排列的点。这个工具可以改善网格单元的纵横比和改善网格质量。下面将介绍对齐节点工具的使用，操作过程如下。

（1）选择【网格（Mesh）】|【网格工具（Mesh Tools）】|【节点工具（Nodes Tools）】|【对齐节点（Align Nodes）】命令，弹出【对齐节点工具（Align Nodes Tool）】对话框，如图 7.33 所示。不勾选【选择完成时自动应用】复选框。

（2）选择节点。在图形编辑窗口中，将制品显示调整到显示制品边缘的位置，如图 7.34 所示。先选择对齐节点 1（2）（对应图中为对齐节点 1）和对齐节点 2（2）（对应图中为对齐节点2），再选择将要合并到目标节点的节点（对应图中为对齐节点3、对齐节点4和对齐节点5），选择结果如图7.34所示（注意：对齐节点1到对齐节点5是作者为了便于讲解标注上去的）。

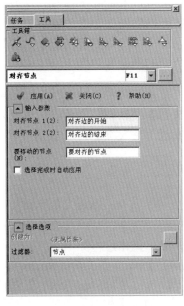

图7.33 【对齐节点工具】对话框

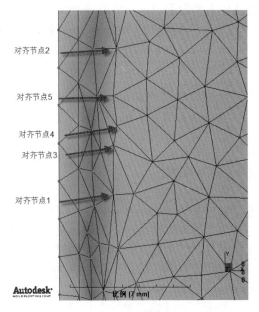

图7.34 选择将要对齐的节点

（3）在【对齐节点工具】对话框中单击【应用】按钮，程序自动运行。完成后在图形编辑窗口中显示对齐节点的结果，如图7.35所示（注意：对齐节点1到对齐节点5是作者为了便于读者理解标注上去的）。也可以看到状态栏下对齐节点的结果，如图7.36所示。

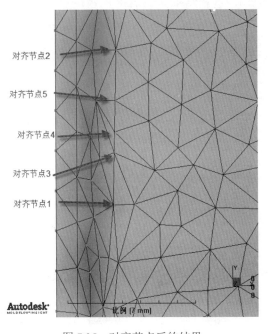

图7.35 对齐节点后的结果

图 7.36 状态栏下对齐节点后的结果

在【输入参数】选项下的有 3 个文本框,分别是【对齐节点 1（2）】选项、【对齐节点 2（2）】选项和【要对齐的节点（N）】选项。指示选择节点的操作完成的状态和选择了哪些节点。在【过滤器】选项下的下拉列表框有 3 个可供选择项,分别是【节点】、【最近的节点】和【任何项目】选项,过滤器的主要功能是提高选择的准确和效率。

注意:选择第二个或多个节点时,需要按下【Ctrl】键同时在需要选择的节点附近单击,可以增加节点的选择。勾选【选择完成时自动应用】复选框,表示当完成选择节点后,程序自动运行,不用每次单击【应用】按钮使程序运行,从而提高了效率。

7.7.4 移动节点

移动节点工具（Move Nodes Tool）的功能是可以移动一个或多个节点。首先要选定需要移动的节点,程序再按照给定的绝对或者相对坐标进行移动。这个工具可以改善网格单元的纵横比和改善网格质量。下面将介绍对移动节点工具的使用,操作过程如下。

(1) 选择【网格（Mesh）】|【网格工具（Mesh Tools）】|【节点工具（Nodes Tools）】|【移动节点（Move Nodes）】命令,弹出【移动节点工具（Move Nodes Tool）】对话框,如图 7.37 所示。在【输入参数】选项下还有两个单选按钮,勾选【相对】选项,表示是按照相对坐标进行移动。

(2) 选择节点。在图形编辑窗口中,将制品显示调整到显示制品边缘的位置,如图 7.38 所示。先选择需要进行移动的节点（注意:选择需要移动的节点是作者为了便于讲解标注上去的）。在【移动节点工具】对话框中,在【输入参数】选项下的【位置】选项后面的文本框输入相对坐标值为 0 0 0.7 0,选择结果如图 7.38 所示。

图 7.37 【移动节点工具】对话框

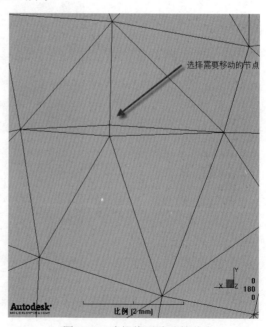

图 7.38 选择将要移动的节点

(3) 在【移动节点工具】对话框中,单击【应用】按钮,程序自动运行。完成后在图形编辑窗口中显示移动节点的结果,如图 7.39 所示(注意:移动后的节点是作者为了便于读者理解标注上去的)。也可以看到状态栏下移动节点的结果,如图 7.40 所示。

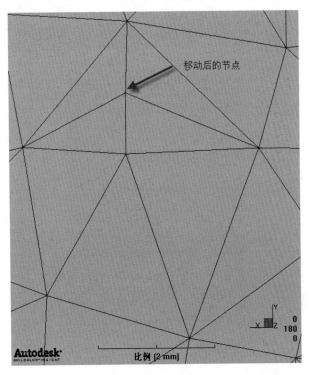

图 7.39 移动节点后的结果

图 7.40 状态栏下移动节点后的结果

在【输入参数】选项下的有两个文本框,分别是【要移动的节点】选项和【位置】选项;还有两个单选按钮,分别是【绝对】选项和【相对】选项,表示是按照绝对坐标还是按照相对坐标进行移动。本例采用【相对】选项,表示是按照相对坐标进行移动。在【过滤器】的下拉列表框有 3 个可供选择项,分别是【节点】、【最近的节点】和【任何项目】选项。过滤器的主要功能是提高选择的准确和效率。

> 注意:选择第二个或多个节点时,需要按下【Ctrl】键同时在需要选择的节点附近单击,可以增加节点的选择,输入坐标值的顺序为三维坐标值(X,Y,Z),在 Insight 中输入各坐标值数值之间用空格隔开,不能用逗号或分号。

7.7.5 清除节点

清除节点工具(Move Nodes Tool)的功能是可以移动一个或多个节点。首先要选定需要移动的节点,程序再按照给定的绝对或者相对坐标进行移动。这个工具可以改善网格质量。

下面将介绍一下清除节点工具的使用，操作过程如下。

（1）选择【网格（Mesh）】|【网格工具（Mesh Tools）】|【节点工具（Nodes Tools）】|【清除节点（Move Nodes）】命令，弹出【清除节点工具（Move Nodes Tool）】对话框，如图 7.41 所示。

（2）单击【应用】按钮，程序自动运行。完成后可以看到状态栏下移动节点的结果，如图 7.42 所示。本例没有多余的节点。

图 7.41　【清除节点工具】对话框

图 7.42　状态栏下清除节点后的结果

7.7.6　匹配节点

匹配节点工具（Move Nodes Tool）的功能是可以重新建立良好的网格匹配。首先要选择投影节点和要投影到的三角形，程序再进行匹配。这个工具可以改善网格单元的匹配率，提高分析精度。下面将介绍匹配节点工具的使用，操作过程如下。

（1）选择【网格（Mesh）】|【网格工具（Mesh Tools）】|【节点工具（Nodes Tools）】|【匹配节点（Move Nodes）】命令，弹出【匹配节点工具（Move Nodes Tool）】对话框，如图 7.43 所示。不勾选【输入参数】选项下的【将新节点置于层中】复选框。

（2）选择节点。在图形编辑窗口中，将制品显示调整到显示制品边缘附近的位置。选择需要进行匹配的节点，如图 7.44 所示（注意：选择节点是作者为了便于读者理解标注上去的）。

（3）选择节点。在图形编辑窗口中，将制品显示调整到显示制品已选择的点的另一面的位置附近。选择用于将节点投影到的三角形，如图 7.45 所示（注意：用于将节点投影到的三角形是作者为了便于读者理解标注上去的）。

（4）在【匹配节点工具】对话框中单击【应用】按钮，程序自动运行。完成后在图形编辑窗口中显示匹配节点的结果,如图 7.46 所示(注意:创建新的节点是作者为了便于读者理解标注上去的)。也可以看到状态栏下匹配节点的结果,如图 7.47 所示。

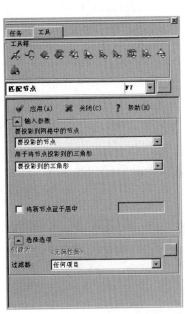

图 7.43 【匹配节点工具】对话框

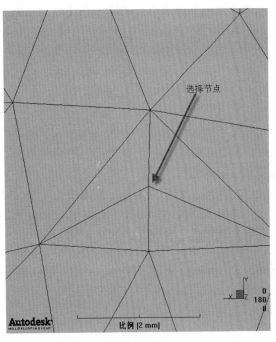

图 7.44 选择将要匹配的节点

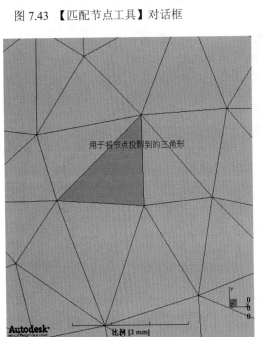

图 7.45 选择将要匹配的节点

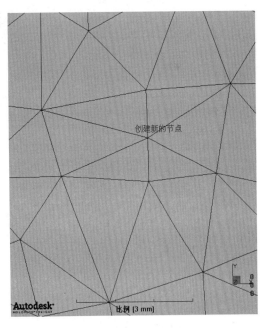

图 7.46 匹配节点后的结果

图 7.47 状态栏下匹配节点后的结果

在【输入参数】选项下有两个下拉列表框,分别是【要投影到网格中的节点】下拉列表框选项和【用于将节点投影到的三角形】下拉列表框选项;还有【将新节点置于层中】复选框,用于设定放置新节点的层。在【过滤器】的下拉列表框有三个可供选择项,分别是【节点】、【最近的节点】和【任何项目】选项,用户可根据实际情况进行选择用哪一个。

7.8 平滑节点

平滑节点工具(Smooth Nodes Tool)的功能是可以将选择的节点有关联的单元重新划分网格,从而可以得到一个更加均匀的网格分布。这个工具可以改善网格质量。下面将介绍平滑节点工具的使用,操作过程如下。

(1)选择【网格(Mesh)】|【网格工具(Mesh Tools)】|【平滑节点(Smooth Nodes)】命令,弹出【平滑节点工具(Smooth Nodes Tool)】对话框,如图 7.48 所示。不勾选在【输入参数】选项下的【保留特征边】复选框。

(2)选择节点。在图形编辑窗口中,将制品显示调整到显示制品边缘角落的位置。先选择节点 1,再选择节点 2 等,选择将要平滑的节点,如图 7.49 所示(注意:"选择的节点"是作者为了便于读者理解标注上去的)。

图 7.48 【平滑节点工具】对话框

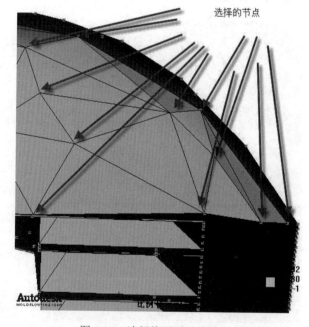

图 7.49 选择将要平滑的节点

(3)在【平滑节点工具】对话框中单击【应用】按钮,程序自动运行。完成后在图形编辑窗口中显示插入节点的结果,如图 7.50 所示。也可以看到状态栏下插入节点的结果,如图 7.51 所示。

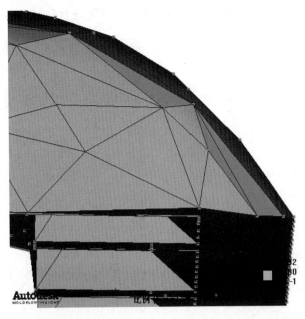

图 7.50　平滑节点后的结果

图 7.51　状态栏下平滑节点后的结果

在【输入参数】选项中的【选择要进行平滑处理的节点】选项下有一个下拉列表框,是【节点】选项,指示已经选择了哪些节点;还有一个【保留特征边】复选框的选项。同样,在【过滤器】的下拉列表框有 3 个可供选择项,分别是【节点】、【最近的节点】和【任何项目】选项。

7.9　创 建 区 域

创建区域工具(Create Regions—Regions from Mesh/STL Tool)的功能是可以将现有的网格或 STL 的创建新的区域。下面将介绍创建区域工具的使用,操作过程如下。

(1)选择【网格(Mesh)】|【网格工具(Mesh Tools)】|【创建区域(Create Regions)】命令,弹出【从网格/STL 创建区域工具(Create Regions—Regions from Mesh/STL Tool)】对话框,如图 7.52 所示。勾选在【输入参数】选项中的【公差】选项下的【平面】选项的两个单选按钮,并在选项后面的可输入值的文本框内,输入值 0.1。本例在输入参数选项下的【创建自】选项下只有【网格】单选按钮选项。

(2)单击【应用】按钮,程序自动运行。完成后在图形编辑窗口中显示创建区域的结果,如图 7.53 所示。也可以看到状态栏下创建区域的结果,如图 7.54 所示。

在【输入参数】选项中的【公差】选项下有两个单选按钮,是【平面】选项和【角度】选项,每一个选项后面还有一个可输入值的文本框,用来给定相应选项的值。在【输入参数】选项中的【创建自】选项下有两个单选按钮,分别是【STL】选项和【网格】选项,如果是灰色表示此项不可选。当【过滤器】选项为灰色的，不能进行选择。

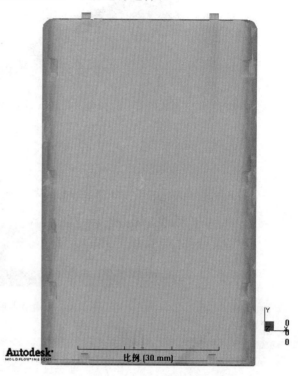

图 7.52 【从网格/STL 创建区域工具】对话框　　图 7.53 创建区域后的结果

图 7.54 状态栏下创建区域后的结果

7.10 单元取向

单元取向工具（Move Nodes Tool）的功能是可以将取向不正确的单元重新取向。这个工具可以处理网格单元的匹配取向缺陷。在本例操作之前，为了讲解的方便的，作者已经将一个单元进行了取向处理。为了操作方便，请打开网格配向诊断的诊断结果。下面将介绍单元取向工具的使用，操作过程如下。

（1）选择【网格（Mesh）】|【网格工具（Mesh Tools）】|【单元取向（Move Nodes）】命令，弹出【单元取向工具（Move Nodes Tool）】对话框，如图 7.55 所示。勾选【输入参数】选项下的【反向】选项单选按钮。

（2）选择单元。在图形编辑窗口中，将制品显示调整到显示有未取向单元的位置。选择需要进行取向的单元，如图 7.56 所示。

（3）在【单元取向工具】对话框中单击【应用】按钮，程序自动运行。完成后在图形编辑窗口中显示单元取向的结果，如图 7.57 所示。也可以看到状态栏下单元取向的结果，如图 7.58 所示。

图 7.55 【单元取向工具】对话框

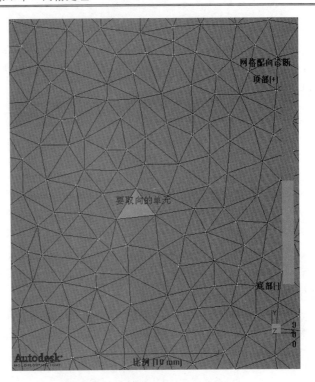

图 7.56 选择将要进行取向的单元

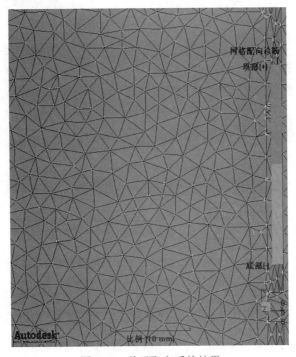

图 7.57 单元取向后的结果

图 7.58 状态栏下单元取向后的结果

在【输入参数】选项下有一个【要编辑的单元】选项的文本框,可以选取要取向的单元;有一个【参考】选项的文本框,可以选取参考的取向单元;还有两个单选按钮,分别是【反向】选项和【对齐方向】选项。本例采用【反向】选项。当【过滤器】选项为灰色的,不能进行选择。

7.11 创建三角形网格

创建三角形网格工具(Create Triangles Tool)的功能是可以通过现存的节点创建三角形单元。这个工具可以处理网格自由边等缺陷。在本例操作之前,为了讲解的方便的,作者已经将一个单元进行了删除处理。下面将介绍创建三角形网格工具的使用,操作过程如下。

(1)选择【网格(Mesh)】|【网格工具(Mesh Tools)】|【创建三角形网格(Create Triangles)】命令,弹出【创建三角形单元工具(Create Triangles Tool)】对话框,如图 7.59 所示。勾选【输入参数】选项下的【从邻接处继承属性】复选框。不勾选【选择完成时自动应用】复选框。

(2)选择节点。在图形编辑窗口中,将制品显示调整到显示有未取向单元的位置。选择需要进行创建三角形单元的节点,如图 7.60 所示(注意:第 1 个节点到第 3 个节点是作者为了便于读者理解标注上去的)。

图 7.59 【创建三角形工具】对话框

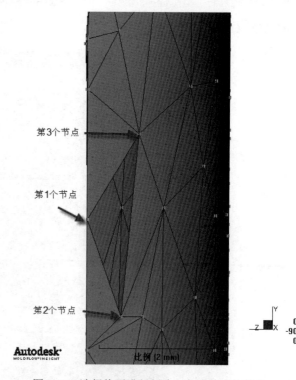

图 7.60 选择将要进行创建三角形单元的节点

(3)在【创建三角形工具】对话框中单击【应用】按钮,程序自动运行。完成后在图形编辑窗口中显示创建三角形单元的结果,如图 7.61 所示。也可以看到状态栏下创建三角形单元的结果,如图 7.62 所示。

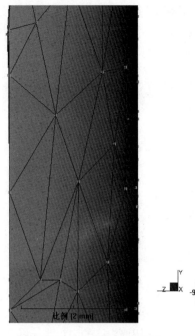

图 7.61 创建三角形单元后的结果

图 7.62 状态栏下创建三角形单元后的结果

在【输入参数】选项下有 3 个【节点】选项的文本框,可以选取要创建三角形单元的 3 个节点。在输入参数选项下的有一个【从邻接处继承属性】复选框,作者推荐勾选此项。勾选【选择完成时自动应用】复选框,表示当完成选择节点后,程序自动运行,不用每次单击【应用】按钮使程序运行,从而提高了效率。在【过滤器】下拉列表框中有 3 个可供选择项,分别是【节点】、【最近的节点】和【任何项目】选项。过滤器的主要功能是提高选择的准确和效率。

7.12 网络缺陷处理

本章前几个小节介绍了 Insight 提供的强大的网格处理工具的使用方法,为了让读者更好的学习网格处理的方法,同时也为了加深网格缺陷处理的认识。下面介绍最常见的网格缺陷处理的实例。针对各种网格缺陷的处理,需要大量的实践来积累经验。Insight 在网格划分过程中,经常会出现网格单元纵横比过大的现象,这就需要处理网格纵横比缺陷,根据不同的情况,掌握不同的处理方法。有很多种方法解决网格纵横比缺陷,下面介绍其中 3 种。

1. 合并节点,减小纵横比

取制品边缘的区域,打开纵横比诊断结果,如图 7.63 中所示(注意:"1 到 4"是作者为了便于读者理解标注上去的)。

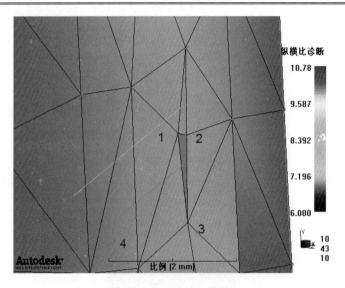

图 7.63 处理前的网格单元

引出线所指网格单元十分"狭长",纵横比比较大。这种情况下,可以通过合并节点的方法,达到减小纵横比的目的。利用合并节点工具,将节点 2 向节点 1 合并,结果如图 7.64 所示。

注意:合并的方向十分重要,如果节点 1 向节点 2 合并,则模型形状会发生较大的改变。

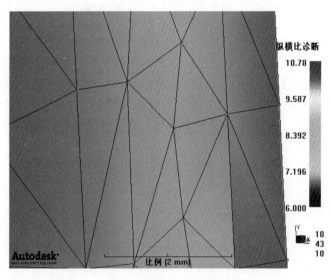

图 7.64 合并节点后的网格单元

2. 插入节点和交换共用边,减小纵横比

引出线所指网格单元也十分"狭长",纵横比也比较大。但是,如果单独通过合并节点、插入节点和交换共用边的方法,则模型的形状会发生较大的改变或者纵横比反而增大。则需要综合采用多种方法来处理。例如,制品边缘的区域,打开纵横比诊断结果,如图 7.65 中所示的情况。

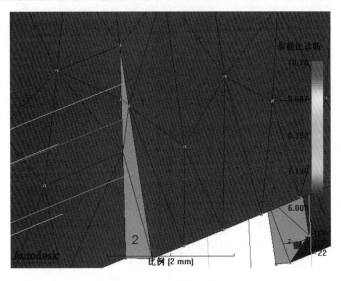

图 7.65　处理前的网格单元

先利用插入节点工具，在节点 1 和节点 2 之间插入一个节点，单元的纵横比增大了，结果如图 7.66 所示。利用交换共用边工具，将单元 1 和单元 2 的共用边交换，结果如图 7.67 所示。这种情况也可以采用先插入节点再合并节点的方法来解决问题，有兴趣的读者可以试一试。

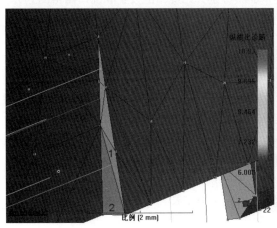

图 7.66　插入节点后的网格单元

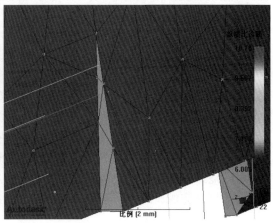

图 7.67　交换共用边后的网格单元

减小纵横比和自由边缺陷处理的其他方法请读者自己总结。

7.13　本章小结

本章主要介绍了 Autodesk Moldflow Insight 提供的强大的网格处理工具，主要介绍其中较常见的十余种。本章学习的难点和重点是熟练掌握各种网格处理工具，同时要掌握综合几种网格处理工具，快速地处理和解决网格缺陷。下一章将要讲解创建浇注系统。

第 8 章 浇注系统创建

浇注系统的作用是将塑料熔体顺利地充满到型腔，从而获得外形符合设计要求、内在品质优良的塑料制品。值得注意的是，浇注系统的网格模型与制品的网格模型不同，浇注系统的网格模型全部是由线型杆单元组成的，要注意其区别。

浇注系统的创建有两种方式，一种是直接利用选择【建模（Modeling）】|【流道系统向导（Runner System Wizard）】命令，其主要用来对形状、结构、尺寸比较简单的浇注系统的创建。另一种是采用系统创建点、直线和曲线的工具，先创建出浇注系统的中心线，再对中心线进行杆单元的网格划分。本章将分别介绍这两种方法创建浇注系统。

8.1 浇口设置与浇口网格划分

浇口设置与浇口网格划分对于一个较全面的分析来说十分重要，对于大部分的分析，如果没有设置浇口位置和网格划分将无法进行分析。下面将分别介绍浇口的设置和浇口网格的划分。

8.1.1 概述

浇口的位置是决定产品的最终品质的几个关键因数之一。浇口的位置可能需要考虑许多要求或限制，如产品的使用、美观、设计和模具结构等。没有一个固定的原则来规定在产品的什么位置可以放置浇口，什么位置不可以放置，这主要需要经验来的判断，最佳的浇口位置是多变的，不是唯一的。下面将会讨论一些确定浇口的位置的基本原则，供读者参考。在确定产品的浇口位置时需要综合考虑以下几个方面的内容。

- ❑ 浇口的位置可以获得平衡的流动。平衡流动是指产品的末端在相同的时间和压力下填充完成。通常，运行一个流动分析的目的就是为了获得平衡的填充，但是这并不容易确定。
- ❑ 浇口的位置应避免熔体破裂现象在塑件上产生缺陷。
- ❑ 浇口的位置在厚壁区域。
- ❑ 浇口的位置在远离薄壁的区域。
- ❑ 浇口的位置可以获得单向的流动。
- ❑ 注意浇口的位置产生的定向作用对塑件性能的影响。
- ❑ 增加适当的或必要的浇口来减小注塑压力。
- ❑ 浇口的位置要有利于排气和补料。
- ❑ 单浇口和多浇口产生熔接痕的位置和数量是否影响制品的外观或性能。
- ❑ 考虑模具的类型：是二板模还是三板模？
- ❑ 考虑流道的类型：是热流道还是冷流道？还是两者都有。
- ❑ 考虑浇口类型：是点浇口、潜伏式浇口、直接浇口或者是别的类型的浇口。

❏ 产品的外观和功能对浇口位置的限制。

8.1.2 一模多腔的布局

针对注塑产品的一模多腔，在完成单个的产品的网格划分和处理之后，就可以对多个型腔按照设计思路在 Insight 中进行布局。在 Insight 中，多个型腔的布局方法主要有两种，一是在菜单中选择【建模（Modeling）】|【型腔复制向导（Cavity Duplication Wizard）】命令，该工具对布局比较规则的产品进行复制。另一个是直接利用系统的模型复制功能，根据产品设计的尺寸，灵活地进行产品的复制分布建模。

在 Insight 中，默认的产品拔模方向是沿 Z 轴的正方向。所以在多型腔布局和创建浇注系统之前，要把修好的模型旋转到正确的方向。首先，打开第 7 章已经修改好的模型，具体处理过程读者自己去完成，也可以直接打开光盘内的文件 X:\第 8 章\ch8-0\ch5.mpi 模型文件作参考。下面将介绍如何使产品的拔模方向与 Z 轴的正方向一致，操作过程如下。

（1）选择【建模（Modeling）】|【移动/复制（Move/Copy）】|【旋转（Rotate）】命令，弹出【旋转工具（Rotate Tool）】对话框，如图 8.1 所示。

（2）选择单元。选择【过滤器】的下拉列表框中的【任何项目】选项。选择工具栏上的【前视图】选项，使图形放置在输入状态。在图形编辑窗口中，将显示全部制品且均中的位置。在图形编辑窗口中，用鼠标单击并按住不放，从模型左上角以外的区域拖到右下角为止，要全部覆盖所示模型的单元，如图 8.2 所示。

图 8.1 【旋转工具】对话框　　　　图 8.2 选择将旋转的单元

（3）设置参数。设置【旋转工具】对话框中的参数，在【轴】选项后选择 Y 轴，在【角度】选项后的文本框中输入 180，如图 8.3 所示。

（4）在【旋转工具】对话框中，单击【应用】按钮，程序自动运行。完成后在图形编辑窗口中显示旋转的结果，如图 8.4 所示。同时，也可以看到状态栏下旋转后的结果，如图 8.5

所示。

图 8.3 设置【旋转工具】对话框中的参数

图 8.4 模型旋转后的结果

图 8.5 状态栏下旋转后的结果

接下来，将介绍型腔复制向导工具的使用，操作过程如下。

（1）选择【建模（Modeling）】|【型腔复制向导（Cavity Duplication Wizard）】命令，弹出【型腔复制向导工具（Cavity Duplication Wizard Tool）】对话框，如图 8.6 所示。

（2）设置参数。填入型腔数为 2；勾选【行】单选按钮，因为只有 2 个型腔数，故行数默认为 2；行间距为 80；列间距可以不填，90.46mm 仅仅是默认值，对结果没有影响；勾选【偏移型腔以对齐浇口】复选框。设置【型腔复制向导】对话框中的参数，如图 8.7 所示。

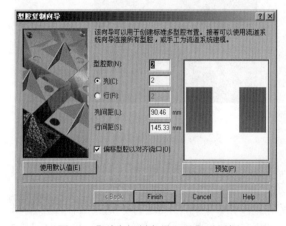

图 8.6 【型腔复制向导工具】对话框

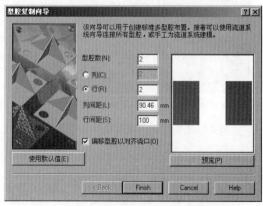

图 8.7 设置【型腔复制向导工具】对话框中的参数

(3)单击【预览】按钮,可以查看多型腔产品的布局,如图 8.8 所示。如果认为参数设置得不合理,则重新设置参数,直到合理为止。

(4)单击【完成】按钮,程序自动运行。完成后显示型腔复制的结果,如图 8.9 所示。

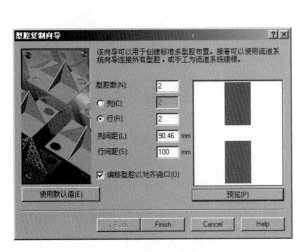
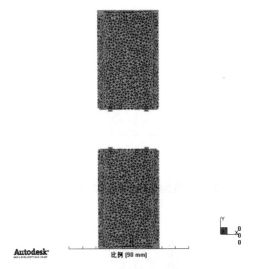

图 8.8 多型腔产品的布局　　　　　图 8.9 模型型腔复制后的结果

8.1.3 浇口设置与网格划分

本例采用先创建中心线,再划分杆单元,来创建浇口。创建浇注系统,首先要建立浇口。本例采用侧浇口。侧浇口一般是矩形的截面,与产品在分模面或分割线处相交。侧浇口可以只在分模面的一侧,也可以同时在分模面的两侧。浇口的定义尺寸包括厚度、宽度和长度。

浇口的厚度是指垂直于分模线的尺寸,是通常所说的高度。厚度一般比宽度小的多。浇口的厚度一般是产品壁厚的 25%～90%,也可以与浇口连接处的产品壁厚一样厚。浇口越大,剪切速率就越低,但是产品就更容易获得足够的保压。

浇口的宽度一般是厚度的 1～4 倍。浇口的长度一般比较短,一般为 0.25 mm～3.0 mm。产品越小,长度就越小。浇口的拔模角一般比较小,或是使浇口在分模面上于流道相切,这取决于流道的深度。侧浇口一般使用矩形截面的柱单元来构建,需要定义的尺寸是宽度和高度(厚度)。浇口应该至少有 3 个单元。下面将介绍如何进行手工创建浇口,操作过程如下。

(1)在图形控制面板中,放大显示即将进行创建浇点的区域。

(2)单击图层管理栏内的新建图层  按钮,新建一个图层,将其命名为"浇口"。先选择"浇口"层,再单击 按钮,将其设置为激活层。处于激活的图层其图层的名字是以黑体字来显示的,如图 8.10 所示。

(3)创建点,选择平移工具创建点。选择【建模(Modeling)】|【移动/复制(Move/Copy)】|【平移(Move)】命令,弹出【平移工具(Move Tool)】对话框。在【选择】文本框内输入 N4181;在【矢量】文本框内输入(0 -3 0);勾选"复制"方式进行平移;如图 8.11 所示,单击【应用】按钮,完成节点平移 3mm。以同样的方式偏移节点 N4184、N1901、N1898,结果如图 8.12 所示。

图 8.10 创建"浇口"图层

图 8.11 【平移工具】对话框

（4）选择创建直线工具创建浇口中心直线。选择【建模（Modeling）】|【创建曲线（Create Curves）】|【直线（Lines）】命令，弹出【创建直线工具（Create Lines Tool）】对话框。在【第一】文本框内选择节点 N4181；在【第二】文本框内选择节点 N4567；不勾选【自动在曲线末端创建节点】复选框；如图 8.13 所示。单击【选择选项】选项组右边的矩形按钮，弹出【指定属性】对话框，如图 8.14 所示。

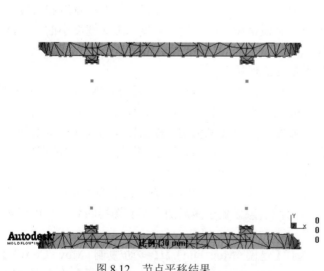

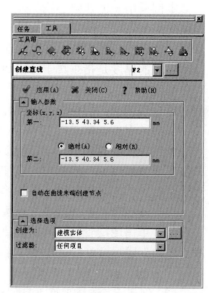

图 8.12 节点平移结果

图 8.13 【创建直线工具】对话框

在【指定属性】对话框中，单击【新建（New）】下拉列表按钮，弹出下拉列表选项，如图 8.14 所示。选择【冷浇口（Cold Gate）】，弹出【冷浇口】对话框，设置【截面形状】为矩形，【形状是】为非锥体；如图 8.15 所示。然后单击【编辑尺寸】按钮，弹出【横截面尺寸】对话框，在【宽度】选项后文本框输入值：2；在【高度】选项后文本框输入值 0.5，如图 8.16 所示。

图 8.14 【指定属性】对话框

图 8.15 【冷浇口】对话框

单击 OK 按钮，返回到图 8.15 中，单击 OK 按钮，返回到图 8.14 中，单击【确定】按钮，返回到图 8.13 中，单击【应用】按钮，生成浇口中心直线。以同样的方式创建其他三个浇口中心直线，结果如图 8.17 所示。

图 8.16 【横截面尺寸】对话框　　　　　图 8.17 创建的浇口中心直线

（5）浇口网格划分。对于创建的浇注系统的中心线，要划分网格才能参与分析计算，下面讲解网格划分的操作。在图层管理栏中仅显示"浇口"层，如图 8.18 所示，在图形编辑窗口中只显示浇口的中心直线，如图 8.19 所示。

图 8.18 【图层管理栏】对话框

图 8.19 只显示浇口的中心直线

选择【网格（Mesh）】|【生成网格】命令，弹出【网格划分】对话框。在全局网格边长（Global edge length）右侧文本框中输入 0.5；勾选【将网格置于激活层中】复选框，如图 8.20 所示。单击【立即划分网格】按钮，生成浇口网格划分结果，结果如图 8.21 所示。

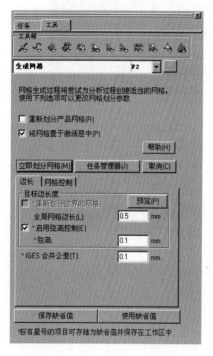

图 8.20 【网格划分】对话框

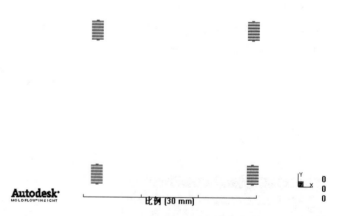

图 8.21 浇口网格划分结果

8.2 流道设计与流道网格划分

浇注系统中的流道设计和流道网格划分与上一节讲解的浇口设计和网格划分的思路差不多，理解到了上一节的内容，学习这一节的内容就相对要轻松一些。下面将介绍浇注系统的流道设计与流道网格划分。

8.2.1 概述

当设计流道时,主要考虑 3 个因素,即流道的布局、截面形状和流道的大小。

1．流道的布局

流道的布局有很多种,但主要有 3 类流道的布局。

(1) 不型平衡排列的流道

不型平衡排列的流道排列时有两排型腔,而且型腔数量通常是 4 的倍数。这种布局不是自然平衡的流道。从直浇道到各型腔的距离是不相等的。如果想实现平衡的填充,可以通过改变流道的尺寸或浇口的尺寸。可通过流道平衡分析来确定流道的尺寸或浇口的尺寸。

(2) "H" 形布局

"H" 形布局的流道是几何平衡的流道,也叫做自然平衡流道。从直浇道到各个产品之间的距离是相等的。型腔数量是 2 的倍数。这种类型的浇注系统比不型平衡有着更广泛的成型工艺范围,与不型平衡排列的流道相比,其缺点是流道体积比较大,需要的模型空间也比较大,因此型腔间必须留出足够的空间来放置流道。

(3) 圆形排列

在圆形排列时,型腔排列在以直浇道为圆心的圆上,流道直接连接直浇道和型腔。这也是一种自平衡的流道,与不型平衡排列的流道相比,其缺点是流道体积比较大,需要的模型空间也比较大,因此型腔间必须留出足够的空间来放置流道。

2．流道的截面形状

流道可以被分为多种不同的截面形状,有圆形、梯形、U 形、半圆形和矩形等。圆形是最好的截面形状,但是加工成本是最高的,因为它需要在分型面的两面都加工。如果分型面不是平面,一般都使用别的截面形状的流道,如梯形、U 形、半圆形或矩形。

3．流道尺寸

流道尺寸的确定要考虑很多因数,主要包括材料、流动长度、产品的复杂程度、产品填充所需要的压力等。通常流道尺寸越小,所消耗的材料就越少。通过流动分析可以帮助读者确定按现在的流道尺寸,产品是否能很好的填充和保压。

8.2.2 流道的创建

本例采用先创建中心线,再划分杆单元,来创建分流道和主流道。当创建浇注系统时,有浇注系统向导可以帮助读者创建浇注系统。同样也可用手工建模的方法来创建浇注系统,手工创建浇注系统有两种基本的方法。

第一种方法是先创建好曲线,然后划分网格。这种方法可指定一个单元的长度来划分所有流道,这样能保证单元长度的一致性。而且这种方法可以同时创建各种截面和尺寸的流道。第二种方法是直接创建相应的 beam 单元。这种方法需要为每段流道来指定单元的数量,需要根据该段流道的长度来计算单元的数量。但是这种方法一次只能创建一种截面形状和尺寸的流道。这两种方法都可以很好地创建不含拔模角的流道。如果是带拔模角的流道，必须用第一种方法。本例采用第一种方法创建流道。

下面将介绍如何进行手工创建流道，操作过程如下。

（1）单击图层管理栏内的新建图层 按钮，新建一个图层，将其命名为"分流道"。先选择【分流道】层，再单击 按钮，使【分流道】设置为激活层。处于激活的图层其图层的名字是以黑体字来显示的。

（2）先创建中间节点，选择坐标中间创建节点工具创建点。选择【建模（Modeling）】|【创建节点（Create Nodes）】|【在坐标之间（Node Between Coordinates）】命令，弹出【坐标中间创建节点工具（Create Nodes—Node Between Coordinates Tool）】对话框，分别选择两个浇口末端节点，设置节点数为1，不勾选【选择完成时自动应用】复选框，如图8.22所示。单击【应用】按钮，生成中间节点。以同样的方式生成如图8.23所示的3个中间节点。

图8.22 【坐标中间创建节点工】具对话框

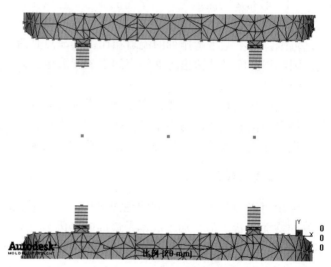

图8.23 创建的中间节点

（3）选择创建直线工具创建分流道中心直线。选择【建模（Modeling）】|【创建曲线（Create Curves）】|【直线（Lines）】命令，弹出【创建直线工具（Create Lines Tool）】对话框。分别选择浇口末端节点和刚创建的中间节点，不勾选【自动在曲线末端创建节点】复选框；如图8.24所示。单击【选择选项】选项组右边的矩形按钮，弹出【指定属性】对话框，如图8.25所示。

在指定属性对话框中，单击【编辑（Edit）】按钮，弹出【冷流道】对话框，设置【截面形状】为梯形；【外形是】为非锥体；【出现次数】为1；如图8.26所示，单击【编辑尺寸】按钮，弹出【横截面尺寸】对话框，在【顶部宽度】选项后文本框输入6；在【底部宽度】选项后文本框输入4；在【高度】选项后文本框输入4，如图8.27所示。

单击OK按钮，返回到图8.26中；单击OK按钮，返回到图8.25中；单击【确定】按钮，返回到图8.24中，单击【应用】按钮，生成浇口中心直线。以同样的方式创建另一个型腔的分流道中心直线，结果如图8.28所示。

第 8 章　浇注系统创建

图 8.24　【创建直线工具】对话框

图 8.25　【指定属性】对话框

图 8.26　【冷流道】对话框

图 8.27　【横截面尺寸】对话框

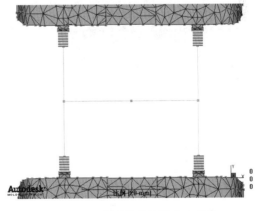

图 8.28　创建的分流道中心直线

（4）单击图层管理栏内的新建图层 按钮，新建一个图层，将其命名为"主流道"。先选择"主流道"层，再单击 按钮，使"主流道"层设置为激活层。处于激活的图层其图层的名字是以黑体字来显示的。

（5）创建主流道中心线。创建节点，选择偏移工具创建节点。选择【建模（Modeling）】

|【创建节点（Create Nodes）】|【按偏移（Offset）】命令，弹出【偏移创建节点工具（Create Nodes by Offset Tool）】对话框。【基准】文本框内选择上一步创建的最后创建的那一个中间节点；在【偏移】文本框内输入 0 0 50；在【节点数】文本框内输入 1，如图 8.29 所示，单击【应用】按钮，完成节点偏移 50mm，结果如图 8.30 所示。

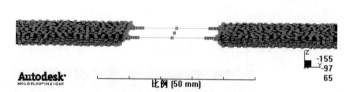

图 8.29 【偏移创建节点工具】对话框　　　　图 8.30 创建的偏移节点

（6）选择创建直线工具创建主流道中心直线。选择【建模（Modeling）】|【创建曲线（Create Curves）】|【直线（Lines）】命令，弹出【创建直线工具（Create Lines Tool）】对话框。分别选择创建的中间节点和偏移节点；不勾选【自动在曲线末端创建节点】复选框，如图 8.31 所示。单击【选择选项】选项组右边的矩形按钮，弹出【指定属性】对话框，如图 8.32 所示。

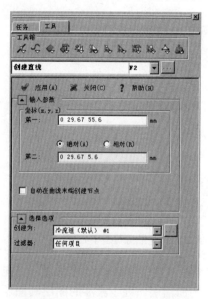

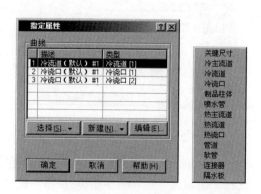

图 8.31 【创建直线工具】对话框　　　　图 8.32 【指定属性】对话框

（7）在指定属性对话框中，单击【新建（New）】下拉列表按钮，弹出下拉列表选项，如图 8.32 所示。选择【冷主流道】，弹出【冷主流道】对话框，设置【形状是】为锥体（由角度），如图 8.33 所示，单击【编辑尺寸】按钮，弹出【横截面尺寸】对话框，在【始端直径】选项后文本框输入值 3.5；在【锥体角度】选项后文本框输入值 2，如图 8.34 所示。

图 8.33 【冷主流道】对话框

（8）单击 OK 按钮，返回到图 8.33 中；单击 OK 按钮，返回到图 8.32 中；单击【确定】按钮，返回到图 8.31 中，单击【应用】按钮，生成主流道中心直线，结果如图 8.35 所示。

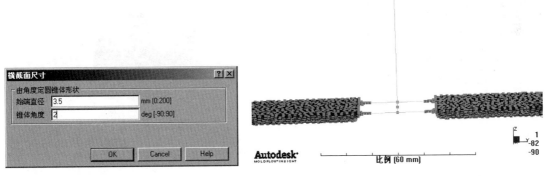

图 8.34 【横截面尺寸】对话框　　　　图 8.35 创建的主流道中心直线

8.2.3 流道网格划分

对于创建的浇注系统的中心线，要划分网格才能参与分析计算，下面讲解分流道和主流道网格划分的操作。

（1）在图层管理栏中显示【分流道】和【主流道】层，如图 8.36 所示，在图形编辑窗口中显示分流道和主流道的中心直线，如图 8.37 所示。

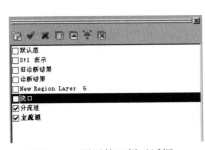
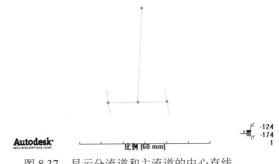

图 8.36　图层管理栏对话框　　　　图 8.37　显示分流道和主流道的中心直线

(2）选择【网格】|【生成网格】命令，弹出【网格划分】对话框。在全局网格边长（Global edge length）右侧文本框中输入 3；勾选【将网格置于激活层中】复选框；如图 8.38 所示。单击【立即划分网格】按钮，生成分流道网格划分结果，结果如图 8.39 所示。

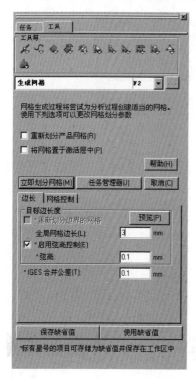

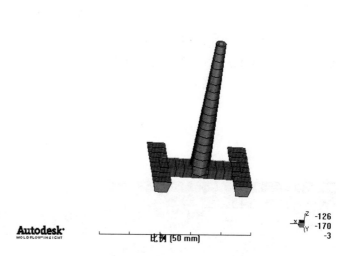

图 8.38 【网格划分】对话框　　　　图 8.39 分流道和主流道网格划分结果

打开图层管理栏窗口中的各个层，如图 8.40 所示，同时在图形编辑窗口中显示的模型如图 8.41 所示。

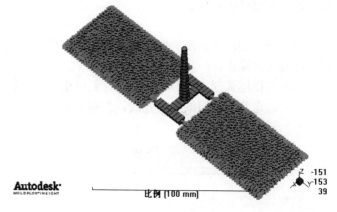

图 8.40 图层管理栏对话框　　　　图 8.41 显示模型

（3）选择【分析】|【设置注射位置】命令，在图形编辑窗口选择主流道的顶点为注射位置，在图形编辑窗口如图 8.42 所示，在方案任务栏如图 8.43 所示，完成浇注系统的创建。

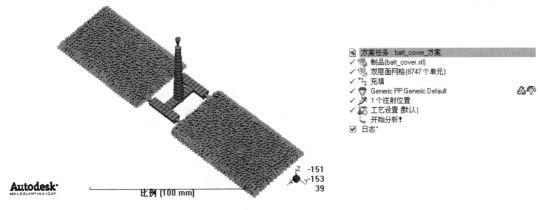

图 8.42 完成浇注系统的模型　　　　　　图 8.43 方案任务栏

（4）浇注系统创建完成后，需要进行连通性诊断，检查从主流道到制品模型是否完全连通。选择【网格（Mesh）】【网格诊断（Mesh Diagnostic）】【连通性诊断（Connectivity Diagnostic）】命令，弹出【连通性诊断工具（Connectivity Diagnostic Tool）】对话框，如图 8.44 所示。选择主流道进料口的第一个单元"B9088"作为连通性诊断的开始单元；采用"显示"模式显示诊断结果；单击【显示】按钮，网格连通性诊断结果如图 8.45 所示，本例网格单元全部连通。

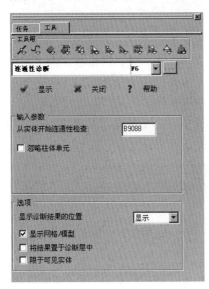

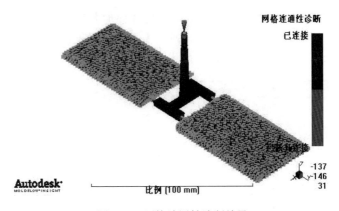

图 8.44 【连通性诊断工具】对话框　　　　图 8.45 网格连通性诊断结果

（5）完成了手动创建浇注系统。

8.3 向导创建浇注系统

打开光盘内的文件 X:\第 8 章\ch8-1-1\ch5.mpi 模型文件。采用向导创建浇注系统时，先要指定浇口位置，再根据向导中的提示信息填写相关参数。下面介绍采用向导创建浇注系统，其操作过程如下。

(1) 选择【分析】|【设置注射位置】命令,在图形编辑窗口选择模型的凸耳的中间顶点作为注射位置,设置如图 8.46 所示的浇口位置,完成浇口位置的创建。

(2) 选择【建模】|【流道系统向导】命令,弹出【流道系统向导—布置】对话框,单击【浇口中心】按钮和【浇口平面】按钮,使主流道设计参照浇口中心和浇口平面来设计,有利于注射压力和锁模力的平衡;不勾选【使用热流道系统】复选框,因为本例采用冷流道设计,如图 8.47 所示。

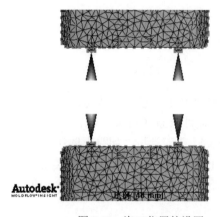

图 8.46 浇口位置的设置

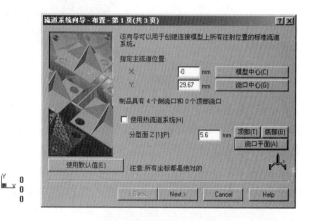

图 8.47 【流道系统向导—布置】对话框

(3) 单击 Next 按钮,弹出【流道系统向导—主流道/流道/竖直流道】对话框,在【注入口】选项栏下,将入口直径设为 3.5mm,长度设为 50mm,拔模角设为 2°;在【流道】选项栏下,将直径设为 6mm,勾选【梯形】复选框,包含倾角设为 15°,如图 8.48 所示。

(4) 单击 Next 按钮,弹出【流道系统向导—浇口】对话框,在【侧浇口】选项栏下,将入口直径设为 3 mm,长度设为 3mm,拔模角设为 15°,如图 8.49 所示。

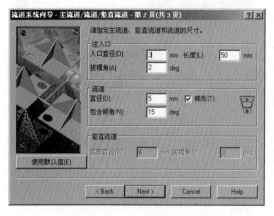

图 8.48 【流道系统向导—主流道/流道/竖直流道】对话框

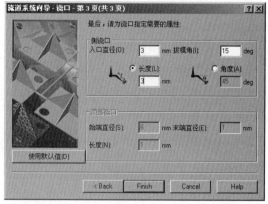

图 8.49 【流道系统向导—浇口】对话框

(5) 单击 Finish 按钮,利用向导创建的浇注系统已经生成,如图 8.50 所示。

浇注系统创建完成后,需要进行连通性诊断,检查从主流道到制品模型是否完全连通。选择【网格(Mesh)】|【网格诊断(Mesh Diagnostic)】|【连通性诊断(Connectivity Diagnostic)】

命令，弹出【连通性诊断工具（Connectivity Diagnostic Tool）】对话框，如图 8.51 所示。选择主流道进料口的第一个单元"B9039"作为连通性诊断的开始单元；采用"显示"模式显示诊断结果；单击【显示】按钮，网格连通性诊断结果如图 8.52 所示。本例网格单元全部连通。

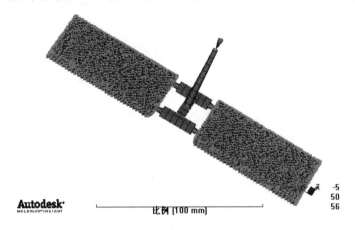

图 8.50　创建的浇注系统

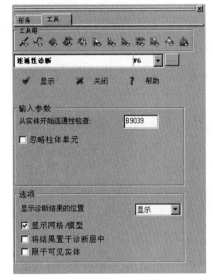

图 8.51　【连通性诊断工具】对话框

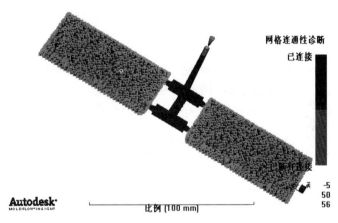

图 8.52　网格连通性诊断结果

（6）完成了自动创建浇注系统。

8.4　本　章　小　结

Insight 提供了两种创建浇注系统的方法，分别为手工创建和自动创建。本章通过同一个案例，采用不同的方法创建浇注系统，使读者对浇注系统有一个全面的认识。通过本章的学习，读者可以掌握这两种创建浇注系统的方法。本章的重点和难点是用手工创建浇注系统。下一章将讲解创建冷却系统。

第 9 章 冷却系统创建

成型周期主要取决于冷却时间。冷却系统将高温塑料传递给模具的热量带走,从而保持模具的温度在一定的范围之内,并使制品冷却迅速,保持一定的生产周期。因此,冷却系统对于注射成型来说非常重要。

冷却系统的创建有两种方式,一种是直接选择【建模(Modeling)】【冷却回路向导(Runner System Wizard)】命令,其主要用来对形状、结构、尺寸比较简单的冷却系统的创建。另一种是采用系统的创建点、直线和曲线的工具,先创建出浇注系统的中心线,再对中心线进行杆单元的网格划分,可以创建出复杂的冷却系统。本章将分别介绍这两种方法创建冷却系统。

9.1 冷却系统构件建模

采用向导创建的冷却系统只适用于制品结构比较简单、规则的情况。对于制品结构比较复杂、不规则的来说,就需要采用手工方式进行冷却系统的创建。

注意:冷却系统的网格模型与制品的网格模型不同,冷却系统的网格模型全部是由线型杆单元组成的,要注意其区别。

要进行冷却系统的创建,首先要选择需要冷却系统的分析类型。在默认的充填分析类型下,方案任务栏下是没有创建冷却系统的图标的,如图 9.1 所示。因此,需要进行分析类型的转换。选择【分析】|【设置分析序列】|【充填+冷却】命令,完成分析类型的设置,如图 9.2 所示。

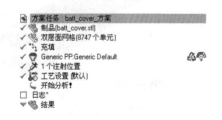

图 9.1 充填分析类型

图 9.2 充填+冷却分析类型

为了达到良好的冷却效果,需要采用手工方式布局冷却系统。首先采用节点的移动和复制方法,设计冷却水管的位置,再创建冷却水管的中心直线。其操作步骤如下。

(1)单击图层管理栏内的新建图层 按钮,新建一个图层,将其命名为"冷却系统"。先选择"冷却系统"层,再单击 按钮,使"冷却系统"设置为激活层。处于激活的图层其图层的名字是以黑体字来显示的。

(2)创建点。选择【建模(Modeling)】|【移动/复制(Move/Copy)】|【平移(Move)】命令,弹出【平移工具(Move Tool)】对话框。在【选择】文本框内输入 N3077,节点位置在图 9.4 所示的红色圆圈标记处;在【矢量】文本框内输入-20 0 15;勾选【复制】方式进行平移,

如图 9.3 所示，单击【应用】按钮，完成节点平移复制，为了叙述方便，把复制后的新节点编号为 1。以同样的方式复制节点 N715，为了叙述方便，把复制后的新节点编号为 2，如图 9.4 所示。

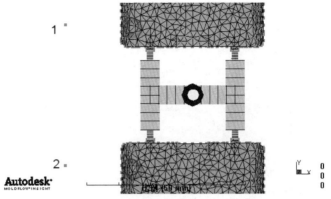

图 9.3 【平移工具】对话框　　　　　图 9.4 节点平移的结果（一）

（3）将编号为 1 的节点按 Y 轴方向，以间距为 30 阵列 2 个。选择【建模（Modeling）】|【移动/复制（Move/Copy）】|【平移（Move）】命令，弹出【平移工具（Move Tool）】对话框。在【选择】文本框内输入上一步创建的编号为 1 节点；在【矢量】文本框内输入 0 30 0；勾选【复制】方式进行平移；在【数量】文本框内输入 2，如图 9.5 所示，单击【应用】按钮，完成节点复制平移，把复制的新节点编号为 3、4。以同样的方式复制编号为 3 的节点，把复制的新节点编号为 5、6，结果如图 9.6 所示。

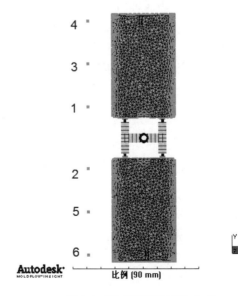

图 9.5 【平移工具】对话框　　　　　图 9.6 节点复制的结果（二）

（4）将编号为 1、2、3、4、5、6 的节点复制到制品的另一侧。选择【建模（Modeling）】|【移动/复制（Move/Copy）】|【平移（Move）】命令，弹出【平移工具（Move Tool）】对话框。在【选择】文本框内选择编号为 1、2、3、4、5、6 的节点；在【矢量】文本框内输入 80 0 0；勾选【复制】方式进行平移；如图 9.7 所示，单击【应用】按钮，完成节点复制平移，为了叙述方便，把复制的新节点分别编号为 5、6、7、8，如图 9.8 所示。

图 9.7 【平移工具】对话框

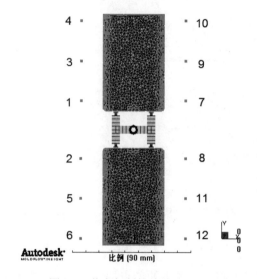

图 9.8 节点复制的结果（三）

（5）将编号为 1、2、3、4、5、6、7、8、9、10、11、12 的节点复制到制品的另一侧。选择【建模（Modeling）】|【移动/复制（Move/Copy）】|【平移（Move）】命令，弹出【平移工具（Move Tool）】对话框。在【选择】文本框内选择编号为 1、2、3、4、5、6、7、8、9、10、11、12 的节点；在【矢量】文本框内输入（0 0 -35）；勾选【复制】方式进行平移，如图 9.9 所示，单击【应用】按钮，完成节点复制平移，如图 9.10 所示。

图 9.9 【平移】工具对话框

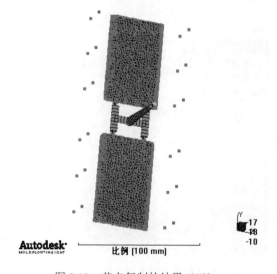

图 9.10 节点复制的结果（三）

（6）选择创建直线工具创建冷却水管的中心直线。选择【建模（Modeling）】|【创建曲线（Create Curves）】|【直线（Lines）】命令，弹出【创建直线工具（Create Lines Tool）】对话框。分别选择编号为 1 和 7 的节点，不勾选【自动在曲线末端创建节点】复选框，如图 9.11 所示。单击【选择选项】选项组右边的矩形按钮，弹出【指定属性】对话框，如图 9.12 所示。

图 9.11 【创建直线工具】对话框　　　　图 9.12 指定属性对话框

在【指定属性】对话框中，单击【新建（New）】下拉列表按钮，弹出下拉列表选项，如图 9.12 所示。选择【管道】，弹出【管道】对话框，设置【截面形状】为圆形，【直径】为 10，【管道热传导系数】为 1，【管道粗糙度】为 1，如图 9.13 所示。单击 OK 按钮，返回到图 9.12 中，单击【确定】按钮，返回到图 9.11 中，单击【应用】按钮，生成第一段冷却水管的中心直线，结果如图 9.14 所示。

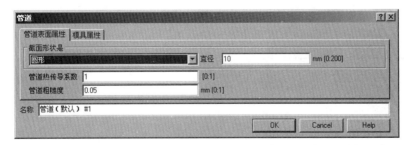

图 9.13 【管道】对话框

（7）接下来，以同样的方式选择各节点，依次生成各段冷却水管的中心直线。完成后的冷却系统中心线如图 9.15 所示。完成了冷却水管的中心直线。

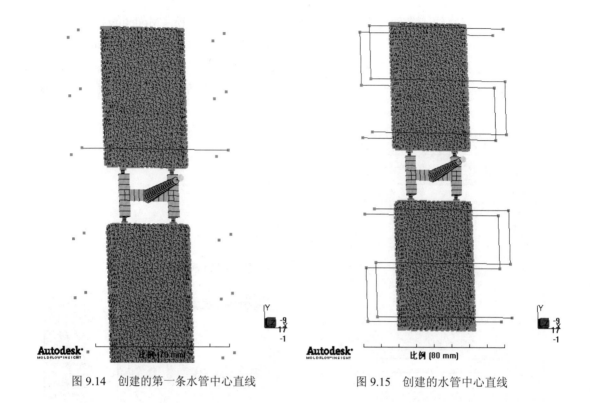

图 9.14　创建的第一条水管中心直线　　　　图 9.15　创建的水管中心直线

9.2　冷却系统网格划分

对于创建的冷却系统的中心线，要进行网格划分才能参与分析和计算。下面讲解冷却系统网格划分，其操作步骤如下。

（1）在图层管理栏中只打开【冷却系统】层，如图 9.16 所示，在图形编辑窗口中只显示冷却系统的中心直线，如图 9.17 所示。

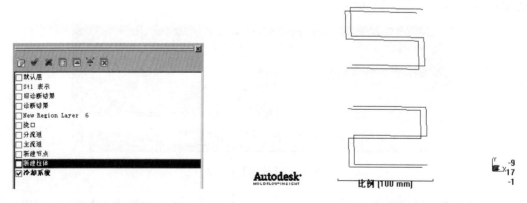

图 9.16　【图层管理栏】对话框　　　　图 9.17　显示冷却系统的中心直线

（2）选择【网格】|【生成网格】命令，弹出【网格划分】对话框。在全局网格边长（Global

edge length）右侧文本框中输入 10；勾选【将网格置于激活层中】复选框，如图 9.18 所示。单击【立即划分网格】按钮，生成分流道网格划分结果，结果如图 9.19 所示。

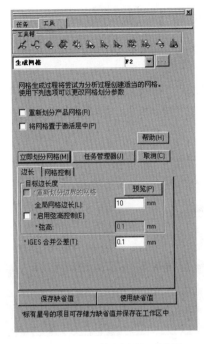

图 9.18 【网格划分】对话框　　　　　　图 9.19 分流道和主流道网格划分结果

打开图层管理栏窗口中的各个层，如图 9.20 所示，同时在图形编辑窗口中显示的模型如图 9.21 所示。

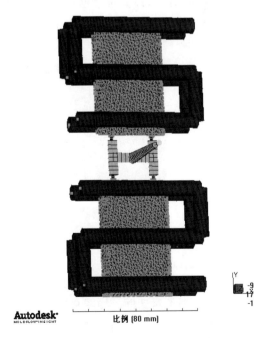

图 9.20 图层管理栏对话框　　　　　　　　　图 9.21 显示模型

完成冷却系统的管路的网格划分。

9.3 设定冷却液入口

下面介绍设置冷却液入口的操作，其步骤如下。

（1）选择【分析】|【设置冷却液入口】命令，弹出【设置冷却液入口】对话框，如图 9.22 所示，此时鼠标变成十字形。如果要对现在的冷却液的参数进行修改，单击【编辑】按钮，弹出【冷却液入口】对话框，如图 9.23 所示。

图 9.22 【设置冷却液入口】对话框

图 9.23 【冷却液入口】对话框

（2）在【冷却液入口】对话框中，单击【编辑】按钮，弹出【冷却介质】对话框，如图 9.24 所示。修改完成后，单击 OK 按钮保存修改值，并返回到【冷却液入口】对话框，再次单击 OK 按钮保存修改值，并返回到【设置冷却液入口】对话框。

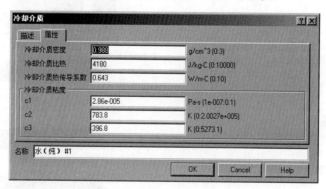

图 9.24 【冷却介质】对话框

（3）如果需要更换冷却液，则可以在【冷却液入口】对话框中，单击【选择】按钮，弹出【选择冷却介质】对话框，如图 9.25 所示。在此对话框中，可以选择所需要的冷却液和查看冷却液的相关参数。如果有多种冷却液同时对模具进行冷却，在【设置冷却液入口】对话框中，单击【新建】按钮，弹出【冷却液入口】对话框，如图 9.23 所示。操作同上。

第 9 章 冷却系统创建

图 9.25 【选择冷却介质】对话框

(4) 选择完成后，返回到【设置冷却液入口】对话框。在图形编辑窗口，鼠标光标变为十字形，单击冷却水管的各个入口节点，设置完成冷却液入口，结果如图 9.26 所示。方案任务栏则变成如图 9.27 所示。

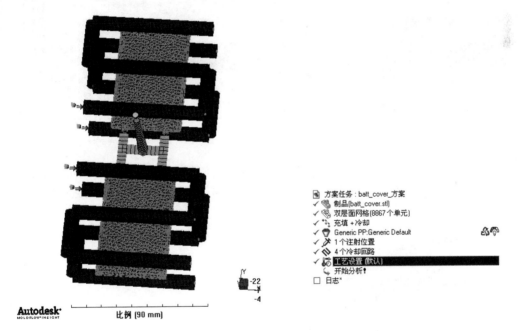

图 9.26 手工创建的冷却系统　　　　图 9.27 手工创建的冷却系统的方案任务栏

(5) 完成冷却系统的管路的创建。

9.4 向导创建冷却系统

打开光盘内的文件 X:\第 9 章\ch9-0\ch5.mpi 模型文件。采用向导创建冷却系统时，根据向导中的提示信息填写相关参数。要进行冷却系统的创建，首先要选择需要冷却系统的分析类型。在默认的充填分析类型下，方案任务栏下是没有创建冷却系统的图标的，如图 9.1 所

示。因此，需要进行分析类型的转换。选择【分析】|【设置分析序列】|【充填+冷却】命令，完成分析类型的设置，如图9.2所示。下面介绍采用向导创建浇注系统，其操作过程如下。

（1）选择【建模】|【冷却回路向导】命令，弹出【冷却回路向导—布置】对话框，如图9.28所示。在【指定水管直径】选项后的文本框内输入10，在【水管与制品间距离】选项后的文本框内输入15，在【水管与制品排列方式】选项下勾选【X】单选按钮。在此对话框中还显示了制品的长度、宽度和高度尺寸。

（2）单击Next按钮，弹出【冷却回路向导—管道】对话框，在【管道数量】选项后的文本框内输入值6，在【管道中心之间的间距】选项后的文本框内输入值30，在【制品之处距离】选项后的文本框内输入值20，勾选【首先删除现有回路】复选框，不勾选【使用软管连接管道】复选框，如图9.29所示。

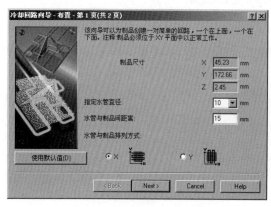
图9.28 【冷却回路向导—布置】对话框

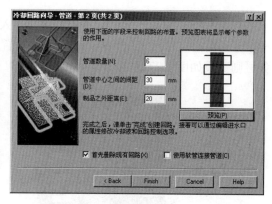
图9.29 【冷却回路向导—管道】对话框

（3）单击【预览】按钮，可以显示水管布局的基本情况，如果不理想，可以重新设置参数，直到合理为止。单击Finish按钮，利用冷却回路向导创建的冷却系统已经生成，如图9.30所示。方案任务栏则变成如图9.31所示。

图9.30 向导创建的冷却系统

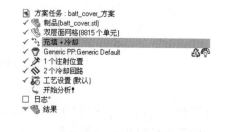
图9.31 向导创建的冷却系统的方案任务栏

9.5 本章小结

本章通过手机后盖的实例,分别介绍手工和利用向导方法创建冷却系统。通过本章的学习,读者可以掌握 MAI 创建冷却系统的方法,本章的重点和难点是掌握手工方法创建冷却系统,通过大量的实践,提高应用水平。下一章将介绍分析类型与工艺设备的选择。

第 3 篇　分析与结果操作篇

- ▶▶ 第 10 章　分析类型与工艺设备选择
- ▶▶ 第 11 章　充填分析
- ▶▶ 第 12 章　流动分析
- ▶▶ 第 13 章　冷却分析
- ▶▶ 第 14 章　翘曲分析
- ▶▶ 第 15 章　分析报告输出

第 10 章 分析类型与工艺设备选择

分析是 AMI 的核心，对 AMI 软件进行正确的操作只是做分析的基础。对于一个 AMI 分析师，还要能对模具或制品成型的好坏有个判断，更要能给出合理的改进方案。因此，必须在掌握了 AMI 分析软件操作的基础上，结合相关的塑料成型知识和经验，才能灵活应用 AMI，使模拟分析在最大程度上发挥其优越性。

10.1 浇口位置分析

AMI 中的浇口位置优化分析可以根据模型几何形状、相关材料参数，以及工艺参数分析出浇口最佳位置。用户可以在设置浇口位置之前进行浇口位置分析，依据这个分析结果设置浇口位置，从而避免由于浇口位置设置不当可能引起的制品缺陷。

如果案例模型需要设置多个浇口，那么用户可以对模型进行多次浇口位置分析。当模型已经存在一个或者多个浇口，那么进行浇口位置分析会自动分析出附加浇口的最佳位置。

10.1.1 常见的浇口类型

常见的浇口类型主要有以下几种。

- 边浇口（Edge Gate）：是最常见的浇口之一，它的厚度一般是制件壁厚的 50%～75%。用户可以通过创建两点一维单元制作边浇口，它的截面形状可以是长方形也可以是梯形。
- 点浇口：是最常见的浇口之一，是一种尺寸很小的浇口。这种浇口容易使塑料在开模时实现自动切断。
- 潜伏式浇口（submarine gate）：是由点浇口演变而来的，它具有点浇口的特点，还具有其进料位置一般选在制品侧面较隐避处，不影响制品的美观。
- 护耳式浇口（Tab Gate）：护耳式浇口与边浇口有点类似，不同的是护耳式浇口通过护耳连接到制件上。这种浇口可以用来降低制件的剪切应力，剪切应力留在护耳式中；这种浇口还可以用来改变料流的方向，避免引起喷射的现象。
- 主流道浇口（Sprue Gate）：主流道浇口直接深入到制件中。该浇口的尺寸由喷嘴的孔径决定。适用于特别大的塑料制品。用户可以用一维单元创建。
- 环浇口：根据制件的几何形状可以分为对称和不对称两种类型。当需要设置多个浇口时，对称形状的制件要遵循每个浇口流长相等和填充体积相等的原则；不对称形状的制件由于本身就不能达到自然平衡，所以每个浇口的填充体积和压力降都不尽相同。不对称形状的制件可能需要较多的浇口数目以获得平衡流动或者产生合理的熔接线位置，同时降低注塑压力。

注意：在实际生产中，通常制件的浇口形状都比较复杂，运用 AMI 中的手工创建浇口功能有时也难以达到实际的要求。在这种情况下，可以将浇口与制件一起在 CAD 软件中构建，然后将其导入 AMI 中，在该位置创建浇注系统或者直接设置为注塑口，进行分析。

10.1.2 最佳浇口分析的设置

在进行浇口位置分析之前，需要选择实际生产用的成型材料和设置成型工艺条件，可以使用 AMI 默认的工艺条件。如果用于分析的模型采用单浇口成型，那么不需要设置注塑浇口；如果用于分析的模型采用多浇口成型，则需要对模型进行多次浇口位置分析。直接打开光盘内的文件 X:\第 10 章\ch10-0\ch10.mpi 模型文件。双击【dvd_方案】方案，激活该方案，显示的模型如图 10.1 所示。

（1）选择【分析】|【设置分析序列】|【浇口位置】命令，完成分析类型的设置，如图 10.2 所示。

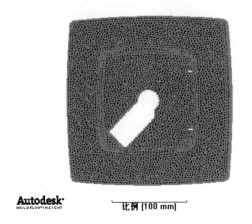

图 10.1 dvd 后盖示例模型

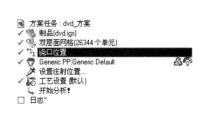

图 10.2 浇口位置分析类型

本例选择常用于电子产品的 PC（聚碳酸酯）作为分析的成型材料。

（2）选择【分析】|【选择材料】命令，弹出【选择材料】对话框，如图 10.3 所示。从对话框中的【制造商】下拉列表框的下三角按钮中选择材料的生产者为 Dow Chemical USA，再从牌号下拉列表框的下三角按钮中选择所需要的牌号为 Calibre IM 401-18。单击【确定】按钮完成选择并退出选择材料对话框，结果如图 10.4 所示。

（3）选择【分析】|【工艺设置向导】命令，弹出【工艺设置向导－浇口位置设置】对话框，如图 10.5 所示。设置模具表面温度为 95℃，熔体温度为 300℃。

（4）选择【分析】|【开始分析】命令，弹出【选择分析类型】对话框，如图 10.6 所示，单击【确定】按钮，程序开始运算分析。屏幕显示中给出了 Recommended Gate Location at Node Number（最佳浇口位置所在节点的编号），图 10.7 所示为浇口位置分析屏幕显示。

• 163 •

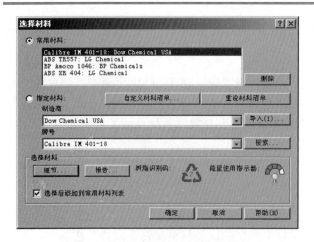

图 10.3 【选择材料】对话框

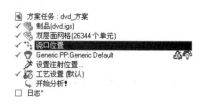

图 10.4 完成材料选择

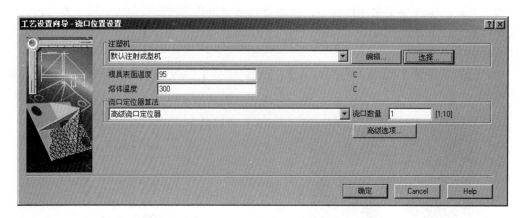

图 10.5 【工艺设置向导-浇口位置设置】对话框

图 10.6 【选择分析类型】对话框

```
正在搜索最佳浇口位置:      40% 已完成 ....
正在搜索最佳浇口位置:      50% 已完成 ....
正在搜索最佳浇口位置:      60% 已完成 ....
正在搜索最佳浇口位置:      70% 已完成 ....
正在搜索最佳浇口位置:      80% 已完成 ....
正在搜索最佳浇口位置:      90% 已完成 ....
正在搜索最佳浇口位置:     100% 已完成 ....
建议的浇口位置有:
    靠近节点                              =    392
```

图 10.7 屏幕显示-最佳浇口位置分析

（5）当弹出如图 10.8 所示的【分析完成】对话框时，说明分析结束。生成后程序自动生成一个新方案【dvd_方案（浇口位置）】方案，如图 10.9 所示。

图 10.8 【分析完成】对话框　　　　　图 10.9 生成一个新方案

10.1.3 最佳浇口分析的结果

完成了浇口位置分析之后，会产生两个结果，即屏幕显示和最佳浇口位置分析结果图示。分析结果示意图其实是浇口位置合理性因子分布图示。当因子为 1 时，表示这个位置是最佳浇口位置，因子值越小，浇口位于这个位置的成型合理性就越小，如图 10.10 所示。

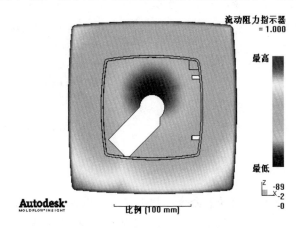

图 10.10 最佳浇口位置分析结果

10.2 成型工艺窗口分析

成型工艺窗口（Molding Window）分析能够获得生产合格产品的成型工艺条件范围。也就是确定制品的最优成型条件，即模温、料温及注射时间等工艺参数，可获得一个分析的初始工艺条件。成型工艺窗口分析可以帮助用户确定获得高质量的产品的"模温、料温及注射时间"及其允许的变化范围。

另外，也可用成型工艺窗口分析评估不同的浇口位置。从而确定某个浇口位置是否可行，或确定某个浇口有更宽的成型条件范围。如果成型工艺条件位于这个范围之内，就可以生产出好质量的制品。有了成型工艺窗口的分析结果之后，需要时成型工艺师就可以在这个范围内对成型条件做出适当的修改来获得最好的制品质量。

10.2.1 成型工艺窗口分析设置

在成型工艺窗口分析前，需要设置分析的条件。用户需要设置分析的条件有选择注塑成型机的类型以及指定分析中模具温度、熔体温度和注塑时间的范围。下面讲解成型窗口分析的操作，操作如下。

1. 对工程方案进行复制

在工程任务栏中，右击【dvd_方案（浇口位置）】图标，在弹出的快捷菜单中单击【复制】命令，此时在工程任务栏中出现名为【dvd _cover_方案（浇口位置）（复制品）】的工程，重命名为【dvd_方案（成型窗口）】，如图10.11所示。

图 10.11　工程任务栏

2. 设置分析类型

双击【dvd_方案（成型窗口）】方案，激活该方案，如图10.12所示。选择【分析】|【设置分析序列】|【成型窗口】命令，完成分析类型的设置，如图10.13所示。

图 10.12　充填分析类型　　　　　　　图 10.13　成型窗口分析类型

3. 设置工艺窗口分析条件

选择【分析】|【工艺设置向导】命令，弹出【工艺设置向导－成型窗口设置】对话框，如图 10.14 所示。当然用户可以采用默认的工艺范围，那么除了注塑机类型之外的所有选项都为自动，对应的分析范围 AMI 将根据成型材料相关数据自动确定。工艺参数分析可先在下拉列表框中选择指定，然后单击右侧出现的【编辑范围】按钮，可以在弹出的对话框中分别输入对应参数的最小值和最大值，来确定对应的选项控制范围。

图 10.14　【工艺设置向导－成型窗口设置】对话框

用户还可以对分析条件进行更高级的设置。在图 10.14 中，单击【高级选项】按钮，弹出【成型窗口高级选项】对话框，如图 10.15 所示。

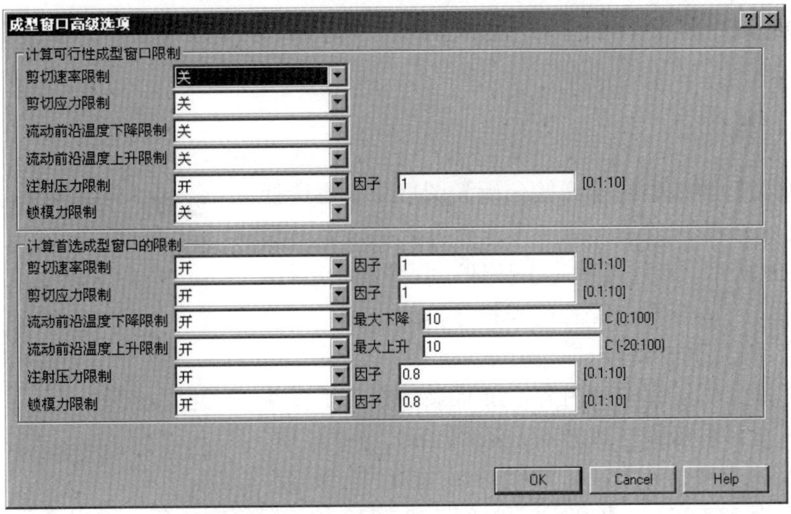

图 10.15 【成型窗口高级选项】对话框

在高级设置中，用户可以选择对那些工艺参数进行成型范围分析，而不仅仅限于模具温度、熔体温度、注塑时间这三项。AMI 默认选中【计算首选成型窗口的限制】中的所有参数，在【计算可行性成型窗口限制】中，仅选中了注塑压力范围一项。在【计算可行性成型窗口限制】中用户可以选择的参数还有剪切速率限制、剪切应力限制、流动前沿温度下降限制、流动前沿温度上升限制和锁模力限制。在已选择的参数后面，会出现对应的因子文本框，文本框中的数字用来控制成型工艺窗口的大小。

【计算首选成型窗口的限制】是可以保证制品质量的"工艺条件"。在表 10-1 里，列出了各参数的默认值及选择标准的解释。

表 10-1 首选的工艺条件标准

参 数 名	默 认 值	说 明
剪切速率限制	1	产品的最大剪切速率不能超出材料参数中提供的材料的最大允许剪切速率。一般来说，这都不是问题
剪切应力限制	1	产品的最大剪切力不能超出材料参数中提供的材料的最大允许剪切力。这有时可能是产品的主要问题，因为产品的剪切力通常都很高。如果制品用于恶劣环境，则该值的范围必须降低，可取在0.5～0.8之间
流动前沿温度下降限制	10℃	流动前沿温度下降是重要的限制参数。尽管允许升高10℃，大多数时候取其一半的值。通常也不改变这个限制值
流动前沿温度上升限制	10℃	流动前沿温度也允许升高，但最好的情况是温度不升高
注塑压力限制	0.8	为了防止需要的注塑压力太靠近注塑机的极限压力以致于压力难以维持。默认的注塑机的压力极限为100 MPa，针对成型工艺条件分析的压力极限是80 MPa。这是较佳的限制范围。这允许浇注系统中有压力降。如果生产该制品的注射机有较高的注塑压力，则默认的注塑机也应相应的变更最大注塑压力
锁模力限制	0.8	通常在保压阶段的锁模力最大，但应低于注塑机允许极限的80%。默认的注塑机锁模力极限设定为7000 吨，除非是用特殊的机器一般不太可能达到这个极限

单击【OK】按钮，返回到【工艺设置向导－成型窗口设置】对话框，单击【确定】按钮，完成成型窗口设置。

4．分析计算

双击案例任务窗口中的【开始分析】图标，或者选择【分析】|【开始分析】命令，弹出【选择分析类型】对话框，如图 10.16 所示。单击【确定】按钮，程序开始运行。等待程序运行，可以查看分析的过程和分析的进度，与分析完成通过查看日记的内容一样。

图 10.16　【选择分析类型】对话框

图 10.17 是分析过程中的内容，屏幕显示给出了推荐的模具温度、熔体温度和注塑时间。从图 10.17 中可以看到，分析得到的成型条件为：推荐模具温度为 97.78℃，推荐熔体温度为 337.95℃，推荐注塑时间为 0.7633 秒。运行完成后，弹出【分析完成】对话框，如图 10.18 所示。单击 OK 按钮，退出【分析完成】对话框。

图 10.17　成型窗口分析过程信息

图 10.18　【分析完成】对话框

10.2.2　成型工艺窗口分析的结果

根据用户设置的参数，完成工艺窗口分析后，AMI 会分析计算出相应的分析结果。分析的输出结果包括最优成型条件，用云图显示"成型条件"的范围，图表显示的"制品的质量"、"注射压力"、"剪切力"、"料流前锋温度"、"冷却时间"及"剪切率"等随工艺条件改变而变化的结果。通过分析结果可以确定"最佳工艺条件"及其可变动范围。也可比较不同的浇口位置的分析结果，找出最佳的浇口位置。

优化分析结果图示包括 Injection Pressure（注塑压力）、Maximum Cooling Time（最大冷却时间）、Maximum Shear rate（最大剪切速率）、Minimum Flow Front Temperature（流动前沿最小温度）、Quality（质量）、Zone（成型窗口）和 Maximum Shear Stress（最大剪切应力）。

在各个结果图示中，用户在图所示的分析结果属性对话框中可以方便地调节参数的大小,根据对应的曲线变化趋势,观察成型条件对各个参数的影响。

图 10.19 所示是熔体温度在 260℃、注塑时间在 0.25 秒时,最大压力降与模具温度的关系曲线。当熔体温度和注塑时间不变时,最大压力降与模具温度成反比例关系。用户可以选择不同的变量作为关系图的 X 轴,观察不同变量与注塑压力的关系。图 10.20 所示是熔体温度在 260℃、注塑时间在 0.25 秒时,最大冷却时间与模具温度关系曲线。模具温度和熔体温度越高,需要的冷却时间越长。

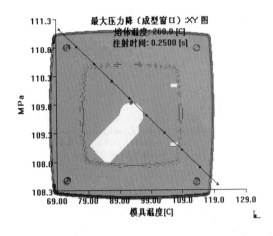

图 10.19 最大压力降与模具温度的关系曲线   图 10.20 最大冷却时间与模具温度关系曲线

图 10.21 所示是熔体温度在 260℃、注塑时间在 0.25 秒时,最低流动前沿温度与模具温度的关系曲线。当熔体温度和注塑时间不变时,最低流动前沿温度与模具温度成正比例关系。图 10.22 所示是熔体温度在 260℃、注塑时间在 0.25 秒时,最大剪切应力与模具温度的关系曲线。当熔体温度和注塑时间不变时,最大剪切应力与模具温度成正比例关系。

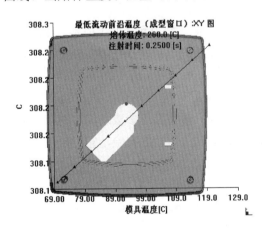 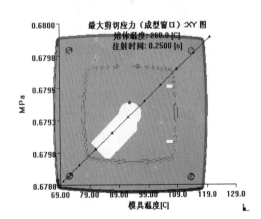

图 10.21 最低流动前沿温度与模具温度的关系曲线   图 10.22 最大剪切应力与模具温度的关系曲线

熔体温度在 260℃、注塑时间在 0.25 秒时,制品质量因子与模具温度的关系曲线如图 10.23 所示。图中质量因子的值越高,表示质量越好。因此应当尽量使曲线峰值达到最大。随着模具温度的增大,制件质量变好。当模具温度达到 121℃,取得峰值,质量因子等于 0.1827。

成型工艺窗口结果如图 10.24 所示,由模具温度、熔体温度和注塑时间 3 个参数确定。

从图中可以看出，默认工艺条件分析时将 Automatic 范围分别设置为：熔体温度 260℃～270℃、注塑时间 0.1～6.7 秒、模具温度 97℃～120℃。图中红色区域为不可选成型范围，黄色区域为可选成型范围，绿色为首选成型范围。用户应当尽量在绿色范围内选择成型条件。

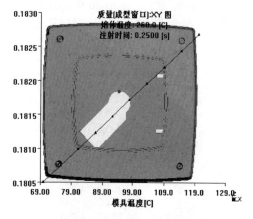

图 10.23　制品质量因子与模具温度的关系曲线

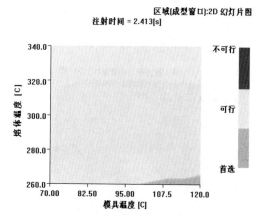

图 10.24　成型工艺窗口结果

10.3　DOE 分析

实验设计（Design of Experiments，简写 DOE）分析按照优化方法通过设计一系列的实验，用最少数量的实验完成所有实验参数在不同实验水平上组合的全部实验，并确定出各个实验参数对实验目标的影响度的多少，因此可以调节实验目标影响最大的实验参数获得较好的实验结果，同时还可以得到各个实验参数最佳组合方式。

因此与传统的实验方法相比，DOE 分析不仅节省了时间、精力和降低了成本，而且可以利用最少的实验获得覆盖面非常广泛的实验结果，从而得到产生最佳效果的实验参数组合。

在 AMI 中的 DOE 分析提供了两种实验设计方法：Taguchi 和 Factorial 实验设计。Taguchi 方法通过运行数目较少的一组优化实验，确定出对实验目标的影响最大的实验参数。在 Taguchi 方法中是将各个实验参数作为独立变量进行实验的，没有考虑参数之间可能存在的相互影响。Factorial 方法运行的实验数目要大于 Taguchi 方法中运行的实验，它用以确定实验参数的最佳实验水平组合。

因此，在进行实验设计对案例进行优化时，一般先使用 Taguchi 方法，然后再使用 Factorial 方法。AMI 的优化分析中包含对填充的优化（Design of Experiments（Fill））和对流动的优化（Design of Experiments（Flow））。进行这两种实验设计分析时，首先对填充或流动设置相关工艺参数，然后设置 DOE 的实验参数。

10.3.1　对填充的优化

下面讲解填充的优化分析的操作，操作如下。

1. 对工程方案进行重命名

在工程任务栏中，右击【dvd_方案（成型窗口）】图标，在弹出的快捷菜单中单击【重命名】命令，重命名为"dvd_方案（DOE分析）"，如图10.25所示。

图 10.25　工程任务栏

2. 设置分析类型

设置分析类型的步骤如下。
（1）双击"dvd_方案（DOE分析）"方案，激活该方案，如图10.26所示。
（2）选择【分析】|【设置分析序列】|【实验设计（充填）】命令，弹出【提示】对话框，如图10.27所示，单击【删除】按键，完成分析类型的设置，结果如图10.28所示。

图 10.26　成型窗口分析类型

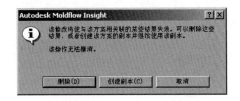

图 10.27　【提示】对话框

图 10.28　实验设计（充填）分析类型

3. 设置实验设计（充填）分析条件

设置实验设计（充填）分析条件的步骤如下。
（1）选择【分析】|【工艺设置向导】命令，弹出【工艺设置向导－充填设置】对话框，如图10.29所示。当然用户可以采用默认的工艺范围，对应的分析范围AMI将根据成型材料相关数据自动确定。本案例采用如图10.29中的设置。

图 10.29　【工艺设置向导－充填设置】对话框

（2）用户还可以对分析条件进行更高级的设置。在图10.29中，单击【高级选项】按钮，弹出【充填+保压高级选项】对话框，如图10.30所示。

图10.30 【充填+保压高级选项】对话框

（3）单击OK按钮，返回到【工艺设置向导－充填设置】对话框，单击Next按钮，弹出【工艺设置向导－DOE设置】对话框，如图10.31所示。本案例采用AMI默认值。

图10.31 【工艺设置向导－DOE设置】对话框

（4）用户还可以对分析条件进行更高级的设置。在图10.31中，单击【高级选项】按钮，弹出【DOE高级选项】对话框，如图10.32所示。本案例采用AMI默认值。单击OK按钮，返回到【工艺设置向导－DOE设置】对话框，单击【Finish】按钮，完成成型窗口设置，结果如图10.33所示。

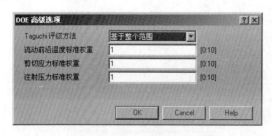

图10.32 【DOE高级选项】对话框

图10.33 完成DOE工艺设置

DOE（Fill）实验参数设置参数意义如下。

在 DOE 实验类型中，用户可以根据自己的需要选择单独进行 Taguchi 方法或 Factorial 实验还是将 Taguchi 和 Factorial 实验结合共同进行。当用户选择了首先进行 Taguchi 实验，然后进行 Factorial 实验的结合方式选项后，右侧会出现相应的文本框，要求用户输入实验中的参数个数。Moldflow 默认的参数为 3 个，它们是由 Taguchi 实验分析出的对填充过程中最重要的 3 个工艺参数。用户可以选择 2～6 之间的整数作为实验参数个数。实验参数越多，相关的实验方法越复杂，计算量越大。

接下来，依次设置 5 个参数在实验中的状态。在下拉列表框中，提供了 3 个选项，即不变、自动和指定。

"不变"表示在各个实验中，参数值是恒定的，不发生变化。"自动"表示在 AMI 会自动确定出参数的变化范围，划分参数的实验水平，在不同的实验中采用。用户还可以按照特定的要求对参数进行水平划分。如果选择"指定"，则按照右侧出现的文本框，填入相应的变化百分比的大小，实验分析就会按照该值划定实验水平。

Expand/Compress Injection Profile 选项用于在实验中按照某个百分比均匀的增大或减小所有的值。其默认选项为 Do not change。Thickness multiplier 的作用类似于 Expand/Compress Injection Profile，用于按照某个百分比均匀的增加或减小整个制件的厚度。其默认选项为 Automatic。

用户可以单击右下方的 DOE Advanced Options 按钮查看实验设计分析中的 Moldflow 中进行判断的质量准则。

用户可以在 DOE Advanced Options 对话框中设置相关参数在判定成型工艺条件优劣性中所占的权值。每个参数的默认权值都是 1。如果用户想增大某个参数在成型条件中的重要性，那么就在右侧的文本框中填入一个大于 1 小于 10 的值。需要注意的是，由于这些参数之间存在相互影响，增大某个参数的权值则有可能导致相关参数性能变坏，所以 AMI 默认赋予每个参数相同的权值。

图 10.34 【选择分析类型】对话框

4．分析计算

双击案例任务窗口中的"开始分析"图标，或者选择【分析】|【开始分析】命令，弹出【选择分析类型】对话框，如图 10.34 所示。单击【确定】按钮，程序开始运行。等待程序运行，可以查看分析的过程和分析的进度，与分析完成通过查看日记的内容一样。图 10.35 是分析过程中的内容，在屏幕显示中，可以很详细地看到 DOE 中的实验参数以及实验水平的划分。运行完成后，弹出【分析完成】对话框，如图 10.36 所示。单击 OK 按钮，退出【分析完成】对话框。

5．分析结果

分析完成后，在分析结果图示列表中除了常规 Fill 分析的结果之外，还包括了 Optimizaton（优化）部分结果的输出。下面给出几个主要的 DOE（Flow）分析结果。

（1）图 10.37 所示是注射压力与熔体温度的关系曲线。注射压力与熔体温度成反比例关系，熔体温度越高，成型制品所需要的注射压力就越低。图 10.38 所示是制品质量与熔体温度的关系曲线。图 10.38 中质量因子的值越高，表示质量越好。因此，应当尽量使曲线峰值达到最大。随着熔体温度的增大,制件质量越来越差。

```
| 时间   | 体积    | 压力    | 锁模力   | 流动速率   | 状态  |
| (s)   | (%)    | (MPa)  | (tonne) | (cm^3/s) |      |
|-------------------------------------------------------------|
| 0.07  | 3.45   | 11.33  | 0.02    | 80.79    | U    |
| 0.14  | 8.05   | 14.70  | 0.03    | 83.65    | U    |
| 0.21  | 12.76  | 16.99  | 0.06    | 85.15    | U    |
| 0.28  | 17.47  | 18.80  | 0.13    | 85.54    | U    |
| 0.35  | 22.19  | 20.32  | 0.22    | 86.05    | U    |
| 0.42  | 26.94  | 21.70  | 0.34    | 86.14    | U    |
| 0.49  | 31.64  | 23.27  | 0.49    | 86.14    | U    |
| 0.56  | 36.43  | 24.82  | 0.64    | 86.32    | U    |
| 0.63  | 41.07  | 26.27  | 0.81    | 86.49    | U    |
| 0.70  | 45.79  | 27.70  | 1.00    | 86.61    | U    |
| 0.77  | 50.59  | 29.12  | 1.23    | 86.74    | U    |
| 0.84  | 55.23  | 30.46  | 1.50    | 86.86    | U    |
| 0.91  | 59.94  | 31.84  | 2.01    | 86.82    | U    |
| 0.98  | 64.60  | 33.74  | 3.25    | 86.73    | U    |
| 1.05  | 69.21  | 35.82  | 4.55    | 86.93    | U    |
| 1.12  | 73.83  | 38.03  | 6.17    | 86.97    | U    |
| 1.19  | 78.32  | 42.54  | 11.71   | 85.38    | U    |
| 1.26  | 82.30  | 52.15  | 24.16   | 86.96    | U    |
| 1.33  | 86.85  | 55.19  | 27.38   | 87.45    | U    |
| 1.40  | 91.44  | 57.40  | 29.60   | 87.59    | U    |
| 1.47  | 96.06  | 59.86  | 32.24   | 87.59    | U    |
| 1.50  | 98.02  | 61.65  | 34.51   | 87.13    | U/P  |
| 1.51  | 98.63  | 49.32  | 33.50   | 43.94    | P    |
| 1.54  | 99.52  | 49.32  | 36.30   | 40.65    | P    |
| 1.56  | 99.99  | 49.32  | 39.53   | 33.63    | P    |
| 1.56  | 100.00 | 49.32  | 39.59   | 33.63    | 已充填 |
```

图 10.35 实验设计(充填)分析过程信息

图 10.36 【分析完成】对话框

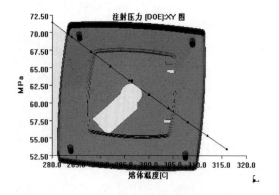

图 10.37 注射压力与熔体温度的关系曲线

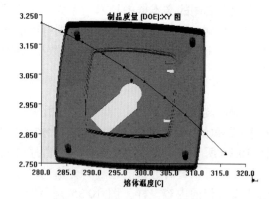

图 10.38 锁模力与熔体温度关系曲线

(2)图 10.39 所示是流动前沿温度与熔体温度的关系曲线。熔体温度越高,熔体的流动前沿温度就越高。图 10.40 所示是剪切应力与熔体温度的关系曲线。熔体温度越高,熔体所受到的剪切应力就越低。

(3)图 10.41 所示是充填时间。从图中可以看出,充填不是很好,两侧的温度相差了 0.4s,需要改一下浇口位置或增加一下浇口。图 10.42 所示是充填结束时的压力,从图 10.42 中可以看出,压力分布不均。

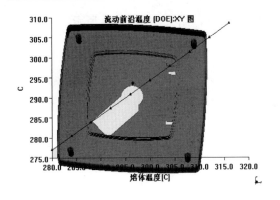

图 10.39　流动前沿温度与熔体温度的关系曲线

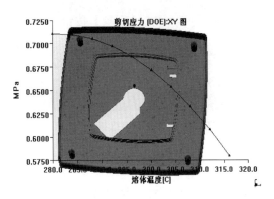

图 10.40　剪切应力与熔体温度的关系曲线

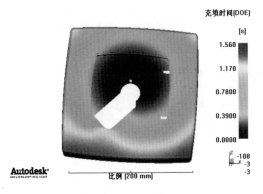

图 10.41　充填时间

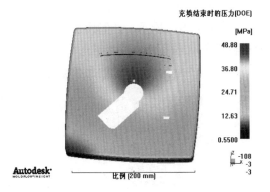

图 10.42　充填结束时的压力

（4）从图 10.37～图 10.40 都可以通过调节结果属性，从不同的曲线观察参数对结果的影响。用户可以观察到熔体温度、模具温度，以及厚度因子 3 个变量对分析结果的关系曲线。

10.3.2　对流动的优化

下面讲解流动的优化分析的操作，操作如下。

1．设置分析类型

打开前一节运行完成的工程方案，如图 10.43 所示。双击【dvd_方案（DOE 分析）】方案，激活该方案，如图 10.44 所示。

图 10.43　工程任务栏

图 10.44　实验设计（充填）分析类型

选择【分析】|【设置分析序列】|【实验设计（充填+保压）】命令，弹出【提示】对话框，

如图 10.45 所示，单击【删除】按钮，完成分析类型的设置，结果如图 10.46 所示。

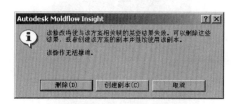

图 10.45 提示对话框

图 10.46 实验设计（充填+保压）分析类型

2. 设置实验设计（充填+保压）分析条件

设置实验设计（充填+保压）分析条件的步骤如下。

（1）选择【分析】|【工艺设置向导】命令，弹出【工艺设置向导－充填+保压设置】对话框，如图 10.47 所示。当然用户可以采用默认的工艺范围，对应的分析范围 AMI 将根据成型材料相关数据自动确定。本案例采用如图 10.47 中的设置。

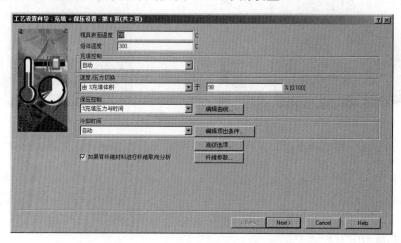

图 10.47 【工艺设置向导—充填+保压设置】对话框

（2）用户还可以对分析条件进行更高级的设置。在图 10.47 中，单击【高级选项】按钮，弹出【充填+保压高级选项】对话框，如图 10.48 所示。

图 10.48 【充填+保压高级选项】对话框

（3）单击【OK】按钮，返回到【工艺设置向导－充填+保压设置】对话框，单击【Next】按钮，弹出【工艺设置向导－DOE 设置】对话框，如图 10.49 所示。本案例采用 AMI 默认值。

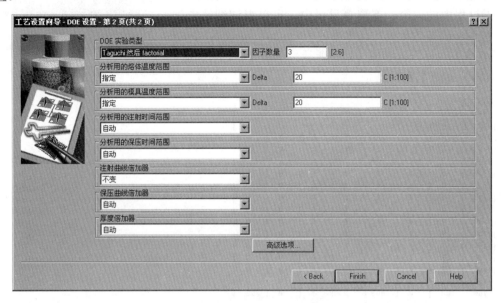

图 10.49 【工艺设置向导－DOE 设置】对话框

（4）用户还可以对分析条件进行更高级的设置。在图 10.49 中，单击【高级选项】按钮，弹出【DOE 高级选项】对话框，如图 10.50 所示。本案例采用 AMI 默认值。单击【OK】按钮，返回到【工艺设置向导－DOE 设置】对话框，单击【Finish】按钮，完成成型窗口设置。

DOE（Flow）的实验设置与 DOE（Fill）大体相同，仅仅多出了两个参数 Packing Time 和 Packing Profile Multiplier 状态的选择。DOE（Flow）的实验参数中默认为自动变化的有熔体温度、模具温度、注塑时间和保压时间。其参数状态的选择与 DOE（Fill）中相同。Packing Profile Multiplier

图 10.50 【DOE 高级选项】对话框

选项用于实验中按照某个百分比均匀的增大或减小保压曲线所有压力值。其默认选项也是 Automatic。

由于在流动过程与填充过程中起重要作用的工艺参数不相同，所以 DOE Advanced Options 的相关参数也发生了变化。DOE（Flow）高级选项对话框如图 10.50 所示。在 DOE（Flow）的质量准则中增加了锁模力、体收缩率、凹痕深度、制件质量和成型周期时间 5 个准则。设置方法与 DOE（Fill）中一样，每个参数的默认权重值都是 1。

3．分析计算

双击案例任务窗口中的"开始分析"图标，或者选择【分析】|【开始分析】命令，弹出

【选择分析类型】对话框，如图 10.51 所示。单击【确定】按钮，程序开始运行。等待程序运行，可以查看分析的过程和分析的进度，与分析完成通过查看日记的内容一样。图 10.52 是分析过程中的内容，在屏幕显示中，可以很详细地看到 DOE 中的实验参数以及实验水平的划分。运行完成后，弹出【分析完成】对话框，如图 10.53 所示。单击【OK】按钮，退出【分析完成】对话框。

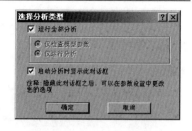

图 10.51　【选择分析类型】对话框

```
实验进度:
|-------------------------------------------------------|
| 实验编号和完成百分比:                                  |
|   1  |   2  |   3  |   4  |   5  |   6  |   7  |   8  |
|  (%) |  (%) |  (%) |  (%) |  (%) |  (%) |  (%) |  (%) |
|-------------------------------------------------------|
|   0  |   0  |   0  |   0  |   0  |   0  |   0  |   0  |
|   1  |   0  |   0  |   0  |   0  |   0  |   0  |   0  |
|  36  |   0  |   0  |   0  |   0  |   0  |   0  |   0  |
|  73  |   0  |   0  |   0  |   0  |   0  |   0  |   0  |
| 100  |   0  |   0  |   8  |   0  |   0  |   0  |   0  |
| 100  |   0  |   0  |  43  |   0  |   0  |   0  |   0  |
| 100  |   0  |   0  |  78  |   0  |   0  |   0  |   0  |
| 100  |  15  |   0  | 100  |   0  |   0  |   0  |   0  |
| 100  |  49  |   0  | 100  |   0  |   0  |   0  |   0  |
| 100  |  86  |   0  | 100  |   0  |   0  |   0  |   0  |
| 100  | 100  |   0  | 100  |   0  |   0  |   0  |  22  |
| 100  | 100  |   0  | 100  |   0  |   0  |   0  |  56  |
| 100  | 100  |   0  | 100  |   0  |   0  |   0  |  92  |
| 100  | 100  |  27  | 100  |   0  |   0  |   0  | 100  |
| 100  | 100  |  64  | 100  |   0  |   0  |   0  | 100  |
| 100  | 100  |  99  | 100  |   0  |   0  |   0  | 100  |
| 100  | 100  | 100  | 100  |   0  |   0  |  34  | 100  |
| 100  | 100  | 100  | 100  |   0  |   0  |  70  | 100  |
| 100  | 100  | 100  | 100  |   6  |   0  | 100  | 100  |
| 100  | 100  | 100  | 100  |  43  |   0  | 100  | 100  |
| 100  | 100  | 100  | 100  |  76  |   0  | 100  | 100  |
| 100  | 100  | 100  | 100  | 100  |  13  | 100  | 100  |
| 100  | 100  | 100  | 100  | 100  |  48  | 100  | 100  |
| 100  | 100  | 100  | 100  | 100  |  85  | 100  | 100  |
| 100  | 100  | 100  | 100  | 100  | 100  | 100  | 100  |
```

图 10.52　实验设计（充填+保压）分析过程信息

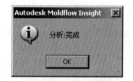

图 10.53 【分析完成】对话框

DOE（充填+保压）与 DOE（充填）的分析结果类似。关于流动分析方面的结果参考相关章节内容，本节主要讲解 DOE（流动）的结果。AMI 给出了流动分析的 DOE 中各个实验参数的实验水平。比较 DOE（充填），流动的 DOE 中多出了与保压相关的两个参数。

下面给出几个主要的 DOE（Flow）分析结果。

（1）图 10.54 所示是注射压力与模具温度的关系曲线。注射压力与模具温度成反比例关系，模具温度越高，成型制品所需要的注射压力就越低。图 10.55 所示是锁模力与模具温度关系曲线。模具温度越高，成型制品所需要的锁模力就越低。

（2）图 10.56 所示是流动前沿温度与模具温度的关系曲线。模具温度越高，熔体的流动前沿温度就越高。图 10.57 所示是剪切应力与模具温度的关系曲线。模具温度越高，熔体所受到的剪切应力先快速下降后慢慢升高。

（3）图 10.58 所示是制品质量与模具温度的关系曲线，图中质量因子的值越高，表示质量越好。因此，应当尽量使曲线峰值达到最大。随着模具温度的增高，制件质量越来越差。

图 10.59 所示是循环时间与模具温度的关系曲线,从图中可以看出,随着模具温度升高,成型制品所需要的循环时间先减少后增加,在模具温度在 90℃时,循环时间最小。

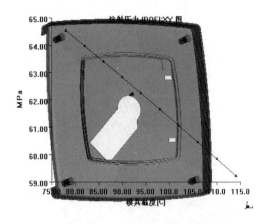

图 10.54　注射压力与模具温度的关系曲线

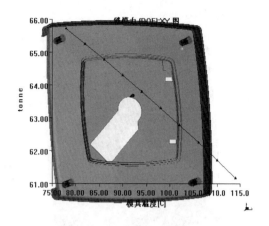

图 10.55　锁模力与模具温度关系曲线

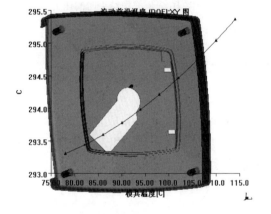

图 10.56　流动前沿温度与模具温度的关系曲线

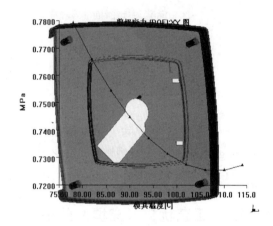

图 10.57　剪切应力与模具温度的关系曲线

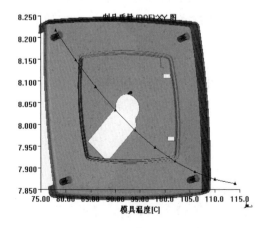

图 10.58　制品质量与模具温度的关系曲线

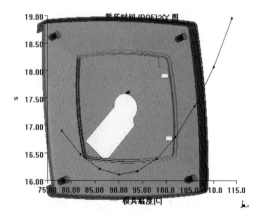

图 10.59　循环时间与模具温度的关系曲线

(4)图 10.60 所示是充填时间,从图中可以看出,充填不是很好,两侧的温度相差了 0.4s,需要改一下浇口位置或增加一下浇口。图 10.61 所示是充填结束时的压力,从图中可以看出,压力分布不均。

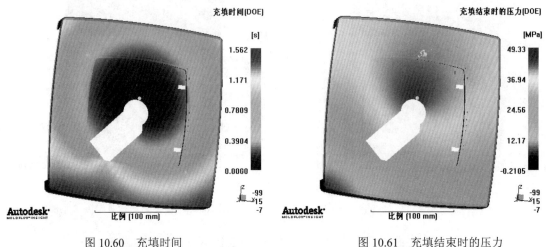

图 10.60　充填时间　　　　　　　　图 10.61　充填结束时的压力

10.4　工艺优化分析

在 AMI 中,用户除了可以使用浇口位置分析(Gate Location)和成型工艺窗口分析(Molding Window)对案例进行优化之外,还可以使用工艺优化(充填)和工艺优化(流动)对填充和流动进行优化。下面简单介绍这两种优化分析。

10.4.1　工艺优化(充填)分析

工艺优化(充填)分析可以对填充阶段的螺杆位置进行优化,同时分析出制件冷凝百分比以及流动前沿区域随时间的变化。下面讲解工艺优化(充填)分析的操作,操作如下。

1. 对工程方案进行重命名

在工程任务栏中,右击【dvd_方案(DOE 分析)】图标,在弹出的快捷菜单中选择【重命名】命令,重命名为"dvd_方案(工艺优化-充填)",如图 10.62 所示。

2. 设置分析类型

一般设置分析类型的步骤如下。

(1)双击"dvd_方案(工艺优化-充填)"方案,激活该方案,如图 10.63 所示。

(2)选择【分析】|【设置分析序列】|【工艺优化(充填)】命令,弹出【提示】对话框,如图 10.64 所示,单击【删除】按键,完成分析类型的设置,结果如图 10.65 所示。

图 10.62　工程任务栏　　　　　　　　　　图 10.63　成型窗口分析类型

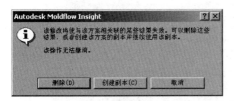

图 10.64　提示对话框　　　　　　　　　图 10.65　实验设计（充填）分析类型

3．设置工艺优化（充填）分析条件

一般设置工艺优化（充填）分析条件的步骤如下。

（1）选择【分析】|【工艺设置向导】命令，弹出【工艺设置向导－充填设置】对话框，如图 10.66 所示。当然用户可以采用默认的工艺范围，对应的分析范围 AMI 将根据成型材料相关数据自动确定。本案例采用如图 10.66 中的设置。

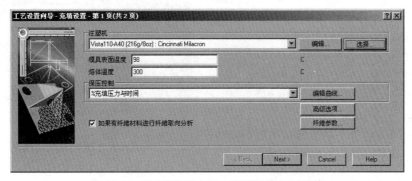

图 10.66　【工艺设置向导－充填设置】对话框

（2）用户还可以对分析条件进行更高级的设置。在图 10.66 中，单击【高级选项】按钮，弹出【充填高级选项】对话框，如图 10.67 所示。

图 10.67　【充填高级选项】对话框

（3）单击 OK 按钮，返回到【工艺设置向导－充填+保压设置】对话框，单击 Next 按钮，弹出【工艺设置向导－DOE 设置】对话框，如图 10.68 所示。本案例采用 AMI 默认值。

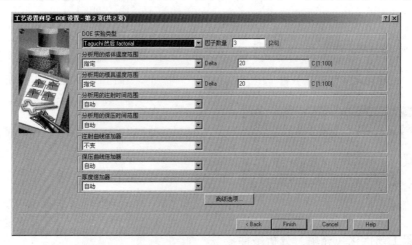

图 10.68 【工艺设置向导－DOE 设置】对话框

（4）用户还可以对分析条件进行更高级的设置。在图 10.68 中，单击【高级选项】按钮，弹出【DOE 高级选项】对话框，如图 10.69 所示。本案例采用 AMI 默认值。单击 OK 按钮，返回到【工艺设置向导－DOE 设置】对话框，单击 Finish 按钮，完成成型窗口设置。

在第一个设置页面中，明确要求用户选择使用的注塑机类型，并输入相应的参数。接下来，是流动分析的常规参数：模具温度、熔体温度及 Packing/Holding Control 方式。第二个设置页面中，用户要定义相关质量准则的权值，类似于 DOE 分析中的权值设置。

图 10.69 【DOE 高级选项】对话框

4．采用向导创建浇注系统

采用向导创建浇注系统的步骤如下。

（1）选择【建模】|【流道系统向导】命令，弹出【流道系统向导－布置】对话框，单击【浇口中心】按钮和【浇口平面】按钮，使主流道设计参照浇口中心和浇口平面来设计，有利于注射压力和锁模力的平衡；不勾选【使用热流道系统】复选框，因为本例采用冷流道设计，如图 10.70 所示。

（2）单击 Next 按钮，弹出【流道系统向导－主流道/流道/竖直流道】对话框，在【注入口】选项栏下，将入口直径设为 3.5mm，长度设为 50mm，拔模角设为 2°；在【流道】选项栏下，将直径设为 6mm，勾选【梯形】复选框，包含倾角设为 15°，如图 10.71 所示。

（3）单击 Next 按钮，弹出【流道系统向导-浇口】对话框，在【侧浇口】选项栏下，将入口直径设为 3 mm，长度设为 3mm，拔模角设为 15°，如图 10.72 所示。单击 Finish 按钮，利用向导创建的浇注系统已经生成，如图 10.73 所示。

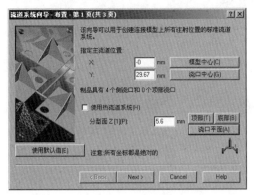

图 10.70 【流道系统向导-布置】对话框　　图 10.71 【流道系统向导-主流道/流道/竖直流道】对话框

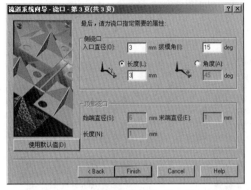
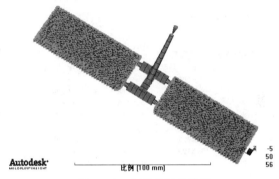

图 10.72 【流道系统向导-浇口】对话框　　图 10.73 创建的浇注系统

（4）浇注系统创建完成后，需要进行连通性诊断，检查从主流道到制品模型是否完全连通。选择【网格（Mesh）】|【网格诊断（Mesh Diagnostic）】|【连通性诊断（Connectivity Diagnostic）】命令，弹出【连通性诊断工具（Connectivity Diagnostic Tool）】对话框，如图 10.74 所示。选择主流道进料口的第一个单元"B9039"作为连通性诊断的开始单元，采用"显示"模式显示诊断结果，单击【显示】按钮，网格连通性诊断结果如图 10.75 所示。本例网格单元全部连通。

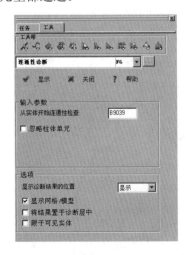
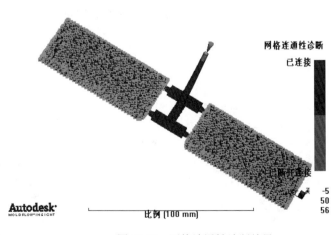

图 10.74 【连通性诊断工具】对话框　　图 10.75 网格连通性诊断结果

这样就完成了自动创建浇注系统。

5．分析计算

一般运行分析计算的步骤如下。

（1）双击案例任务窗口中的"开始分析"图标，或者选择【分析】|【开始分析】命令，弹出【选择分析类型】对话框，如图10.76所示。

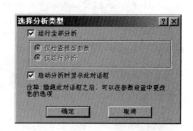

（2）单击【确定】按钮，程序开始运行。等待程序运

图10.76 【选择分析类型】对话框

行，可以查看分析的过程和分析的进度，与分析完成通过查看日记的内容一样。图10.77是分析过程中的内容，在屏幕显示中，可以很详细地看到工艺优化分析中的实验参数以及实验水平的划分。运行完成后，弹出【分析完成】对话框，如图10.78所示。

图10.77 实验设计（充填+保压）分析过程信息　　　　图10.78 【分析完成】对话框

（3）单击 OK 按钮，退出【分析完成】对话框。分析完成之后，得到的结果列表如图10.79所示。

分析结果有螺杆位置与时间关系曲线（Ram Position vs. Time）、制件冷凝百分比与时间关系曲线（Percentage of　Part Frozen vs. Time）和流动前沿区域与时间关系曲线（Flow Front Area vs. Time）。图10.80是流动前沿区域与时间关系曲线图，图10.81是制件冷凝百分比与时间关系曲线图，图10.82是螺杆位置与时间关系曲线图。

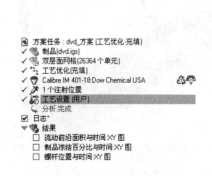

图10.79　分析完成结果图

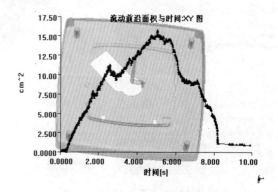

图10.80　流动前沿区域与时间关系曲线

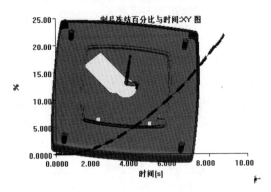

图 10.81 制件冷凝百分比与时间关系曲线

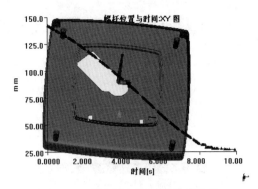

图 10.82 螺杆位置与时间关系曲线

10.4.2 工艺优化（流动）分析

工艺优化（流动）分析可以对填充阶段的螺杆位置进行优化，同时分析出制件冷凝百分比以及流动前沿区域随时间的变化。下面讲解工艺优化（流动）分析的操作，操作如下。

1．对工程方案进行重命名

在工程任务栏中，右击"dvd_方案（工艺优化-充填）"图标，在弹出的快捷菜单中选择【重命名】选项，重命名为"dvd_方案（工艺优化-充填+保压）"，如图 10.83 所示。

2．设置分析类型

一般设置分析的步骤如下。
（1）双击"dvd_方案（工艺优化-充填+保压）"方案，激活该方案，如图 10.84 所示。

图 10.83 工程任务栏　　　　　　　　　图 10.84 成型窗口分析类型

（2）选择【分析】|【设置分析序列】|【工艺优化（充填）】命令，弹出【提示】对话框，如图 10.85 所示，单击【删除】按键，完成分析类型的设置，结果如图 10.86 所示。

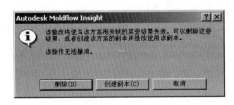

图 10.85 提示对话框

图 10.86 实验设计（充填+保压）分析类型

3. 设置工艺优化（充填+保压）分析条件

一般设置工艺优化（充填+保压）分析条件的步骤如下。

（1）选择【分析】|【工艺设置向导】命令，弹出【工艺设置向导－充填+保压设置】对话框，如图10.87所示。当然用户可以采用默认的工艺范围，对应的分析范围AMI将根据成型材料相关数据自动确定。明确要求用户选择使用的注塑机类型，并输入相应的参数。接下来，是流动分析的常规参数：模具表面温度和熔体温度。本案例采用如图10.87中的设置。

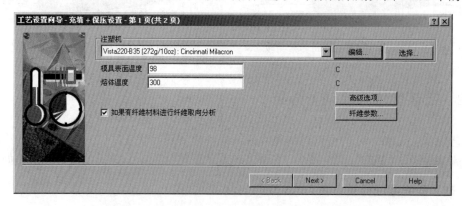

图10.87 【工艺设置向导－充填+保压设置】对话框

（2）单击【注塑机】选项后的【编辑】按钮，弹出【注塑机－注射单元】对话框，按如图10.88所示进行设置，在【最大注塑机注射行程】选项后的文本框内输入180；在【最大注塑机注射速率】选项后的文本框内输入328；在【注塑机螺杆直径】选项后的文本框内输入45；勾选【行程与螺杆速度】选项前的复选框；在【最大螺杆速度控制段数】选项后的文本框内输入8；在【最大压力控制段数】选项后的文本框内输入5，其他的选项采用默认值。单击【液压单元】按钮，弹出【注塑机－液压单元】对话框，按如图10.89中进行设置，在【注塑机压力限制】选项下选择"最大注塑机保压压力"项，并在其后的文本框内输入20；在【增强比率】选项后的文本框内输入7.38；在【注塑机液压响应时间】选项后的文本框内输入0.1。设置完成后单击【OK】按钮，返回到【工艺设置向导－充填+保压设置】对话框。

   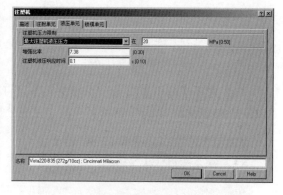

图10.88 【注塑机－注射单元】对话框　　图10.89 【注塑机－液压单元】对话框

（3）用户还可以对分析条件进行更高级的设置。在图10.87中，单击【高级选项】按钮，弹出【充填+保压分析高级选项】对话框，如图 10.90 所示。

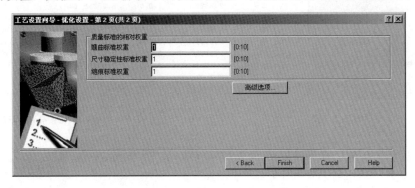

图 10.90 【充填+保压分析高级选项】对话框

（4）单击 OK 按钮，返回到【工艺设置向导－充填+保压设置】对话框，单击 Next 按钮，弹出【工艺设置向导－优化设置】对话框，如图 10.91 所示。在此页面中，用户要定义相关质量准则的权值，类似于 DOE 分析中的权值设置。本案例采用 AMI 默认值。

图 10.91 【工艺设置向导－优化设置】对话框

（5）用户还可以对分析条件进行更高级的设置。在图 10.91 中，单击【高级选项】按钮，弹出【工艺优化高级选项】对话框，如图 10.92 所示。本案例采用图 10.92 所示的值。单击 OK 按钮，返回到【工艺设置向导－优化设置】对话框，单击 Finish 按钮，完成成型窗口设置。

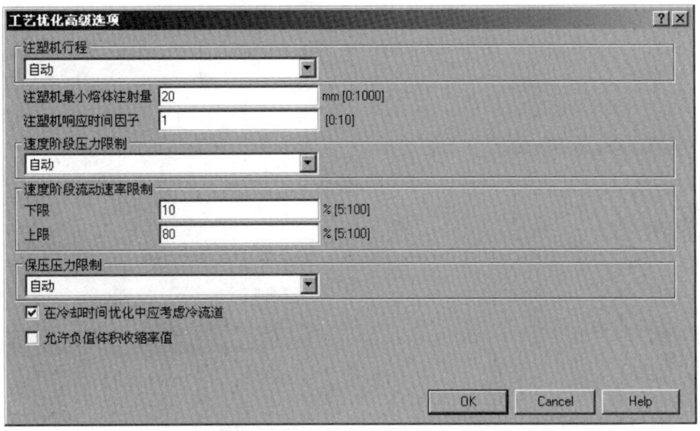

图 10.92 【工艺优化高级选项】对话框

4．分析计算

一般运行分析计算的步骤如下。

（1）双击案例任务窗口中的"开始分析"图标，或者选择【分析】|【开始分析】命令，弹出【选择分析类型】对话框，如图 10.93 所示。

（2）单击【确定】按钮，程序开始运行。等待程序运行，可以查看分析的过程和分析的进度，与分析完成通过查看日记的内容一样。图 10.94 是分析过程中的内容，在屏幕显示中，可以很详细地看到工艺优化的实验参数、实验水平的划分及分析进度。运行完成后，弹出【分析完成】对话框，如图 10.95 所示。

正在确定行程要求…

正在确定最佳速度阶段…

迭代	温度下降 (C)	温度偏差 (C)	最大剪切速率 (1/s)	最大剪切应力 (MPa)
1	-1.9952	1.0786	8.3980E+04	1.3982
2	-2.1911	1.0839	7.4972E+04	1.4129
3	-2.3429	1.0794	6.7375E+04	1.3743
4	-2.4809	1.0305	5.9882E+04	1.2314
5	-2.5486	0.9452	5.2446E+04	1.1321
6	-2.5959	0.8065	4.5139E+04	1.0470
7	-2.3054	0.8358	3.7777E+04	0.9809
8	-1.4742	1.5226	3.0482E+04	1.5054

正在确定最佳压力阶段…

图 10.93 【选择分析类型】对话框　　　　图 10.94 实验设计（充填+保压）分析过程信息

（3）单击 OK 按钮，退出【分析完成】对话框。分析完成之后，得到的结果列表如图 10.96 所示。

分析结果有螺杆位置与时间关系曲线（Ram Position vs. Time）、制件冷凝百分比与时间关系曲线（Percentage of Part Frozen vs. Time）和流动前沿区域与时间关系曲线（Flow Front Area vs. Time）。图 10.97 是流动前沿区域与时间关系曲线图，图 10.98 是制件冷凝百分比与时间关系曲线图，图 10.99 是螺杆位置与时间关系曲线图。

图 10.95 【分析完成】对话框

图 10.96 分析完成结果图

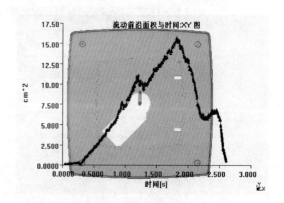

图 10.97 流动前沿区域与时间关系曲线

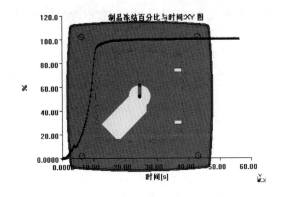

图 10.98　制件冷凝百分比与时间关系曲线

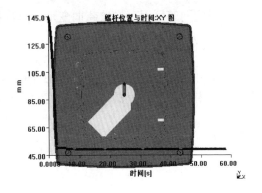

图 10.99　螺杆位置与时间关系曲线

10.5　其 他 分 析

下面将几个主要的分析类型做一下介绍。

1. Fill分析

充填（Fill）分析模拟计算出从注塑开始到模腔被填满整个过程，预测制件、塑料材料及相关工艺参数设置下的充填行为。充填（Fill）阶段从熔体进入模腔开始，当熔体达到模具模腔的末端，模具模腔体积被填满时就完成了充填。具体的操作请参见第 11 章的内容，此节不做详细介绍。

2. Flow分析

流动（Flow）分析用于预测热塑性高聚物在模具内的流动。流动（Flow）分析是"充填+保压"分析的组合，其目的是要得到最佳的保压曲线。从而降低由保压引起的制品收缩不均匀、翘曲等缺陷。AMI 模拟塑料熔体从注射点开始逐渐扩散到相邻点的流动，直到流动扩展并充填完制品上最后一个点，完成流动分析计算。具体的操作请参见第 12 章的内容，此节不做详细介绍。

3. Cool分析

冷却（Cool）分析用来分析模具内的热传递。通过冷却（Cool）分析结果判断制品冷却效果的优劣；根据冷却分析计算出的冷却时间，确定成型周期所用时间。在获得均匀冷却的基础上优化冷却管道布局，尽量缩短冷却时间，从而缩短单个制品的成型周期，提高生产率，降低生产成本。冷却（Cool）分析的工艺参数主要包含塑件和模具的温度、冷却时间等。具体的操作请参见第 13 章的内容，此节不做详细介绍。

4. Warp分析

翘曲（Warp）分析用于判定采用塑料材料成型的制品是否会出现翘曲，如果出现翘曲，可以分析出导致翘曲产生的原因。塑料制品在成型过程中由于收缩不均、冷却不均、塑料材料的分子定向等原因可导致翘曲变形。具体的操作请参见第 14 章的内容,此节不做详细介绍。

5. 其他分析

AMI 中还有流道平衡（Runner Balance）和应力（Stress）分析,这两种分析与实际注塑成型关系密切,进行分析时要求精确的注塑机参数。

10.6 本章小结

本章介绍了 AMI 的主要分析类型的工艺条件设置、分析参数设置、查看相关分析结果及查看分析结果的设置等。通过本章的介绍,希望读者能够熟悉 AMI 主要分析的操作和结果浏览,并根据经验和质量准则判断成型质量的优劣,从而推断可能影响制件质量的因素,进行调整并加以改善。本章的重点和难点是分析类型的工艺条件设置、分析参数设置和查看相关分析结果。下一章将介绍充填分析。

第 11 章 充 填 分 析

充填（Fill）阶段从熔体进入模腔开始，当熔体达到模具模腔的末端，模具模腔体积被填满时就完成了充填。AMI 的充填（Fill）分析模拟计算出从注塑开始到模腔被填满整个过程的充填行为。

11.1 充填分析工艺参数设置

浇注系统的性能直接影响到制品的充填行为，进行充填分析的最终目的是为了获得最佳浇注系统设计，用户通过对不同浇注系统流动行为的分析比较，选择最佳的浇口位置、浇口数目和最佳的浇注系统布局等。

11.1.1 建立充填分析工艺参数

充填（Fill）分析要得到一个合理的充填结果，才能保证后序的分析在实现制件充填的基础上进行。制品的充填要避免出现短射及流动不平衡等成型问题，同时尽可能采用较低的注塑压力、锁模力，以降低制品生产对注塑机的参数要求。

进行充填分析，用户根据经验或实际情况需要设置熔体开始注射到填满整个模腔过程中，熔体、模具和注塑机等相关的工艺参数；也可以采用 AMI 提供的模具温度和熔体温度，从 AMI 提供的控制方式中做出合适的选择即可，但这可能与实际情况有较大的不符。

直接打开光盘内的文件 X:\第 11 章\ch11-0\ch5.mpi 模型文件。在工程任务栏中只显示了一个"batt_cover_方案"的工程，如图 11.1 所示。

对工程方案进行复制。在工程任务栏中，右击 batt_cover_方案图标，在弹出的快捷菜单中选择【复制】命令，此时在工程任务栏中出现名为"batt_cover_方案（复制品）"的工程，重命名为"batt_cover_方案（充填）"，如图 11.2 所示。

图 11.1 工程任务栏（一）

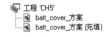
图 11.2 工程任务栏（二）

双击"batt_cover_方案（充填）"方案，激活该方案，显示的模型如图 11.3 所示。选择【分析】|【设置分析序列】|【充填】命令，完成分析类型的设置，如图 11.4 所示。

本例选择常用于电子产品的 PC（聚碳酸酯）作为分析的成型材料。

（1）选择【分析】|【选择材料】命令，弹出【选择材料】对话框，如图 11.5 所示。从图中制造商下拉列表框的下三角按钮选择材料的生产者 Dow Chemical USA，再从牌号下拉列表框的下三角按钮中选择所需要的牌号 Calibre IM 401-18。

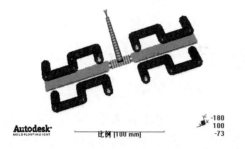
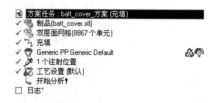

图 11.3 手机后盖示例模型　　　　　　　　图 11.4 充填分析类型

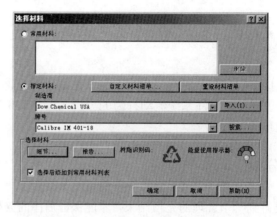

图 11.5 【选择材料】对话框

（2）单击【细节】按钮，弹出【热塑性塑料】对话框。图 11.6 的材料对话框显示了 PC 材料的 PVT 属性参数。椭圆内的数据在设计工艺参数时会用到，请读者注意并理解其意义。

（3）单击 OK 按钮，退出【热塑性塑料】对话框。单击【确定】按钮，完成选择并退出【选择材料】对话框，结果如图 11.7 所示。

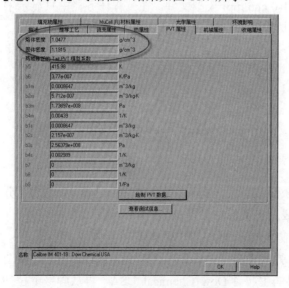

图 11.6 PC 材料的 PVT 属性参数　　　　　　图 11.7 完成材料选择

本例采用生产实际常采用的设计工艺的方法进行讲解，操作如下。

（1）选择【网格】|【网格统计】命令，等待一会儿，弹出【网格统计】对话框，如图 11.8 所示。椭圆内的数据在设计工艺参数时会用到，请读者注意并理解其意义。

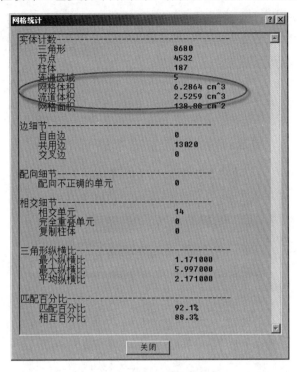

图 11.8 【网格统计】对话框

（2）选择【分析】|【工艺设置向导】命令，弹出【工艺设置向导－充填设置】对话框，如图 11.9 所示。

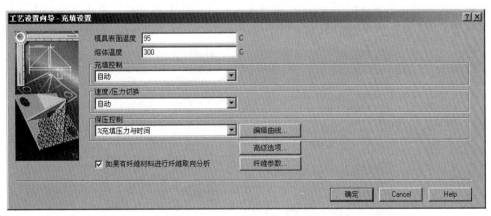

图 11.9 【工艺设置向导－充填设置】对话框

（3）在图 11.9 中，单击【高级选项】按钮，弹出【充填+保压分析高级选项】对话框，如图 11.10 所示。

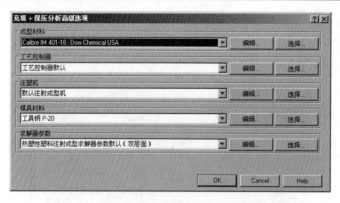

图 11.10 【充填+保压分析高级选项】对话框

(4) 在图 11.10 中，单击【注塑机】选项下的【选择】按钮，弹出【选择注塑机】对话框，如图 11.11 所示。选择第 1100 个注塑机作为成型注塑机。

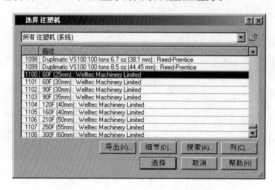

图 11.11 【选择注塑机】对话框

(5) 在图 11.11 中，单击【细节】按钮，弹出【注塑机】对话框，如图 11.12 所示，显示注塑机的相关参数。单击 OK 按钮，返回到【选择注塑机】对话框，单击【选择】按钮，返回到【充填+保压分析高级选项】对话框。

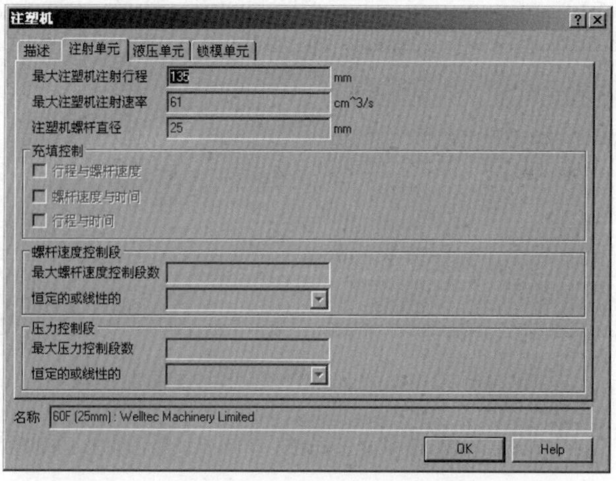

图 11.12 【选择注塑机】对话框

(6) 在图 11.10 中,单击【工艺控制器】选项下的【编辑】按钮,弹出【工艺控制器】对话框,如图 11.13 所示。

图 11.13 【工艺控制器】对话框

(7) 在图 11.13 中,选择【充填控制】选项下的【相对螺杆速度曲线】设置为【充填控制】的方式,设置为如图 11.14 所示。

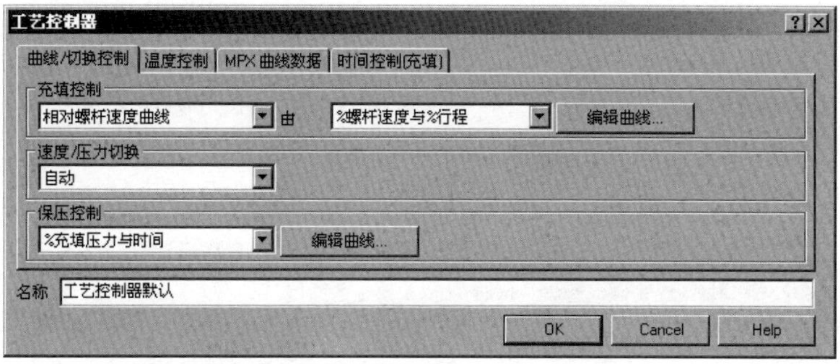

图 11.14 【工艺控制器】对话框(一)

(8) 在图 11.14 中,单击【充填控制】选项下的【编辑曲线】按钮,弹出【充填控制曲线设置】对话框,如图 11.15 所示。

(9) 计量行程的计算,先根据总体积 V(流道体积+产品体积)算出螺杆前进的行程 L,计算公式为 $L=10(Ds/Dm)(4V/(pi(D/10)^2))$,式中 pi 为圆周率 3.1416,D 为螺杆直径,Ds 为材料固态密度,Dm 为材料熔融态密度。在本例中,流道体积和产品体积在网格统计中可得到(见图 11.8),材料密度可由材料数据库中得到(见图 11.6),最后算得 L 为 15.79mm,在此取 17,是加上补料后的估计值。

速度/压力切换,在实际生产中是根据产品大小来取的,一般为 5%～10%的计量,在此取 1.5,因而螺杆注射阶段行程 15.5mm,小于上面的 15.79mm,因为想控制产品在充填模具型腔约 98%时切换为保压。

通常多段注塑是采用慢－快－慢方式,螺杆曲线形状为第一段刚好充填完流道浇口,以较慢速度通过浇口,以免发生喷射,使流动前沿完全进入型腔;然后以较快速度充填,快充填完成时放慢速度利于排气;最后在保压前再次将速度放慢,再切换为压力控制。

基于上述原则,在本例中,第一段注射位置为 100%开始到 71%结束,速度 45%(螺杆以最大速度的 45%向前推进 29%);第二段注射位置为 71%开始到 20%结束,速度 80%(螺杆以最大速度的 80%向前推进 51%）；第三段注射位置为 20%开始到 12%结束，速度 65%（螺杆以最大速度的 65%向前推进 8%），第四段注射位置为 12%开始到 9%结束，速度 45%（螺杆以最大速度的 45%向前推进 3%），到 9%时转为保压。具体设定方法如图 11.16 所示。

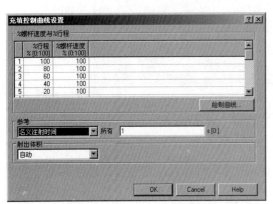

图 11.15 【充填控制曲线设置】对话框　　　　图 11.16 【充填控制曲线设置】对话框（一）

（10）单击 OK 按钮，返回到图 11.14 中，选择【速度/压力切换】选项下的【由%充填体积】选项作为【速度/压力切换】的控制方式，设置为如图 11.17 所示。单击 OK 按钮，返回到图 11.9 中；单击【确定】按钮，完成充填分析工艺参数的设置。

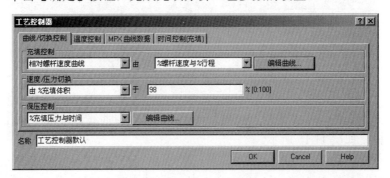

图 11.17 【工艺控制器】对话框（二）

11.1.2 充填分析的工艺参数

充填分析类型涉及的工艺参数比较多。这些参数的设置主要集中在【工艺设置向导－充填设置】对话框和【充填分析高级选项】对话框中。下面依次讲解这些参数设置。

1.【工艺设置向导－充填设置】对话框的工艺参数

在【工艺设置向导－充填设置】对话框中，可以设置模具表面温度、熔体温度和进行充填控制方式、速度/压力控制转换方式、保压控制方式的选择。

下面分别介绍相关工艺参数。

- ❏ 模具表面温度：默认值是系统根据选择的材料特性参数推荐，也可以按实际进行设置。
- ❏ 熔体温度：料温，默认值是系统根据选择的材料特性参数推荐的，也可以按实际进行设置。
- ❏ 充填控制：熔体开始注射到填满整个模腔过程的控制方式。在充填控制中，用户可以选择自动、注塑时间、流动速率、相对螺杆速度曲线、绝对螺杆速度曲线和原有螺杆速度曲线（旧版本）作为对充填进行控制的方式。

例如，如果在图 11.8 中选择注塑时间作为控制变量方式，右侧会出现文本框，要求用户输入充填第几秒钟进行控制；如果在图 11.8 中选择流动速率作为控制方式，右侧会出现文本框，要求用户输入充填的体积流率进行控制。结果选择任一种螺杆速度曲线作为控制方式，都还有很多子控制方式。如果在进行分析时，对制件成型掌握的信息不够多，就按照 AMI 的默认选项"自动"进行充填分析。采用实际生产中常用的"相对螺杆速度曲线"这种控制方式。

在充填阶段，首先需要对注塑机的螺杆进行速度控制，等充填到了某个状态之后，将速度控制转变为压力控制，因此就需要对速度和压力控制的转换点进行设置。AMI 提供了 9 种"速度/压力切换"控制方式，即自动、由%充填体积、由螺杆位置、由注塑压力、由液压压力、由锁模力、由压力控制点、由注塑时间和由任一条件满足时。

AMI 的"速度/压力切换"控制方式的选项为自动。实际生产中，通常采用通过"由%充填体积"控制方式设置"速度/压力转换"控制点。

关于"保压控制"选项的设置，在下一章流动分析的参数设置中详细介绍。

2.【充填+保压分析高级选项】对话框的参数

在图 11.9 中有一个"高级选项"，可以设置相关参数应用 AMI 指导实际生产的，也可以输入实际生产中的参数来进行可行性分析。这个高级设置在 AMI 中的常规分析中就可以进行，采用的是 AMI 的默认值。选项包括成型材料、工艺控制器、注塑机、模具材料和求解器参数。每一个选项后面都有："编辑"和"选择"两个按钮，分别是用来选择相关选项和编辑相关选项下的参数。

"成型材料"选择的操作与前面选择材料时操作材料数据库的使用方法一样，这里就不用进行介绍。

工艺控制参数设置对话框如图 11.14 所示。工艺控制参数设置中包括了相关分析中涉及的各种控制参数。例如，充填分析中包括的"充填控制"和"速度/压力切换"都可以在这个对话框中进行参数设置。对于不同的分析类型，该对话框包括的内容也会发生相应的改变。

高级设置中的第 3 项是"注塑机"选项，用于设置相关的注塑机参数，如果用户选择或者创建与实际生产机械参数一致的机型，就可以获得更为准确的 CAE 模拟分析结果。在 AMI 中提供了相关的注塑机参数数据库。用户可以对其数据进行添加、修改等操作。

注塑机的机械参数分为 3 个部分，即注塑单元、液压单元和锁模单元。还有一项信息列出了注塑机的商业信息。注塑机参数如图 11.12 所示。

注塑机的大部分信息已经存在于 AMI 的注塑机数据库中，但是由于某些信息与 AMI 中的分析密切相关，因此必须根据实际的成型注塑机设置参数才能进行正确的分析计算。例如，流道平衡分析、应力分析等。

模具材料的大部分信息已经存在于 AMI 的模具材料数据库中，根据实际的成型模具材料设置参数才能进行准确的分析计算。用户可以对其数据进行添加、修改等操作。在图 11.10 中，单击【模具材料】选项下的【编辑】按钮，弹出【模具材料】对话框，如图 11.18 所示。模具材料参数是指模具的实际采用材料的相关参数，如模具材料的密度、比热容、热传递性能和相关机械参数等。

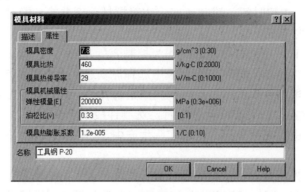

图 11.18 【模具材料】对话框

在图 11.10 中，单击【求解器参数】选项下的【编辑】按钮，弹出【热塑性塑料注射成型求解器参数（双层面）】对话框，如图 11.19 所示。求解器参数列出了详细的分析参数。从图 11.19 的对话框可以看出在进行分析时，将制件厚度方向上分为 12 层。

图 11.19 【热塑性塑料注射成型求解器参数（双层面）】对话框

11.2 充填分析结果

选择【分析】|【开始分析】命令，程序开始分析计算。在分析计算过程中，分析日志显示充填时间、压力等信息。运行完成后，产生分析结果。

充填分析结果主要用于查看制品的充填行为是否合理，充填是否平衡，是否完成对制件的完全充填等。用户可根据动态的充填时间结果查看充填阶段的熔体流动行为，同时借助其他显示结果,以便更好地判断充填流动行为是否合理。

屏幕输出(Screen Output)是 Insight 进行任何分析都会出现的分析过程的屏幕显示。屏幕显示是随着分析过程的进程而进行动态显示的。用户可以从屏幕显示的信息,观察分析过程中各处参数的变化情况和分析中间结果。屏幕输出(Screen Output)如图 11.20 所示的充填信息。

时间 (s)	体积 (%)	压力 (MPa)	锁模力 (tonne)	流动速率 (cm^3/s)	状态
0.06	3.57	3.90	0.00	5.99	U
0.10	6.63	5.00	0.00	6.16	U
0.16	10.69	5.84	0.00	6.24	U
0.21	14.29	6.50	0.00	6.21	U
0.27	17.91	7.27	0.01	6.22	U
0.33	22.07	7.77	0.01	6.29	U
0.36	24.31	8.01	0.01	6.29	U
0.41	27.96	8.62	0.03	6.19	U
0.45	29.05	23.02	0.63	4.75	U
0.50	32.34	34.92	0.96	10.06	U
0.55	38.28	39.15	1.31	10.98	U
0.60	44.18	43.04	1.95	10.85	U
0.65	49.86	48.46	2.96	10.83	U
0.70	55.74	54.96	4.47	10.83	U
0.75	61.36	61.77	6.35	10.86	U
0.80	67.03	69.07	8.77	10.93	U
0.85	72.74	76.75	11.74	10.96	U
0.90	78.33	84.76	15.15	11.02	U
0.95	83.96	93.06	19.13	11.08	U
1.00	89.22	91.63	21.42	9.02	U
1.05	93.63	101.26	25.93	9.03	U
1.10	97.26	92.23	25.74	6.27	U
1.11	98.05	94.30	26.69	6.06	U/P
1.15	99.90	90.93	27.70	4.47	P
1.16	100.00	90.43	29.61	4.07	P
1.16	100.00	90.41	29.70	4.07	已充填

图 11.20 屏幕输出-充填信息

充填(Fill)分析结果主要包括充填时间(Fill Time)、压力(Pressure)、熔接线(Weld Lines)、气穴(Air Traps)、流动前沿温度(Temperature at Flow Front)、冻结层因子(Frozen Layer Fraction)、剪切速率(shear rate)等。

下面介绍充填分析结果,为了便于观察,不显示冷却系统。

充填时间(Fill Time)分析结果如图 11.21 所示。从充填时间分析结果图中可以得知,浇口两侧方向的充填时间几乎同时到达,可以接受。

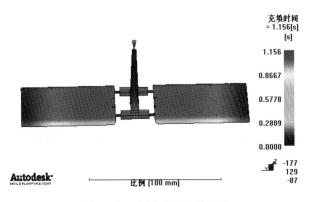

图 11.21 充填时间分析结果

压力（Pressure）分析结果如图 11.22 所示。压力分析结果图显示了充填过程中和充填结束时模具型腔内的压力分布。进料口处最大压力为 101.3MPa，型腔内的最大压力为 72.64MPa。

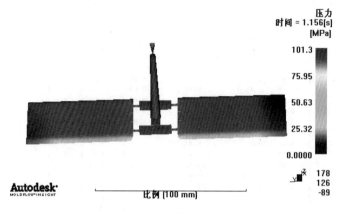

图 11.22　压力分析结果

熔接线（Weld Lines）分析结果如图 11.23 所示。熔接线分析结果图显示了熔接线在模具型腔内的分布情况。制品上应该避免或减少熔接线的存在。解决的方法有：适当增加模具温度、适当增加熔体温度、修改浇口位置等。

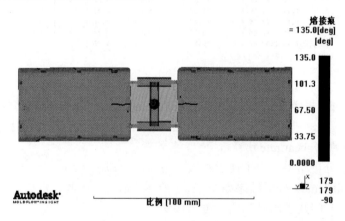

图 11.23　熔接线分析结果

气穴（Air Traps）分析结果如图 11.24 所示。气穴分析结果图显示了气穴在模具型腔内的分布情况。气穴应该位于分型面上、筋骨末端或者在顶针处，这样气体就容易从模腔内排出。否则制品容易出现气泡、焦痕等缺陷。解决的方法有：修改浇口位置、改变模具结构、改变制件区域壁厚、修改制件结构等。

流动前沿温度（Temperature at Flow Front）分析结果如图 11.25 所示。模型的温度差不能太大，合理的温度分布应该是均匀的。

冻结层因子（Frozen Layer Fraction）分析结果如图 11.26 所示。从冻结层因子分析结果图中可以得知，在这一时刻，制品表面的冷却层的厚度。

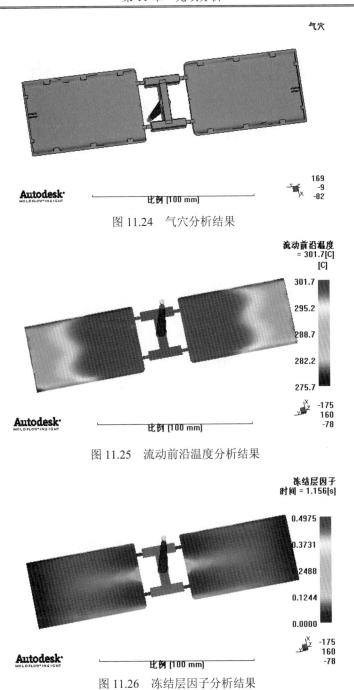

图 11.24 气穴分析结果

图 11.25 流动前沿温度分析结果

图 11.26 冻结层因子分析结果

11.3 本章小结

本章介绍了充填分析工艺的设置和充填分析的结果。本章的重点和难点是充填分析的工艺的设置。作者使用了一种在生产中用到的方法,希望读者在实践中不断地总结。下一章将介绍 AMI 的流动分析。

第12章 流动分析

流动分析用于预测热塑性高聚物在模具内的流动。AMI 模拟塑料熔体从注射点开始逐渐扩散到相邻点的流动,直到流动扩展并充填完制品上最后一个点,完成流动分析计算。流动分析是"充填+保压"分析的组合,其目的是要得到最佳的保压曲线,从而降低由保压引起的制品收缩不均匀、翘曲等缺陷。

12.1 流动分析工艺参数设置

进行流动分析工艺参数的设置,在充填分析的基础上,即用户根据经验或实际情况需要设置熔体开始注射到填满整个模腔过程中,熔体、模具和注塑机等相关的工艺参数,加上两个主要参数保压时间和保压压力,也就是需要设置保压曲线。本节介绍流动分析中工艺参数的设置过程。

12.1.1 建立流动分析工艺参数

直接打开光盘内的文件 X:\第 12 章\ch12-0\ch5.mpi 模型文件。在工程任务栏中只显示了一个"batt_cover_方案"的工程,如图 12.1 所示。对工程方案进行复制,在工程任务栏中,右击"batt_cover_方案"图标,在弹出的快捷菜单中选择【复制】选项,此时在工程任务栏中出现名为"batt_cover_方案(复制品)"的工程,重命名为"batt_cover_方案(流动)",如图 12.2 所示。

图 12.1　工程任务栏(一)　　　　　　　　图 12.2　工程任务栏(二)

双击"batt_cover_方案(流动)"方案,激活该方案,显示的模型如图 12.3 所示。选择【分析】|【设置分析序列】|【充填+保压】命令,完成分析类型的设置,如图 12.4 所示。

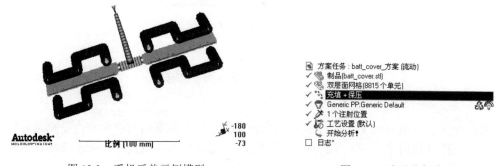

图 12.3　手机后盖示例模型　　　　　　　　图 12.4　流动分析类型

本例选择常用于电子产品的 PC（聚碳酸酯）作为分析的成型材料。选择过程同第 11 章，请读者参考第 11 章相关内容，本章不讲解，结果如图 12.5 所示。本例采用生产实际常采用的工艺进行讲解，操作如下。

（1）选择【网格】|【网格统计】命令，等待一会儿，弹出【网格统计】对话框，如图 12.6 所示。椭圆内的数据在设计工艺参数时会用到，请读者注意并理解其意义。

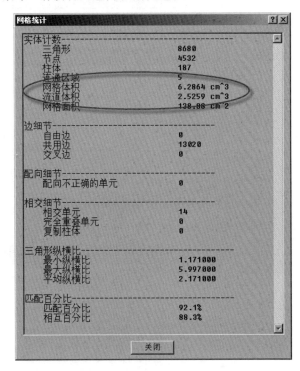

图 12.5　完成材料选择　　　　　图 12.6　【网格统计】对话框

（2）选择【分析】|【工艺设置向导】命令，弹出【工艺设置向导－充填+保压设置】对话框，如图 12.7 所示。

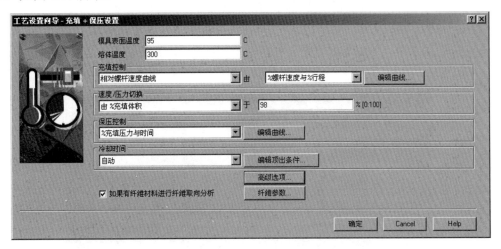

图 12.7　【工艺设置向导－充填+保压设置】对话框

(3) 在图 12.7 中，单击【高级选项】按钮，弹出【充填+保压分析高级选项】对话框，如图 12.8 所示。

图 12.8 【充填+保压分析高级选项】对话框

(4) 在图 12.8 中，单击【注塑机】选项下的【选择】按钮，弹出【选择注塑机】对话框，如图 12.9 所示。选择第 1100 个注塑机作为成型注塑机，选择与第 11 章讲解用的注塑机相同。

图 12.9 【选择注塑机】对话框

(5) 单击【选择】按钮，返回到【充填+保压分析高级选项】对话框。

(6) 在图 12.8 中，单击【工艺控制器】选项下的【编辑】按钮，弹出【工艺控制器】对话框，如图 12.10 所示。

图 12.10 【工艺控制器】对话框

（7）在图 12.10 中，选择【充填控制】选项中的【相对螺杆速度曲线】选项为【充填控制】的方式，设置为如图 12.11 所示。

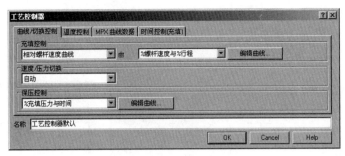

图 12.11 【工艺控制器】对话框（一）

（8）在图 12.11 中，单击【充填控制】选项下的【编辑曲线】按钮，弹出【充填控制曲线设置】对话框，如图 12.12 所示。

（9）计量行程的计算，先根据总体积 V（流道体积+产品体积）算出螺杆前进的行程 L，计算公式为 L=10(Ds/Dm)(4V/(pi(D/10)^2))，式中 pi 为圆周率 3.1416，D 为螺杆直径，Ds 为材料固态密度，Dm 为材料熔融态密度。在本例中，流道体积和产品体积在网格统计中可得到（见图 12.6），材料密度可由材料数据库中得到，最后算得 L 为 15.79mm，在此取 17，是加上补料后的估计值。

速度/压力切换，在实际生产中是根据产品大小来取的，一般为 5～10%的计量，在此取 1.5，因而螺杆注射阶段行程 15.5mm，小于上面的 15.79mm，因为想控制产品充填约 98%时切换为保压。

通常多段注塑是采用慢－快－慢方式，螺杆曲线形状为第一段刚好充填完流道浇口，以较慢速度通过浇口，以免发生喷射，使流动前沿完全进入型腔；然后以较快速度充填，快充填完成时放慢速度利于排气；最后在保压前再次将速度放慢，再切换为压力控制。

基于上述原则，在本例中，第一段注射位置为 100%开始到 71%结束，速度 45%（螺杆以最大速度的 45%向前推进 29%）；第二段注射位置为 71%开始到 20%结束，速度 80%（螺杆以最大速度的 80%向前推进 51%）；第三段注射位置为 20%开始到 12%结束，速度 65%（螺杆以最大速度的 65%向前推进 8%）；第四段注射位置为 12%开始到 9%结束，速度 45%（螺杆以最大速度的 45%向前推进 3%），到 9%时转为保压，具体设定方法如图 12.13 所示。

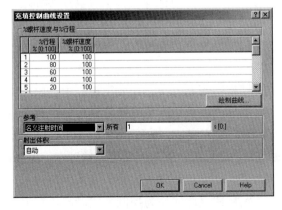

图 12.12 【充填控制曲线设置】对话框

图 12.13 【充填控制曲线设置】对话框（一）

（10）单击【OK】按钮，返回到图 12.11 中；选择【速度/压力切换】选项下的【由%充填体积】选项为【速度/压力切换】的控制方式，设置为如图 12.14 所示。

（11）在图 12.14 中，选择【保压控制】选项下的【编辑曲线】按钮，弹出【保压控制曲线设置】对话框，保压方式采用压力-时间方式，分段保压，第一段 80%保压 4s，第二段 60%保压 2s，末段 2s，由 60%衰减到 0，如图 12.15 所示。

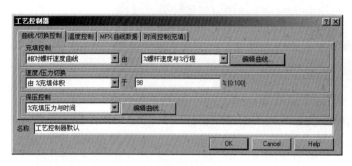

图 12.14 【工艺控制器】对话框（二）

图 12.15 【保压控制曲线设置】对话框

（12）单击 OK 按钮，返回到图 12.14 中；单击 OK 按钮，返回到图 12.8 中；单击 OK 按钮，返回到图 12.7 中，单击【确定】按钮，完成流动分析工艺参数的设置。

12.1.2 流动分析的工艺参数

冷却分析类型涉及的工艺参数比较多。这些参数的设置主要集中在【工艺设置向导－充填+保压设置】对话框和【充填+保压分析高级选项】对话框中。下面依次讲解这些参数设置。

1.【工艺设置向导—冷却设置】对话框的工艺参数

在【工艺设置向导—充填+保压设置】对话框中，可以设置模具表面温度、熔体温度和进行充填控制方式、速度/压力控制转换方式、保压控制方式的选择。

下面分别介绍相关工艺参数：
- 模具表面温度：默认值是系统根据选择的材料特性参数推荐的，也可以按实际进行设置。
- 熔体温度：料温，默认值是系统根据选择的材料特性参数推荐的，也可以按实际进行设置。
- 充填控制：熔体开始注射到填满整个模腔过程的控制方式。在充填控制中，用户可以选择自动、注塑时间、流动速率、相对螺杆速度曲线、绝对螺杆速度曲线和原有螺杆速度曲线（旧版本）作为对充填控制的方式。例如，如果在图 12.7 中选择注塑时间作为控制变量方式，右侧会出现文本框，要求用户输入充填第几秒钟进行控制；如果在图 12.7 中选择流动速率作为控制方式，右侧会出现文本框，要求用户输入充填的体积流率进行控制。结果选择任一种螺杆速度曲线作为控制方式，都还有很多子控制方式。如果在进行分析时，对制件成型掌握的信息不够多，就按照 AMI 的默认选项"自动"进行充填分析。采用实际生产中常用的"相对螺杆速度曲线"这种控制方式。

- 速度/压力切换：AMI 提供了 9 种"速度/压力切换"控制方式，分别是自动、由%充填体积、由螺杆位置、由注塑压力、由液压压力、由锁模力、由压力控制点、由注塑时间和由任一条件满足时。AMI 的"速度/压力切换"控制方式的选项为自动。实际生产中，通常采用通过"由%充填体积"控制方式设置"速度/压力转换"控制点。
- 保压控制：保压和冷却过程中的压力控制。在保压控制中，用户可以选择保压压力与充填时间、液压压力与时间、最大机器压力百分比与时间、充填压力百分比与时间关系进行控制。AMI 默认的控制方式是充填压力百分比与时间关系，本例也是采用这一方式进行设计分析的。关于保压曲线的设计和优化，不仅要根据浇口凝固时间和凝固层百分比来决定的，还要综合考虑产品外观、缩水状况及产品尺寸变形要求等。"冷却时间"选项的设置，在第 13 章冷却分析的参数设置中详细介绍。

2.【充填+保压分析高级选项】对话框的参数

图 12.8 是一个【充填+保压分析高级选项】对话框，可以设置相关参数应用 AMI 指导实际生产的，也可以输入实际生产中的参数来进行可行性分析，在第 11 章做过介绍，本章不做详细介绍，请读者参考第 11 章的相关内容。

这个高级设置在 AMI 中的常规分析中就可以进行，采用的是 AMI 的默认值。选项包括成型材料、工艺控制器、注塑机、模具材料和求解器参数。每一个选项后面都有【编辑】和【选择】两个按钮，分别是用来选择相关选项和编辑相关选项下的参数。

12.2 流动分析结果

选择【分析】|【开始分析】命令，程序开始分析计算。在分析计算过程中，分析日志显示充填时间、压力等信息。运行完成后，产生分析结果。流动分析结果主要用于得到最佳的保压设置。可以查看制品的充填行为是否合理，充填是否平衡，是否完成对制件的完全充填等。

屏幕输出（Screen Output）是 Insight 进行任何分析都会出现的分析过程的屏幕显示。屏幕显示是随着分析过程的进程而进行动态显示的。用户可以从屏幕显示的信息，观察分析过程中各处参数的变化情况和分析中间结果。屏幕输出如图 12.16 所示充填信息和图 12.17 所示的保压信息。

流动（Flow）分析结果主要包括充填时间（Fill Time）、压力（Pressure）、熔接线（Weld Lines）、气穴（Air Traps）、流动前沿温度（Temperature at Flow Front）、冻结层因子（Frozen Layer Fraction）、剪切速率（shear rate）、体积收缩率（Volumetric shrinkage）等。

时间 (s)	体积 (%)	压力 (MPa)	锁模力 (tonne)	流动速率 (cm^3/s)	状态
0.06	3.57	3.88	0.00	5.94	U
0.10	6.63	4.98	0.00	6.11	U
0.16	10.69	5.82	0.00	6.19	U
0.22	14.29	6.47	0.00	6.17	U
0.25	16.70	6.99	0.00	6.17	U
0.33	22.07	7.74	0.01	6.25	U
0.36	24.31	7.98	0.01	6.24	U
0.40	26.90	8.26	0.02	6.22	U
0.45	28.87	21.93	0.60	4.43	U
0.50	32.71	35.14	0.96	10.77	U
0.55	38.61	38.49	1.31	10.83	U
0.60	44.42	42.88	1.97	10.74	U
0.65	50.23	48.68	3.05	10.73	U
0.70	55.99	55.15	4.53	10.76	U
0.75	61.46	61.84	6.39	10.79	U
0.80	67.05	69.09	8.78	10.85	U
0.85	72.64	76.62	11.70	10.88	U
0.90	78.29	84.73	15.15	10.94	U
0.95	84.00	93.16	19.21	11.00	U
1.00	89.11	91.57	21.40	8.95	U
1.05	93.58	101.39	25.99	8.96	U
1.10	97.24	92.42	25.84	6.22	U
1.12	98.04	94.52	26.85	5.99	U/P
1.15	99.81	91.31	27.50	4.54	P
1.16	100.00	90.54	29.99	3.98	P
1.16	100.00	90.53	30.05	3.96	已充填

图 12.16 屏幕输出－充填信息

时间 (s)	保压 (%)	压力 (MPa)	锁模力 (tonne)	状态
1.16	0.53	90.52	30.10	P
1.21	1.17	85.70	45.25	P
1.36	3.09	75.62	45.15	P
1.82	8.77	75.62	36.16	P
2.07	11.90	75.62	29.64	P
2.57	18.15	75.62	16.99	P
2.82	21.27	75.62	14.17	P
3.32	27.52	75.62	10.57	P
3.82	33.77	75.62	8.49	P
4.07	36.90	75.62	7.79	P
4.57	43.15	75.62	6.82	P
4.82	46.27	75.62	6.48	P
5.12	50.06	56.71	5.51	P
5.33	52.62	56.71	5.28	P
5.58	55.74	56.71	5.11	P
6.08	61.99	56.71	4.87	P
6.58	68.24	56.71	4.70	P
6.83	71.37	56.71	4.64	P
7.17	75.64	55.27	4.55	P
7.78	83.24	38.01	3.95	P
8.03	86.37	30.93	3.70	P
8.53	92.62	16.75	3.23	P
8.78	95.74	9.66	3.01	P
9.12	100.00	0.00	2.72	P
9.12				压力已释放

图 12.17 屏幕输出－保压信息

下面介绍流动分析结果，为了便于观察，不显示冷却系统。

充填时间（Fill Time）分析结果如图 12.18 所示。从充填时间分析结果的图中可以得知，浇口两侧方向的充填时间几乎同时到达，可以接受。

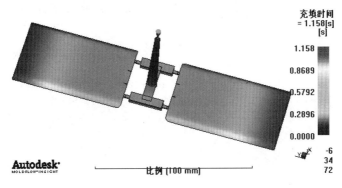

图 12.18　充填时间分析结果

压力（Pressure）分析结果如图 12.19 所示。压力分析结果图显示了充填过程中充填结束时模具型腔内的压力分布。进料口处最大压力为 90.53MPa，型腔内的最大压力为 71.96MPa。

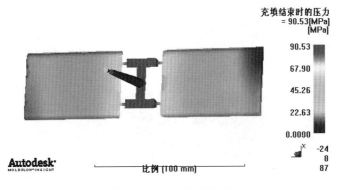

图 12.19　压力分析结果

熔接线（Weld Lines）分析结果如图 12.20 所示。熔接线分析结果图显示了熔接线在模具型腔内的分布情况。制品上应该避免或减少熔接线的存在。解决的方法有：适当增加模具温度、适当增加熔体温度、修改浇口位置等。

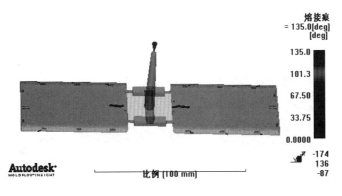

图 12.20　熔接线分析结果

气穴（Air Traps）分析结果如图 12.21 所示。气穴分析结果图显示了气穴在模具型腔内的分布情况。气穴应该位于分型面上、筋骨末端或者在顶针处，这样气体就容易从模腔内排出。否则制品容易出现气泡、焦痕等缺陷。解决的方法有：修改浇口位置、改变模具结构、改变制件区域壁厚、修改制件结构等。

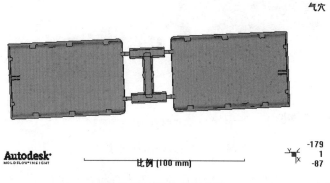

图 12.21　气穴分析结果

流动前沿温度（Temperature at Flow Front）分析结果如图 12.22 所示。模型的温度差不能太大，合理的温度分布应该是均匀的。

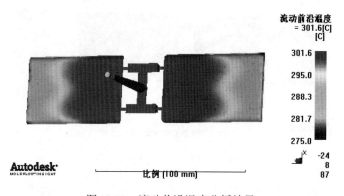

图 12.22　流动前沿温度分析结果

冻结层因子（Frozen Layer Fraction）分析结果如图 12.23 所示。从冻结层因子分析结果的图中可以得知，在保压结束这一时刻，制品表面的冷却层的厚度。

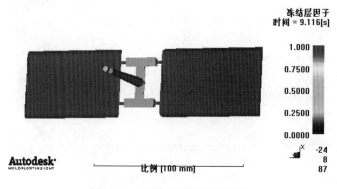

图 12.23　冻结层因子分析结果

体积收缩率（Volumetric shrinkage）分析结果如图 12.24 所示。从冻结层因子分析结果图中可以得知，在这一时刻，体积收缩率的最大值为，处于流道中，制品表面颜色梯度很小，表面收缩均匀。体积收缩率的结果为越均匀越好。

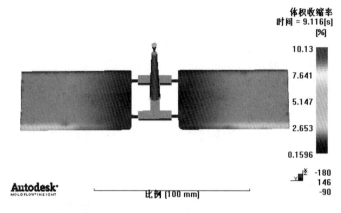

图 12.24　体积收缩率分析结果

12.3　本章小结

本章介绍了流动分析工艺的设置和流动分析的结果。本章的重点和难点是流动分析的工艺的设置。流动分析的主要目的是为了得到最佳的保压设置。同时也可以查看制品的充填行为是否合理、充填是否平衡、是否完成对制件的完全充填等。下一章将介绍 AMI 的冷却分析。

第 13 章 冷 却 分 析

冷却分析是用来分析制品在模具内的热传递。制品的冷却对制品质量的影响非常大，冷却的好坏直接影响着制品的最终表面质量、制件残余应力和光洁度等。而冷却时间的长短直接决定了制品脱模时的温度和成型周期的长短，直接影响到产品成本。

13.1 冷却分析工艺参数设置

冷却分析的工艺参数主要包含塑件和模具的温度、冷却时间等。通过冷却分析结果判断制品冷却效果的优劣；根据冷却分析计算出的冷却时间，确定成型周期所用时间。AMI 的冷却分析可以获得均匀冷却的冷却管道布局，尽量缩短冷却时间，从而缩短单个制品的成型周期，提高生产率，降低生产成本。

13.1.1 建立冷却分析工艺参数

冷却分析用来判断冷却系统的冷却效果，用户可以根据模拟结果的冷却时间来确定成型周期，也可以通过冷却分析来优化冷却管的布局和冷却系统的设计，缩短成型周期，提高生产率，降低成本。本节介绍流动分析中工艺参数的设置过程。

（1）打开工程。直接打开光盘内的文件 X:\第 13 章\ch13-0\ch5.mpi 模型文件。在工程任务栏中只显示了一个"batt_cover_方案"的工程，如图 13.1 所示。

（2）对工程方案进行复制。在工程任务栏中，右击 batt_cover_方案图标，在弹出的快捷菜单中选择【复制】命令，此时在工程任务栏中出现名为"batt_cover_方案（复制品）"的工程，重命名为"batt_cover_方案（冷却）"，如图 13.2 所示。

图 13.1　工程任务栏（一）　　　　　　　　图 13.2　工程任务栏（二）

（3）设置分析类型。双击"batt_cover_方案（冷却）"方案，激活该方案，显示的模型如图 13.3 所示。

（4）选择【分析】|【设置分析序列】|【冷却】命令，完成分析类型的设置，如图 13.4 所示。

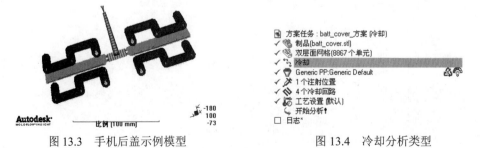

图 13.3　手机后盖示例模型　　　　　　　　图 13.4　冷却分析类型

（5）选择成型材料。本例选择常用于电子产品的 PC（聚碳酸酯）作为分析的成型材料。选择过程同第 11 章，请读者参考第 11 章相关内容，本章不讲解，结果如图 13.5 所示。

图 13.5 完成材料选择

（6）设置冷却分析工艺参数。选择【分析】|【工艺设置向导】命令，弹出【工艺设置向导－冷却设置】对话框，如图 13.6 所示。

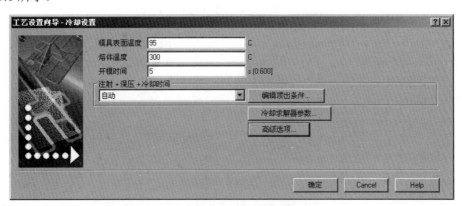

图 13.6 【工艺设置向导－冷却设置】对话框

（7）在图 13.6 中，单击【高级选项】按钮，弹出【冷却分析高级选项】对话框，如图 13.7 所示。在此对话框中，可以设置相关参数用于冷却分析。选项包括：成型材料、工艺控制器、模具材料和求解器参数。每一个选项后面都有【编辑】和【选择】两个按钮，分别是用来选择相关选项和编辑相关选项下的参数。这些参数与前面介绍的充填分析和流动分析用到的参数差不多，也是用来控制塑料注塑过程中相关的分析过程的，由于本例主要讲解冷却分析，不做详细介绍。

图 13.7 【冷却分析高级选项】对话框

（8）单击 OK 按钮，返回到图 13.6 中，单击【冷却求解器参数】按钮，弹出【冷却求解器参数】对话框，按如图 13.8 所示进行设置。

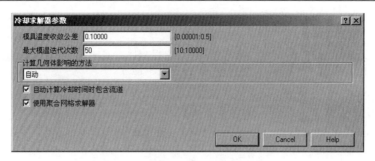

图 13.8 【冷却求解器参数】对话框

（9）单击 OK 按钮，返回到图 13.6 中，将"注射+保压+冷却时间"设置为"自动"方式控制，单击【编辑顶出条件】按钮，弹出【制品顶出条件】对话框，如图 13.9 所示。单击 OK 按钮，返回到图 13.6 中，单击【确定】按钮，完成冷却分析工艺参数的设置。

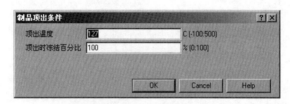

图 13.9 【制品顶出条件】对话框

13.1.2 冷却分析的工艺参数

冷却分析类型涉及的工艺参数比较多。这些参数的设置主要集中在【工艺设置向导－冷却设置】对话框和【冷却分析高级选项】对话框中。下面依次讲解这些参数设置。

1.【工艺设置向导－冷却设置】对话框的工艺参数

在【工艺设置向导－冷却设置】对话框中，可以设置模具表面温度、熔体温度、开模时间和注射+保压+冷却时间方式的选择。下面分别介绍相关工艺参数。

- 模具表面温度：默认值是系统根据选择的材料特性参数推荐的，也可以按实际进行设置。
- 熔体温度：料温，默认值是系统根据选择的材料特性参数推荐的，也可以按实际进行设置。
- 开模时间：注塑机打开模具，取出制品的时间。
- 注射+保压+冷却时间：就是注射时间、保压时间和冷却时间的总和，它和开模时间就构成了一个成型周期。其有指定和自动两种方式控制。

采用指定控制方式时要用户指定冷却时间；采用自动控制方式时，则 AMI 会计算出冷却时间，不需要用户指定。通过分析想要得到的结果确定了分析的类型。

当用户已知成型周期时间或者在模具具有很差的冷却管道布局时，采用指定控制方式进行冷却分析效果最好。而利用自动控制方式时，可以帮助用户计算出成型周期时间并缩短周期时间。

2.【冷却分析高级选项】对话框的参数

图 13.7 是一个【冷却分析高级选项】对话框，可以设置相关参数应用 AMI 指导实际生产，也可以输入实际生产中的参数来进行可行性分析。这个高级设置在 AMI 中的常规分析中采用的是 AMI 的默认值。选项包括成型材料、工艺控制器、注塑机、模具材料和求解器参数。每一个选项后面都有【编辑】和【选择】两个按钮，分别是用来选择相关选项和编辑相关选项下的参数。

在"工艺控制器"选项下，也有 3 个选项充填控制、速度/压力切换和保压控制。

- 充填控制：熔体开始注射到填满整个模腔过程的控制方式。在充填控制中，用户可以选择自动、注塑时间、流动速率、相对螺杆速度曲线、绝对螺杆速度曲线和原有螺杆速度曲线（旧版本）作为对充填控制的方式。如果在进行分析时，对制件成型掌握的信息不够多，就按照 AMI 的默认选项"自动"进行充填分析。生产实际常采用"相对螺杆速度曲线"这种控制方式。
- 速度/压力切换：AMI 提供了九种"速度/压力切换"控制方式，分别是自动、由%充填体积、由螺杆位置、由注塑压力、由液压压力、由锁模力、由压力控制点、由注塑时间和由任一条件满足时。AMI 的"速度/压力切换"控制方式的选项为自动。实际生产中，通常采用通过"由%充填体积"控制方式设置"速度/压力转换"控制点。
- 保压控制：保压和冷却过程中的压力控制。在保压控制中，用户可以选择保压压力与充填时间、液压压力与时间、最大机器压力百分比与时间、充填压力百分比与时间关系进行控制。AMI 默认的控制方式是充填压力百分比与时间关系。关于保压曲线的设计和优化，不仅要根据浇口凝固时间和凝固层百分比来决定，还要综合考虑产品外观、缩水状况及产品尺寸变形要求等。

13.2 冷却分析结果

选择【分析】|【开始分析】命令，程序开始分析计算。在分析计算过程中，分析日志显示充填时间、压力等信息。运行完成后，产生分析结果。冷却管道的设计需要综合考虑冷却管道加工实现合理可行的均匀冷却和缩短成型周期时间两个主要方面。对于不同的制品，根据其重要性，做出不同的设计。

13.2.1 冷却分析结果的判定和分析过程

冷却系统是否起到了有效的冷却作用，可以根据以下的冷却分析结果进行判断。
- 制件顶面与设定的模具温度之间差值的最大值小于 10℃。
- 制件底面与设定的模具温度之间差值的最大值小于 10℃。
- 制件平均温度与设定的模具温度差值的最大值，在分析中默认设置为 1℃。为了达到这个值，需要较长的冷却时间使制件完全冷却到顶出温度。但是在一些案例中，可能要求较短的成型周期时间，可以允许这个差值的最大值大于 1℃。
- 成型周期时间越小越好。

❏ 施加给冷却剂使其流动的压力必须小于实际或指定的能够提供的压力。

如果冷却分析的结果达到以上要求，那么，冷却系统就实现了理想的冷却效果。

屏幕输出（Screen Output）是 Insight 进行任何分析都会出现的分析过程的屏幕显示。屏幕显示是随着分析过程的进程而进行动态显示的。用户可以从屏幕显示的信息，观察分析过程中各处参数的变化情况和分析中间结果。屏幕输出如图 13.10 所示警告信息和图 13.11 所示的冷却信息。

```
** 警告 701360 ** 柱体单元    9043 具有非常差的长径比
** 警告 701360 ** 柱体单元    9044 具有非常差的长径比
** 警告 701360 ** 柱体单元    9045 具有非常差的长径比
** 警告 701360 ** 柱体单元    9046 具有非常差的长径比
** 警告 701360 ** 柱体单元    9047 具有非常差的长径比
** 警告 701360 ** 柱体单元    9048 具有非常差的长径比
** 警告 701360 ** 柱体单元    9049 具有非常差的长径比
** 警告 701360 ** 柱体单元    9050 具有非常差的长径比
** 警告 701360 ** 柱体单元    9051 具有非常差的长径比
** 警告 701360 ** 柱体单元    9052 具有非常差的长径比
** 警告 701360 ** 柱体单元    9053 具有非常差的长径比
** 警告 701360 ** 柱体单元    9054 具有非常差的长径比
```

图 13.10　屏幕输出－警告信息

外部迭代	循环时间（秒）	平均温度迭代	平均温度偏差	温度差迭代	温度差偏差	回路温度残余
1	41.394	11	30.000000	0	0.000000	1.000000
1	41.394	22	30.000000	0	0.000000	1.000000
1	41.394	13	21.064531	0	0.000000	1.000000
1	41.394	8	12.779833	0	0.000000	1.000000
1	41.394	4	0.071333	0	0.000000	1.000000
1	26.751	23	3.204883	0	0.000000	1.000000
1	17.208	11	3.793087	0	0.000000	1.000000
1	13.945	10	5.004620	0	0.000000	1.000000
1	13.945	7	1.161026	0	0.000000	1.000000
1	15.105	9	0.632068	0	0.000000	1.000000
1	18.015	12	2.126675	0	0.000000	1.000000
1	20.648	8	1.566410	0	0.000000	1.000000
1	22.111	8	0.622578	0	0.000000	1.000000
1	22.417	5	0.062959	0	0.000000	1.000000
1	22.027	8	0.052222	0	0.000000	1.000000
1	21.441	9	0.051124	0	0.000000	1.000000
1	20.985	9	0.259588	0	0.000000	1.000000
1	20.773	5	0.035619	0	0.000000	1.000000
1	20.766	1	0.004313	0	0.000000	1.000000
2	20.864	22	3.806422	0	0.000000	1.000000
2	20.979	4	0.023922	0	0.000000	1.000000
2	21.059	5	0.018318	0	0.000000	1.000000
3	21.089	7	0.007870	0	0.000000	0.000228
3	21.083	2	0.002456	0	0.000000	0.000228
3	21.061	3	0.004292	0	0.000000	0.000228

图 13.11　屏幕输出－冷却信息

13.2.2 分析冷却结果

冷却（Cool）分析结果主要包括"温度，制品（Temperature，part result）"、"冻结时间，制品（Time to freeze，part result）"、"温度曲线，制品（Temperature profile，part result）"、"平均温度，制品（Average temperature，part result）"、"回路冷却液温度（Circuit coolant temperature result）"、"回路雷诺数（Circuit Reynolds number result）"、"回路管壁温度（Circuit metal temperature result）"、"回路流动速率（Circuit flow rate result）"等。下面介绍冷却分析结果。

"温度，制品（Temperature，part result）"显示了在循环周期制品单元的平均温度，如图 13.12 所示。制品的顶面或者底面的温差与目标模具温度，不能相差±10℃。在每个模型面上的温度变化应该在 10 以内。温度，制品（顶面）不能大于入口温度 10℃～20℃。模具温度应该尽可能接近于分析目标温度。

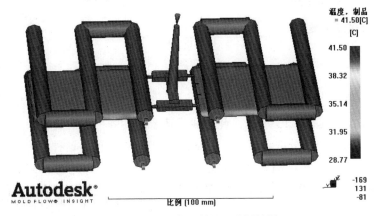

图 13.12 "温度，制品"分析结果

"冻结时间，制品（Time to freeze，part result）"显示所有制品单元冻结到顶出温度的时间，这里假定制品最初填充材料在熔体温度状态为零时刻，如图 13.13 所示。制品应该均匀冻结并且越快越好。查看大多数模型冻结时间和最后冻结的单元间的不同。如果该差值很大，考虑增加最后冻结区域的冷却或者重新设计产品。

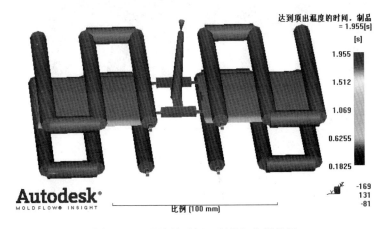

图 13.13 "冻结时间，制品"分析结果

"温度曲线，制品（Temperature profile，part result）"显示了从制品顶面到底面的温度分布，如图 13.14 所示。此结果可以与冻结层因子结果使用。这个结果还可以创建制品温度曲线为 XY 曲线的形式输出。

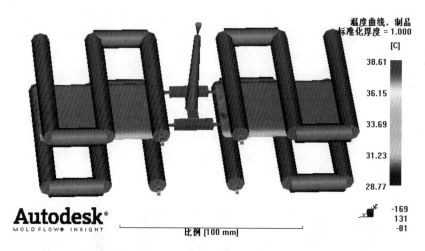

图 13.14 "温度曲线，制品"分析结果

"平均温度，制品（Average temperature，part result）"是穿过制品厚度的平均温度曲线，在冷却结束时得出，如图 13.15 所示。此曲线是基于周期的平均模具表面温度，周期包括开模时间。在某些情况（厚部分或者流道），要求更长的冷却时间。这种情况，允许使用较短的周期和允许平均模腔温度稍微高于目标温度。大多数制品可以在流道 50%冻结和厚制品 80%冻结时顶出。可以查看冷却结束时聚合物温度是否低于材料允许的顶出温度，确保制品顺利顶出。

图 13.15 "平均温度，制品"分析结果

"回路冷却液温度（Circuit coolant temperature result）"显示了在冷却回路中冷却液的温度，如图 13.16 所示。如果温度的增加不可接受（大于 2℃～3℃），使用回路冷却液温度结果来确定哪里的温度增加太大。

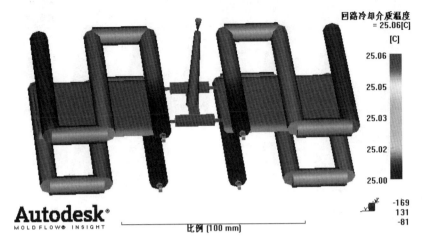

图 13.16 "回路冷却液温度"分析结果

"回路雷诺数（Circuit Reynolds number result）"显示了冷却回路的冷却液雷诺数，如图 13.17 所示。一旦达到湍流，流动速率的增加对热散发的速度只是很少的差异。因此，流动速率应该被设置达到理想的。如果输入一个最小雷诺数，把 10000 当作最小，然后查看结果确保最小变化。理想雷诺数是达到 10000，不要设置雷诺数大于 10000。

如果是平行冷却回路，将很难对所有平行回路分支达到雷诺数的最小变化，如果是这种情况，考虑改变回路层。4000 以下的雷诺数会引起层流，这样对从模腔散发热量效果较小。如果回路直径有大的改变，雷诺数将有过多的变化。如果发生这种情况，调整回路直径或者减少最小的雷诺数，雷诺数应该大于 4000 使水路冷却制品确保在回路中湍流从而有效的冷却。

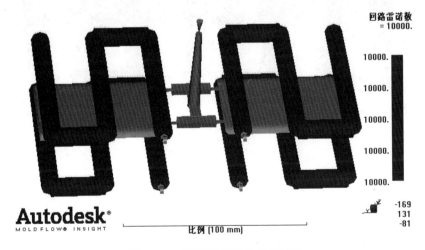

图 13.17 "回路雷诺数"分析结果

"回路管壁温度（Circuit metal temperature result）"是在周期上的平均基本结果，显示了管壁冷却回路的温度，如图 13.18 所示。温度分布应该在冷却回路上平衡的分布。靠近制品的回路温度会增加，这些热区域也会使冷却液加热。温度不能大于入口温度 5℃。如果回路温度在这些区域太高，可以考虑加大冷却回路、增加冷却液流动速率或减小冷却液温度来降低回路的温度。

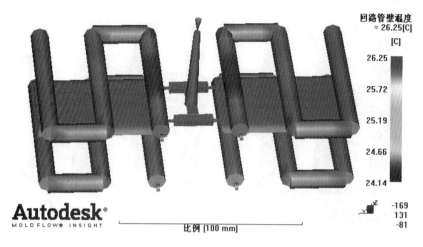

图 13.18 "回路管壁温度"分析结果

"回路流动速率（Circuit flow rate result）"显示了冷却回路中冷却液的流动速率，如图 13.19 所示。如果在工艺设置向导里设了最小雷诺数使用此结果。使用此结果协同回路雷诺数，来查看是否流动速率达到了湍流。

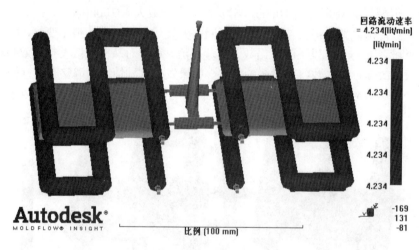

图 13.19 "回路流动速率"分析结果

13.3 本章小结

本章介绍了冷却分析工艺的设置和冷却分析的结果。本章的重点和难点是冷却分析的工艺的设置和掌握冷却分析结果的判断。冷却分析的主要目的是为了得到最佳的冷却系统设计，同时也确定较好的成型周期来提高生产效率。下一章将介绍 AMI 的翘曲分析。

第14章 翘曲分析

所谓翘曲（Warp）就是不均匀的内部应力导致的制品变形的缺陷。翘曲（Warp）分析用于判定采用塑料材料成型的制品是否会出现翘曲，如果出现翘曲，可以分析出导致翘曲产生的原因。

注塑成型的制品产生翘曲的原因在于收缩不均匀。制品上不同区域的收缩不均匀、厚度方向上的收缩不均匀、塑料材料分子取向后平行与垂直的方向上收缩不均匀都会引起翘曲。有时，用户需要选用具有较小收缩率并且收缩均匀的塑料材料以获得稳定准确的成型尺寸，可是，这样的塑料材料通常都较昂贵，提高了成本。通过合理的工艺条件设置，用户也可以选用稍微便宜的塑料材料获得同样好的效果。

14.1 翘曲分析工艺参数设置

进行翘曲分析工艺参数的设置，在充填、流动、冷却分析工艺参数的基础上，即用户根据经验或实际情况需要设置熔体开始注射到填满整个模腔过程中，熔体、模具和注塑机等相关的工艺参数。本节介绍翘曲分析中工艺参数的设置过程。

14.1.1 翘曲分析序列

翘曲（Warp）分析的一般步骤是：首先，是制品模型的前处理，通过优化分析，得到最佳浇口位置和工艺窗口；然后，进行充填（Fill）分析，优化制品的填充、获得平衡的浇注系统和合理的尺寸大小及可行的保压曲线，再进行冷却（Cool）分析。必要时对保压曲线进行优化。

接下来，进行流动（Flow）分析。在流动（Flow）分析之前进行冷却（Cool）分析，可以将冷却（Cool）分析的结果作为流动（Flow）分析的输入，因为冷却（Cool）对制品可能产生很强的影响；最后，进行翘曲（Warp）分析，确定翘曲的类型（仅应用于中面模型）、确定翘曲大小、确定翘曲产生原因，进行参数优化以减小翘曲。

一般来说，在进行翘曲（Warp）分析之前，要完成对充填（Fill）、冷却（Cool）和流动（Flow）的优化，在得到了合理的充填（Fill）、冷却（Cool）和流动（Flow）之后，再对制品进行翘曲（Warp）分析。在Moldflow中进行翘曲分析有以下三种组合：

- ❑ 冷却（Cool）+充填（Fill）+保压（Pack）+翘曲（Warp），即冷却（Cool）+流动（Flow）+翘曲（Warp）；
- ❑ 充填（Fill）+保压（Pack）+冷却（Cool）+充填（Fill）+保压（Pack）+翘曲（Warp），即流动（Flow）+冷却（Cool）+流动（Flow）+翘曲（Warp）；
- ❑ 充填（Fill）+冷却（Cool）+充填（Fill）+保压（Pack）+翘曲（Warp），即充填（Fill）+冷却（Cool）+流动（Flow）+翘曲（Warp）。

在流动（Flow）+冷却（Cool）+流动（Flow）+翘曲（Warp）分析和充填（Fill）+冷却（Cool）+流动（Flow）+翘曲（Warp）分析中的初始条件是假设具有恒定的模具温度，在冷却（Cool）+流动（Flow）+翘曲（Warp）分析中的初始条件是假设具有恒定的熔体温度。已经证实，初始条件是假设具有恒定的熔体温度比假设具有恒定的模具温度能够做出更准确的翘曲预测。因此，冷却（Cool）+流动（Flow）+翘曲（Warp）分析次序更适合进行翘曲（Warp）分析。

14.1.2 翘曲分析实例

本例就是采用冷却+流动+翘曲分析次序进行翘曲分析的。操作步骤如下。

（1）打开文件。直接打开光盘内的文件 X:\第 14 章\ch14-0\ch5.mpi 模型文件。在工程任务栏中只显示了一个"batt_cover_方案"的工程，如图 14.1 所示。

（2）对工程方案进行复制。在工程任务栏中，右击 batt_cover_方案图标，在弹出的快捷菜单中选择【复制】选项，此时在工程任务栏中出现名为"batt_cover_方案（复制品）"的工程，重命名为"batt_cover_方案（翘曲）"，如图 14.2 所示。

图 14.1　工程任务栏（一）　　　　　　　　图 14.2　工程任务栏（二）

（3）双击"batt_cover_方案（翘曲）"方案，激活该方案，显示的模型如图 14.3 所示。

（4）选择分析类型。选择【分析】|【设置分析序列】|【冷却+充填+保压+翘曲】命令，完成分析类型的设置，如图 14.4 所示。

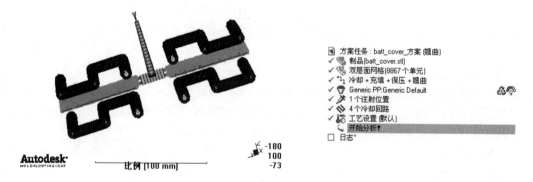

图 14.3　手机后盖示例模型　　　　　　　图 14.4　冷却+充填+保压+翘曲分析类型

（5）选择材料。本例选择常用于电子产品的 PC（聚碳酸酯）作为分析的成型材料。

（a）选择【分析】|【选择材料】命令，弹出【选择材料】对话框，如图 14.5 所示。从图中制造商下拉列表框的下三角按钮选择材料的生产者 Dow Chemical USA，再从牌号下拉列表框的下三角按钮中选择所需要的牌号 Calibre IM 401-18。

（b）单击【细节】按钮，弹出【热塑性塑料】对话框。图 14.6 的材料对话框显示了 PC

材料的 PVT 属性参数。椭圆内的数据在设计工艺参数时会用到,请读者注意并理解其意义。

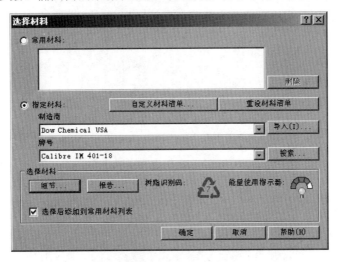

图 14.5 【选择材料】对话框

(c)单击 OK 按钮,退出【热塑性塑料】对话框。单击【确定】按钮,完成选择并退出选择材料对话框,结果如图 14.7 所示。

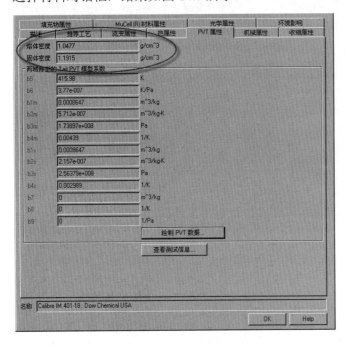

图 14.6 PC 材料的 PVT 属性参数　　　　图 14.7 完成材料选择

(6)网格统计,查看相关数据。选择【网格】|【网格统计】命令,等待一会儿,弹出【网格统计】对话框,如图 14.8 所示。椭圆内的数据在设计工艺参数时会用到,请读者注意并理解其意义。

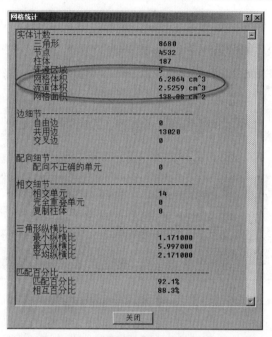

图 14.8 【网格统计】对话框

(7) 设置工艺参数。设置冷却分析工艺参数。选择【分析】|【工艺设置向导】命令,弹出【工艺设置向导－冷却设置】对话框,如图 14.9 所示,按图示进行参数设计。

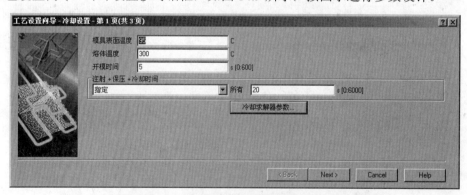

图 14.9 【工艺设置向导－冷却设置】对话框

单击【冷却求解器参数】按钮,弹出【冷却求解器参数】对话框,按如图 14.10 所示进行设置。

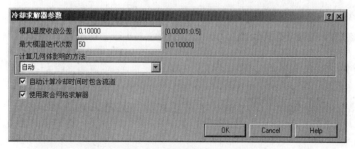

图 14.10 【冷却求解器参数】对话框

（8）设置【充填+保压】分析工艺参数。单击 OK 按钮，返回到图 14.9 中，单击 Next 按钮，弹出【工艺设置向导－充填+保压设置】对话框，如图 14.11 所示，按图进行参数设计。

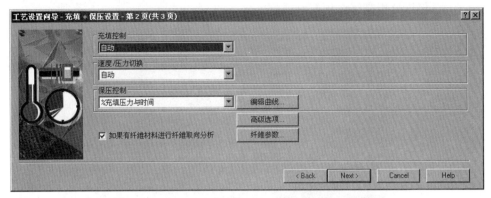

图 14.11 【工艺设置向导－充填+保压设置】对话框

单击【高级选项】按钮，弹出【充填+保压分析高级选项】对话框，如图 14.12 所示。

图 14.12 【充填+保压分析高级选项】对话框

（9）在图 14.12 中，单击【注塑机】选项下的【选择】按钮，弹出【选择注塑机】对话框，如图 14.13 所示，选择第 1100 个注塑机作为成型注塑机。

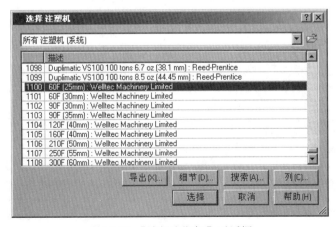

图 14.13 【选择注塑机】对话框

（10）在图 14.13 中，单击【细节】按钮，弹出【注塑机】对话框，如图 14.14 所示，显示注塑机的相关参数。单击 OK 按钮，返回到【选择注塑机】对话框，单击【选择】按钮，返回到【充填+保压分析高级选项】对话框。

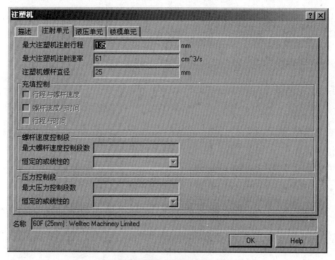

图 14.14 【注塑机】对话框

（11）在图 14.12 中，单击【工艺控制器】选项下的【编辑】按钮，弹出【工艺控制器】对话框，如图 14.15 所示。

图 14.15 【工艺控制器】对话框

（12）在图 14.15 中，选择【充填控制】选项中的【相对螺杆速度曲线】选项为【充填控制】的方式，设置为如图 14.16 所示。

图 14.16 【工艺控制器】对话框（一）

(13) 在图 14.16 中，单击【充填控制】选项下的【编辑曲线】按钮，弹出【充填控制曲线设置】对话框，如图 14.17 所示。

计量行程的计算，先根据总体积 V（流道体积+产品体积）算出螺杆前进的行程 L，计算公式为 L=10（Ds/Dm）(4V/（pi（D/10）^{2}))，式中 pi 为圆周率 3.1416，D 为螺杆直径，Ds 为材料固态密度，Dm 为材料熔融态密度。在本例中，流道体积和产品体积在网格统计中可得到（见图 14.8），材料密度可由材料数据库中得到（见图 14.6），螺杆直径在注塑机参数中可以查到（图 14.14），最后算得 L 为 15.79mm，在此取 17，是加上补料后的估计值。

速度/压力切换，在实际生产中是根据产品大小来取的，一般为 5%~10%的计量，在此取 1.5，因而螺杆注射阶段行程 15.5mm，小于上面的 15.79mm，因为想控制产品充填约 98%时切换为保压。通常多段注塑是采用慢—快—慢方式，螺杆曲线形状为第一段刚好充填完流道浇口，以较慢速度通过浇口，以免发生喷射，使流动前沿完全进入型腔；然后以较快速度充填，快充填完成时放慢速度利于排气；最后在保压前再次将速度放慢，然后切换为压力控制。

基于上述原则，在本例中，第一段注射位置为 100%开始到 71%结束，速度 45%（螺杆以最大速度的 45%向前推进 29%）；第二段注射位置为 71%开始到 20%结束，速度 80%（螺杆以最大速度的 80%向前推进 51%）；第三段注射位置为 20%开始到 12%结束，速度 65%（螺杆以最大速度的 65%向前推进 8%）；第四段注射位置为 12%开始到 9%结束，速度 45%（螺杆以最大速度的 45%向前推进 3%）；到 9%时转为保压，具体设定方法如图 14.18 所示。

图 14.17 【充填控制曲线设置】对话框

图 14.18 【充填控制曲线设置】对话框（一）

(14) 单击【OK】按钮，返回到图 14.16 中，选择【速度/压力切换】选项下的【由%充填体积】选项为【速度/压力切换】的控制方式，设置为如图 14.19 所示。单击 OK 按钮，返回到图 14.9 中，单击【确定】按钮，完成翘曲分析工艺参数的设置。

(15) 在图 14.19 中，选择【保压控制】选项中的【保压压力与时间】选项为【保压控制】的方式，如图 14.20 所示。单击【保压控制】选项下的【编辑曲线】按钮，弹出【保压控制曲线设置】对话框，保压方式采用压力—时间方式，分段保压，第一段 80MPa 保压 4s，第二段 60MPa 保压 2s，末段 2s，由 60MPa 衰减到 0，如图 14.21 所示。

图 14.19 【工艺控制器】对话框（一）

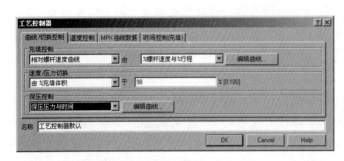

图 14.20 【工艺控制器】对话框（二）

图 14.21 【保压控制曲线设置】对话框

（16）设置翘曲分析参数。单击 OK 按钮，返回到图 14.20 中；单击 OK 按钮，返回到图 14.12 中；单击 OK 按钮，返回到图 14.11 中。单击 Next 按钮，弹出【工艺设置向导－翘曲设置】对话框，如图 14.22 所示，按图进行参数设计。

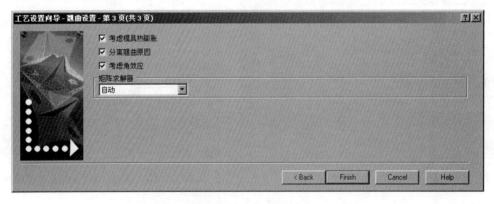

图 14.22 【工艺设置向导－翘曲设置】对话框

14.1.3 翘曲分析的工艺参数

翘曲分析类型涉及的工艺参数比较多。这些参数的设置主要集中在【工艺设置向导－冷却设置】对话框、【工艺设置向导－充填+保压设置】对话框和【工艺设置向导－翘曲设置】对话框中。下面依次讲解这些参数设置。

在【工艺设置向导－冷却设置】对话框和【工艺设置向导－充填+保压设置】对话框中的相关工艺参数的设置和意义，可参考前面的相关章节的讲解。在【工艺设置向导－翘曲设置】对话框中，有 4 个参数需要设置。

下面分别介绍相关工艺参数。

- 考虑模具热膨胀：如果勾选此复选框，表示分析时，考虑模具热膨胀对分析结果的影响。在注塑生产过程中，随着模具温度的升高，模具会产生热膨胀，所以要考虑模具热膨胀对翘曲分析结果的影响。
- 分离翘曲原因：如果勾选此复选框，在分析计算时系统自动独立地分离翘曲产生的原因。例如，由于冷却不均匀导致的翘曲、分子取向导致的翘曲等。
- 考虑角效应：勾选此复选框，在分析计算时系统计算角度的影响因素。
- 矩阵求解器：有 4 种求解器的计算方式，分别是自动、直接求解器、AMG 求解器、SSORCG 求解器。

14.2 翘曲分析结果

选择【分析】|【开始分析】命令，程序开始分析计算。在分析计算过程中，分析日志显示冷却分析、流动分析和翘曲分析等信息。运行完成后，产生分析结果。

14.2.1 翘曲分析过程

翘曲分析的结果主要用于查看制品的翘曲量是否合理，如果不合理，就需要进行工艺参数的调整或改变产品的结构。流动分析和冷却分析在此不做讲解，请读者参考相关章节的介绍。本章主要讲解翘曲分析的结果，在方案任务栏中出现分析结果，如图 14.23 所示。

屏幕输出（Screen Output）是 Insight 进行任何分析都会出现的分析过程的屏幕显示。屏幕显示是随着分析过程的进程而进行动态显示的。用户可以从屏幕显示的信息，观察分析过程中各处参数的变化情况和分析中间结果。屏幕输出（Screen Output）如图 14.24 所示的翘曲分析的信息。

翘曲（Warp）分析结果主要包括所有因素总的变形、所有因素 X 方向的变形、所有因素 Y 方向的变形、所有因素 Z 方向的变形、由冷却不均引起的总的变形、由冷却不均引起的 X 方向的变形、由冷却不均引起的 Y 方向的变形、由冷却不均引起的 Z 方向的变形、由收缩不均引起的总的变形、由收缩不均引起的 X 方向的变形、由收缩不均引起的 Y 方向的变形、由收缩不均引起的 Z 方向的变形、由取向因素引起的总的变形、由取向因素引起的 X 方向的变形、由取向因素引起的 Y 方向的变形、由取向因素引起的 Z 方向的变形等。

下面介绍翘曲分析结果，为了便于观察，不显示冷却系统。

将图像显示的比例放大，选择【结果】|【绘图属性】命令，弹出【绘图属性】对话框，如图 14.25 所示。单击【变形】选项，在"比例因子值"后文本框内输入值 5，将变形结果进

行 5 倍放大。

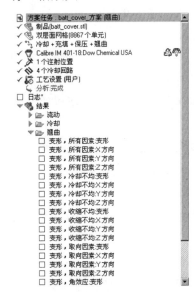

图 14.23 翘曲分析结果列表

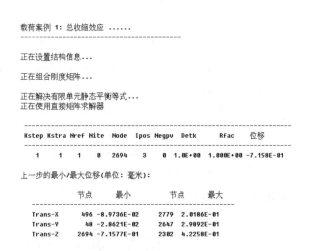

图 14.24 屏幕输出－翘曲信息

图 14.25 【绘图属性】对话框

14.2.2 所有因素引起变形

所有因素总的变形的结果如图 14.26 所示。图中显示了变形量在模具型腔内的分布，总体翘曲量最大值为 0.2711mm，发生在浇口和制品边缘。

所有因素 X 方向的变形的结果如图 14.27 所示。图中显示了变形量在模具型腔内的分布，X 方向的翘曲量最大值为 0.1139mm，发生在制品边缘一端。

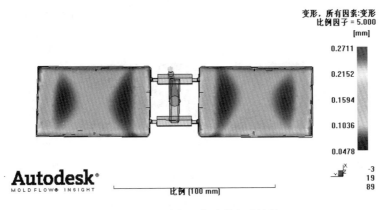

图 14.26　所有因素总的变形结果

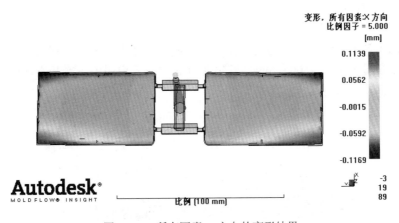

图 14.27　所有因素 X 方向的变形结果

所有因素 Y 方向的变形结果如图 14.28 所示。图中显示了变形量在模具型腔内的分布情况。Y 方向的翘曲量最大值为 0.1277mm，发生在浇口和制品边缘。

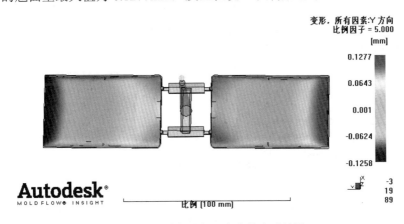

图 14.28　所有因素 Y 方向的变形结果

所有因素 Z 方向的变形结果如图 14.29 所示。图中显示了变形量在模具型腔内的分布情况，Z 方向的翘曲量最大值为 0.2624mm，发生在浇口和制品边缘。

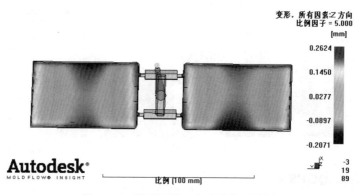

图 14.29　所有因素 Z 方向的变形结果

14.2.3　冷热不均引起变形

冷却不均引起的总的变形的结果如图 14.30 所示。图中显示了变形量在模具型腔内的分布，总体翘曲量最大值为 0.0072mm，发生在制品边缘。说明由于冷却不均引起的变形量很小，可以说冷却效果可以接受。

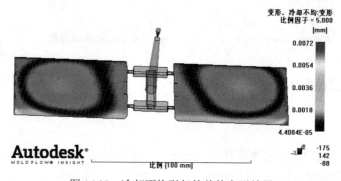

图 14.30　冷却不均引起的总的变形结果

冷却不均引起的 X 方向的变形的结果如图 14.31 所示。图中显示了变形量在模具型腔内的分布，X 方向的翘曲量最大值为 0.0012mm，发生在制品边缘一端。

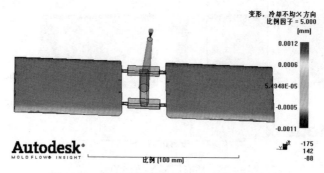

图 14.31　冷却不均引起的 X 方向的变形结果

冷却不均引起的 Y 方向的变形结果如图 14.32 所示。图中显示了变形量在模具型腔内的分布情况。Y 方向的翘曲量最大值为 0.0013mm，发生在制品的边缘。

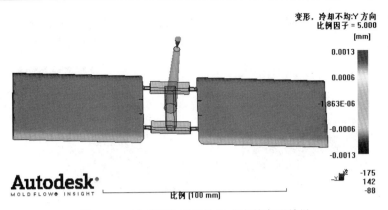

图 14.32 冷却不均引起的 Y 方向的变形结果

冷却不均引起的 Z 方向的变形结果如图 14.33 所示。图中显示了变形量在模具型腔内的分布情况，Z 方向的翘曲量最大值为 0.0051mm，发生在制品中部。

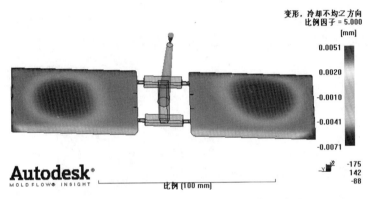

图 14.33 冷却不均引起的 Z 方向的变形结果

14.2.4 收缩不均引起变形

收缩不均引起的总的变形的结果如图 14.34 所示。图中显示了变形量在模具型腔内的分布，总体翘曲量最大值为 0.2711mm，发生在制品的浇口和充填的末端。

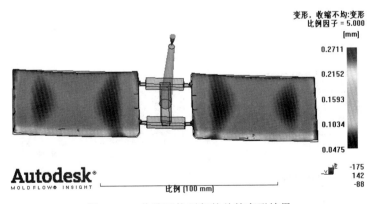

图 14.34 收缩不均引起的总的变形结果

收缩不均引起的 X 方向的变形的结果如图 14.35 所示。图中显示了变形量在模具型腔内的分布，X 方向的翘曲量最大值为 0.0974mm，发生在制品充填的末端。

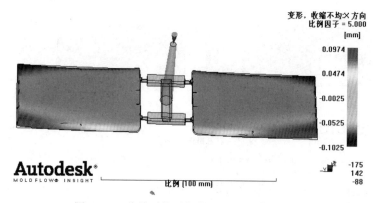

图 14.35　收缩不均引起的 X 方向的变形结果

收缩不均引起的 Y 方向的变形结果如图 14.36 所示。图中显示了变形量在模具型腔内的分布情况。Y 方向的翘曲量最大值为 0.1291mm，发生在制品的两端。

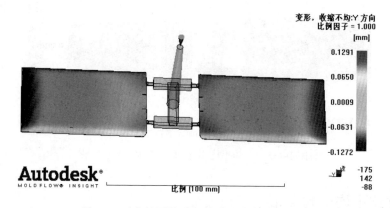

图 14.36　收缩不均引起的 Y 方向的变形结果

收缩不均引起的 Z 方向的变形结果如图 14.37 所示。图中显示了变形量在模具型腔内的分布情况，Z 方向的翘曲量最大值为 0.2625mm，发生在制品两端和中部。

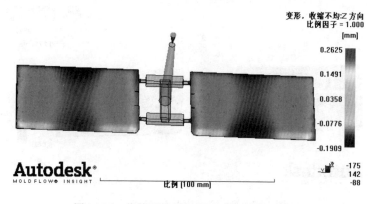

图 14.37　收缩不均引起的 Z 方向的变形结果

14.2.5 取向和角效应引起变形

取向引起的总的变形的结果如图 14.38 所示。图中显示了变形量在模具型腔内的分布情况，总体翘曲量最大值为 0 mm，说明取向没有引起制品的翘曲变形。

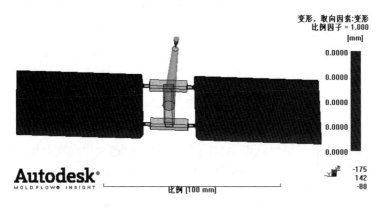

图 14.38 取向引起的总的变形结果

角效应引起的总的变形的结果如图 14.39 所示。图中显示了变形量在模具型腔内的分布情况，总体翘曲量最大值为 0.0369mm，发生在制品的边缘。

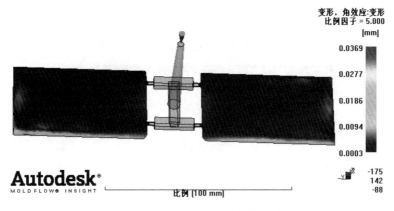

图 14.39 角效应引起的总的变形结果

14.3 本章小结

本章介绍了翘曲分析序列的设置、翘曲分析的工艺参数的设置和翘曲分析的结果。复习了充填分析和保压分析工艺参数的设置。本章的重点和难点是查看翘曲分析的结果，希望读者在实践中不断地总结。下一章将要讲 AMI 分析报告的制作。

第 15 章 分析报告输出

分析报告输出功能可以帮助用户快捷地创建分析报告，将分析报告输出，并可将其通过 Internet 浏览器查看和发送给其他人，可以方便没有安装 AMI 软件的用户交流和学习。AMI 提供报告创建向导，方便用户创建报告。本章将讲解分析报告输出创建向导。

15.1 分析报告输出应用示例

AMI 分析任务完成后，可以利用 AMI 提供的模板快速地生成在分析报告中。首先打开模型文件，打开光盘内的文件 X:\第 15 章\ch15-0\ch5.mpi 模型文件。再双击"batt_cover_方案（流动）"方案，激活该方案，创建报告的步骤如下。

1. 启动报告创建向导

在启动报告生成向导前最好将需要生成报告的方案打开，这样在生成报告以前能够更好地确认结果的设置和结果图的摆放角度。报告生成向导能够快速的生成 HTML 格式的报告。该向导能够创建包括项目文件下的所有方案的分析报告。选择【报告（Report）】|【报告生成向导（Report Generation Wizard）】命令或是右击项目面板的空白处，在弹出菜单中单击【新报告】选项，弹出【报告生成向导－方案选择】对话框，如图 15.1 所示。

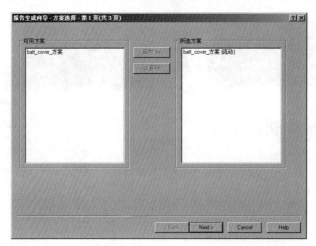

图 15.1 【报告生成向导－方案选择】对话框

2. 选择报告包含的分析方案

在【报告生成向导－方案选择】对话框内，列出了当前项目文件夹下的所有方案。在打开向导时已打开的方案会自动被选中。运用【添加】和【删除】按钮来添加或删除已选中的方案。可以按住 Ctrl 键同时选择多个方案，或是使用 Shift 键在一个范围内选取多个方案。选择完成后，单击 Next 按钮，弹出【报告生成向导－数据选择】对话框，如图 15.2 所示。

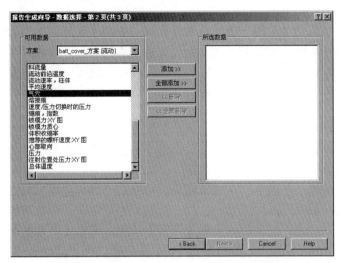

图 15.2 【报告生成向导－数据选择】对话框

3．选择各个方案包含的结果

选择好哪些方案要被包含在报告中，【报告生成向导－数据选择】对话框中还可以继续选择各个方案中包含的分析结果。在此对话框中的"方案"下拉列表中选择不同的方案，这样就可以对每个方案分别选择想要创建到报告中的分析结果。

对于每个方案，可用的分析结果都会被列出来。这里包括文本结果，如结果摘要文件。用鼠标选中某一结果，则高亮显示该结果，用【添加】按钮将其加入到选择集中。结果的排列顺序没有什么关系，因为在后面的操作中还可以再来调整它们的顺序。选择完成后，单击 Next 按钮，弹出【报告生成向导－报告布局】对话框，如图 15.3 所示。

图 15.3 【报告生成向导－报告布局】对话框

4．设置报告的格式

在【报告生成向导－报告布局】对话框中，可以设置报告的整体外观和每个结果的样式。

在"报告格式"下拉列表中有 3 种报告文件的格式，分别是 HTML 文档、Microsoft Work 文档和 Microsoft PowerPoint 演示。

（1）设置封面。勾选"封面"选项前的复选框，单击"封面"选项后的【属性】按钮，弹出【封面属性】对话框，如图 15.4 所示。封面的基本信息包含标题、准备者、申请者和检查者。同时还可在封面上加上公司的徽标和封面照片。当然可以按照需要来填写这些信息，而且也可以根据布局的需要来决定是否需要封面。输入完成后，单击【确定】按钮，退出【封面属性】对话框。

对报告中每个结果的显示都可以进行调整。报告中包含的每个结果都可以单独进行属性设置，也可以通过报告生成向导为每个结果指定静态的屏幕捕捉的图片或动画的属性，如果读者需要还可以为每个结果添加描述或注释。

（2）设置屏幕截图。先选择一个分析结果，再单击"屏幕截图"右边的【属性】按钮，弹出【屏幕截图属性】对话框，如图 15.5 所示。在此对话框中，可以对图像的格式、大小和旋转角度等进行设置，输入完成后，单击【确定】按钮，退出【屏幕截图属性】对话框；勾选"描述文本"选项前的复选框，其后面的【编辑】按钮由灰色变成可选状态，单击该按钮，弹出【报告项目描述】对话框，如图 15.6 所示。在此对话框中，可以对报告项目进行文字性的描述，输入完成后，单击【确定】按钮，退出【报告项目描述】对话框。

🔔 **注意**：在生成报告之前，可以任意选择一个模板。但是一旦报告生成后，再想改模板就只有重新生成报告了。

图 15.4 【封面属性】对话框

图 15.5 【屏幕截图属性】对话框

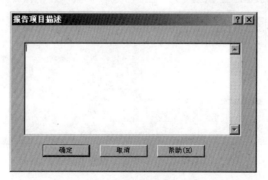

图 15.6 【报告项目描述】对话框

（3）选择将要输出报告的分析结果。先选择一个分析结果，可以单击【上移】按钮或单击【属性】按钮，对分析结果在报告中的顺序进行排列，完成如图 15.7 所示的顺序。

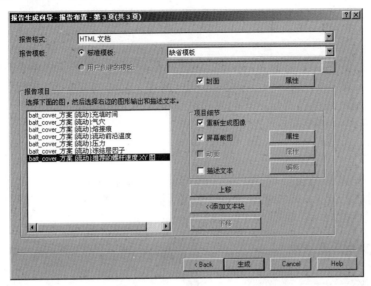

图 15.7 【报告生成向导－报告布局】对话框（一）

5．生成报告

在图 15.7 中，单击【生成】按钮，弹出【正在生成报告】对话框，如图 15.8 所示，表示程序正在运行，等完成后，【正在生成报告】对话框自动退出，同时在以前的图形编辑窗口出现了分析结果，如图 15.9 所示。

图 15.8 【正在生成报告】对话框

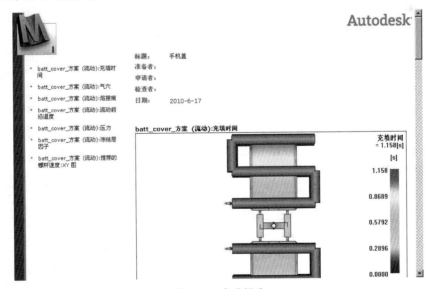

图 15.9 生成报告

在报告中，用户可以查看任一个结果。在报告窗口中，单击某一个分析结果名称，该分析结果的图形就会出现在报告窗口中。

15.2 编辑分析报告

在【报告】菜单中，可以进行生成报告的各种操作命令，这些操作命令有报告生成向导、添加封面、添加图像、添加动画、添加文本块、编辑、打开、查看等。除了采用默认方式生成报告的方式，用户还可以用自定义的方式进行报告的生成，如添加封面、添加图像和动画等，本节详细讲解各种操作。

1．添加封面

添加封面：用户创建报告封面。用户在不采用向导来生成报告时，首先需要选择【报告】|【添加封面】命令，弹出【封面属性】对话框，如图 15.10 所示。填写信息后单击【确定】按钮，生成报告封面，如图 15.11 所示。

图 15.10 【封面属性】对话框

图 15.11 添加封面

2．添加图像

添加图像：使用此命令前，需要选择方案任务栏中的一项分析结果。本例选择"熔接痕"分析结果，选择【报告】|【添加图像】命令，弹出【添加图像】对话框，在弹出的对话框中的"名称"选项下的文本框中已经出现了"batt_cover_方案（流动）：熔接痕"，如图 15.12 所示。

在此对话框中，用户可以在"描述文本"选项下的文本框中输入文字说明。也可以单击【图像属性】按钮，弹出【屏幕截图属性】对话框，可以进行编辑或定义图像屏幕截图属性，如图 15.13 所示。单击【确定】按钮，完成"熔接痕"分析结果报告的添加。

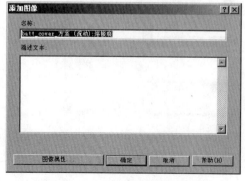

图 15.12 【添加图像】对话框

图 15.13 【屏幕截图属性】对话框

3. 添加动画

添加动画：此命令适用于有动态变化的分析结果，使用此命令前，需要选择方案任务栏中的一项分析结果。本例选择"充填时间"分析结果，选择【报告】|【添加动画】命令，弹出【添加动画】对话框，在弹出的对话框中"名称"选项下的文本框中已经出现了"batt_cover_方案（流动）：充填时间"，如图 15.14 所示。

在此对话框中，用户可以在"描述文本"选项下的文本框中输入文字说明。也可以单击【动画属性】按钮，弹出【动画属性】对话框，可以进行编辑或定义动画属性，如图 15.15 所示。

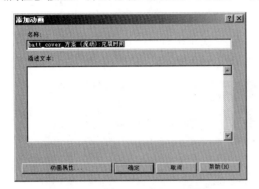
图 15.14 【添加动画】对话框

图 15.15 【动画属性】对话框

单击【确定】按钮，返回到图 15.14 中；单击【确定】按钮，弹出【选择压缩程序】对话框，选择一种压缩程序对动画进行压缩，如图 15.16 所示。在此对话框中，单击【配置】按钮，弹出【Cinepak for Windows 32】对话框，可以选择把动画压缩成彩色格式或者黑白格式，如图 15.17 所示。单击 OK 按钮，返回到图 15.16，单击【确定】按钮，完成"充填时间"分析结果报告的添加。

图 15.16 【选择压缩程序】对话框

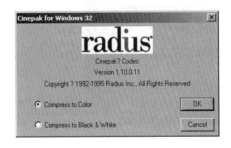
图 15.17 【Cinepak for Windows 32】对话框

4. 添加文本块

添加文本块：此命令用于给报告添加文本信息。选择【报告】|【添加文本块】命令，弹出【添加文本块】对话框，在弹出的对话框中"名称"选项下的文本框中已经出现了"batt_cover_方案（流动）：文本部分"，如图 15.18 所示。在此对话框中，用户可以在"描述文本"选项下的文本框中输入文字说明。

图 15.18 【添加文本框】对话框

5．编辑

编辑：此命令用于已经存在的报告中，添加或删除分析结果及其他相关信息。选择【报告】|【编辑】命令，弹出【报告生成向导－方案选择】对话框。用户可以参照第 15.1 节相关内容进行设置和操作。

6．打开和查看报告

打开：此命令用于在已经存在的报告中，报告以网页形式打开。选择【报告】|【打开】命令，分析结果的报告就会在网络浏览器上打开。

查看：此命令用于已经存在的报告中，报告在模型视图中打开。选择【报告】|【查看】命令，分析结果的报告就会在模型视图中打开，如图 15.19 所示。

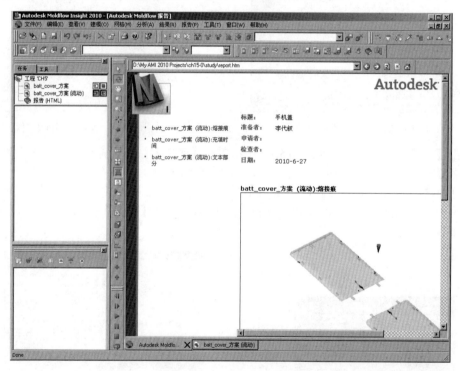

图 15.19 【查看】分析结果

15.3 本章小结

本章主要讲解了怎样创建分析结果报告，读者主要掌握报告生成向导命令生成报告，并熟练掌握相关操作命令就行了，本章相对其他章节内容较少并且简单。本章的重点及难点是分析报告的创建和编辑。下一章将通过案例讲解注塑成型工艺参数的设置。

第4篇 实战案例篇

- 第16章 电池后盖——工艺参数调整
- 第17章 管件接头——充填分析
- 第18章 电话外壳——流动分析
- 第19章 MP3外壳——冷却分析
- 第20章 手机外壳——翘曲分析

第 16 章 电池后盖——工艺参数调整

本章通过对手机的电池后盖案例的分析,学习通过改变注塑成型工艺参数的设置,达到分析的要求。下面主要讲解手机的电池后盖模型的最佳浇口位置分析、手机的电池后盖模型的前处理、工艺参数的设置和分析结果。

16.1 概　　述

本案例是手机的电池后盖。通过对其模型进行流动+冷却分析,找到最佳的保压曲线。通过冷却分析结果判断制品冷却效果的优劣;根据冷却分析计算出的冷却时间,确定成型周期所用时间。在获得均匀冷却的基础上优化冷却管道布局,尽量缩短冷却时间,从而缩短单个制品的成型周期,提高生产率,降低生产成本。

16.2 最佳浇口位置分析

AMI 中的浇口位置优化分析可根据模型几何形状、相关材料参数及工艺参数分析出浇口最佳位置。用户可以在设置浇口位置之前进行浇口位置分析,依据这个分析结果设置浇口位置,从而避免由于浇口位置设置不当可能引起的制品缺陷。

16.2.1 分析前处理

分析前需要处理的工作主要有以下事项。

1. 创建一个新项目

在 Moldflow 的分析中,首先要创建一个项目(Project),就好像要创建一个新文件夹一样,用于包含整个分析过程的文件和数据(可以包含多个分析过程和报告)。启动 Moldflow 软件,如同运行任何其他 Windows 程序一样。

创建一个新项目可以通过选择【文件】|【新建工程】命令来完成,弹出【创建新工程】对话框,在【工程名称】文件框中输入工程名 ch16(工程名可以任取,以方便为宜),创建一个新项目,如图 16.1 所示,单击【确定】按钮。

2. 导入一个CAD模型

导入一个 CAD 模型的步骤如下。
(1) 选择【文件】|【输入】命令,弹出【输入】

图 16.1　创建新工程

对话框,在此对话框中,可以选择指定文件夹下的某一个 CAD 文件,如图 16.2 所示。

(2)完成后单击【打开】按钮,弹出【选择网格类型】对话框,如图 16.3 所示。

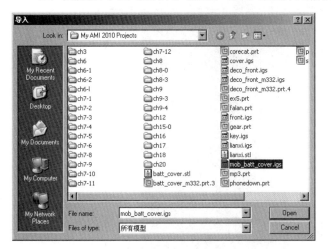

图 16.2 输入 CAD 模型

图 16.3 【选择网格类型】对话框

3. 划分网格

在图 16.3 中,单击【确定】按钮,弹出【Autodesk Moldflow Design Link 屏幕输出】对话框,如图 16.4 所示。经过一段时间,【Autodesk Moldflow Design Link 屏幕输出】对话框关闭,网格自动划分完成,如图 16.5 所示。

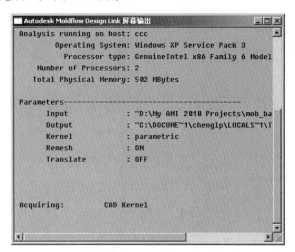

图 16.4 【Autodesk Moldflow Design Link 屏幕输出】对话框

4. 检验网格

网格划分后,检查网格可能存在的错误。

注意:不是每一个塑料制品在进行网格划分后每一项都有错误,本案例只针对有错误的地方进行修改和讲解。

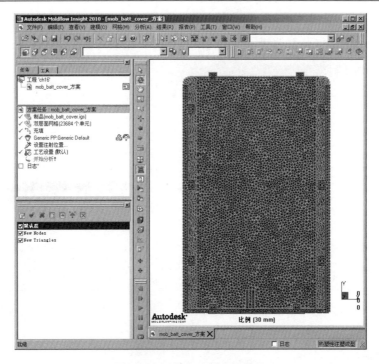

图 16.5 网格自动划分的结果

（1）检查网格。选择【网格（Mesh）】|【网格统计（Mesh Statistics）】命令，等待一会儿，弹出【网格统计】结果对话框，如图 16.6 所示。

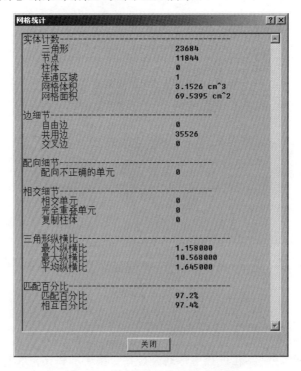

图 16.6 【网格统计】结果对话框

查看如上图 16.6 所示的各项网格质量统计报告。报告显示网格无自由边、相交单元等问题。报告还指出网格最大纵横比为 10.568（大于 6），这可能会影响到分析结果的准确性。另外匹配率也是很重要的，对于这个案例匹配为 97.2%（大于 85%），符合要求。

（2）单击【关闭】按钮，关闭网格质量统计报告。可以用显示纵横比来验证统计报告的结果。选择【网格（Mesh）】|【网格纵横比（Mesh Aspect Ratio）】命令，弹出【网格纵横比工具】对话框，在最小值一栏中输入 6；确认【显示诊断结果的位置】选项中的【显示（Display）】选项处于选中状态，并且勾选【将结果放置到诊断层中（Place results in diagnostic layer）】选项，如图 16.7 所示。

（3）单击【显示（Show）】按钮，如图 16.8 所示中显示了高纵横比的单元。这些单元已单独放在了另外一层中，并且该层的颜色已经改变了。这样就可以更直观地看到有问题的单元。另外，还用颜色线标明了这些单元，红线表示纵横比比较高的单元，绿线表示较低的单元，但它们的纵横比都大于了 6。

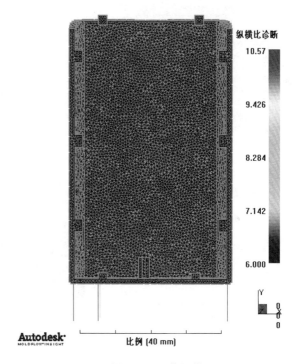

图 16.7 【纵横比诊断工具】对话框　　　　图 16.8 网格纵横比

5．修复网格

选择【网格（Mesh）】|【网格工具（Mesh Tools）】|【修改纵横比（Fix Aspect Ratio）】命令，弹出【修改纵横比工具（Fix Aspect Ratio Tool）】对话框，如图 16.9 所示。单击【应用】按钮，程序自动运行。完成后的纵横比结果，如图 16.10 所示。

使用网格工具来降低网格纵横比，本案例再次介绍通过插入节点工具和合并节点工具来修复网格。下面将介绍一下插入节点工具的使用，操作过程如下。

（1）选择【网格（Mesh）】|【网格工具（Mesh Tools）】|【节点工具（Nodes Tools）】|

【插入节点（Insert Node）】命令，弹出【插入节点工具（Insert Node Tool）】对话框，如图 16.11 所示。勾选【三角形边的中点】选项。此时在输入参数选项下的四个文本框，只有【节点 1】选项和【节点 2】选项两个选项可用。【节点 3】选项和【要拆分的四面体】选项为灰色的，表示不可选。选择节点，先选择节点 1，再选择节点 2，如图 16.12 所示。

（2）单击【应用】按钮，程序自动运行。完成后显示插入节点的结果，如图 16.13 所示。

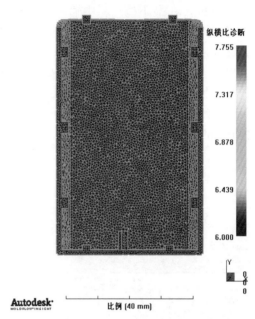

图 16.9 【修改纵横比工具】对话框　　　　　图 16.10　修改纵横比结果

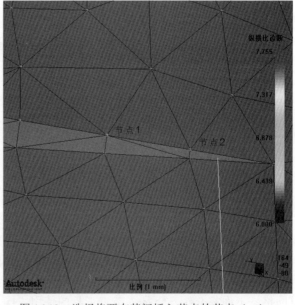

图 16.11 【插入节点工具】对话框　　　　图 16.12　选择将要在其间插入节点的节点（一）

（3）在【插入节点工具（Insert Node Tool）】对话框，选择节点。先选择节点 1，再选择节点 2，如图 16.13 所示。

（4）单击【应用】按钮，程序自动运行。完成后显示插入节点的结果，如图 16.14 所示。

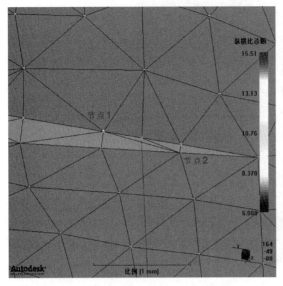
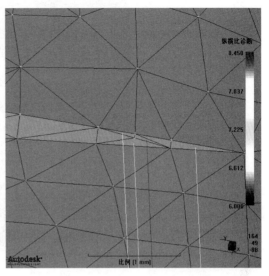

图 16.13　选择将要在其间插入节点的节点（二）　　　图 16.14　插入节点后的结果

6．如何使用合并节点工具

下面将介绍一下合并节点工具的使用，操作过程如下。

（1）选择【网格】|【网格工具】|【节点工具】|【合并节点】命令，弹出【合并节点工具】对话框，如图 16.15 所示的【合并节点】对话框。

在图 16.16 中，选择的第 1 个节点是要保留的节点，选图示的第 1 个节点。选择图 16.16 中的第 2 个节点。

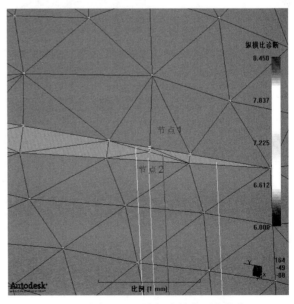

图 16.15　【合并节点工具】对话框　　　　　图 16.16　选择合并的两个节点

（2）单击【应用】按钮，完成一次节点的合并的操作，结果如图 16.17 所示。

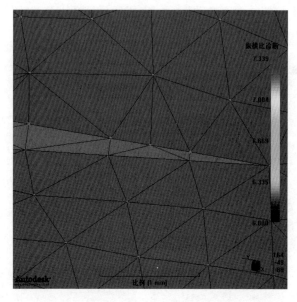

图 16.17　合并两个节点的结果

其他网格的处理本例不做详细的介绍，请读者自己去练习完成。处理完网格后，需要检查是否有新的问题产生，所以需要进行网格检查。选择【网格（Mesh）】|【网格统计（Mesh Statistics）】命令，等待一会儿，弹出【网格统计】结果对话框，如图 16.18 所示。

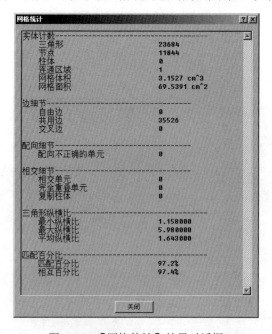

图 16.18　【网格统计】结果对话框

从图 16.18 中可以看出，网格单元基本符合分析要求，故网格处理完成。

16.2.2 分析计算

进行最佳浇口位置分析和计算,其操作步骤如下。

(1)选择分析类型。要先进行最佳浇口位置分析。方案任务区的分析类型为充填。选择【分析】|【设置分析序列】|【浇口位置】命令,完成分析类型的设置,如图 16.19 所示。

(2)选择成型材料。本章选择常用于手机外壳的 ABS(丙烯腈-丁二烯-苯乙烯共聚物)作为分析的成型材料。选择【分析】|【选择材料】命令,弹出【选择材料】对话框。从图 16.20 中【制造商】下拉列表框的下三角按钮选择材料的生产者,再从【牌号】下拉列表框的下三角按钮中选择所需要的牌号,如图 16.20 所示。

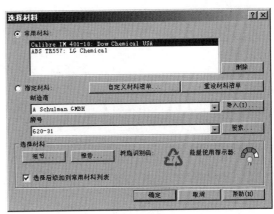

图 16.19　浇口位置分析类型　　　　　　图 16.20　【选择材料】对话框

单击【细节】按钮,弹出【热塑性塑料】对话框。图 16.21 的材料对话框显示了 PC 材料的成型工艺参数。单击 OK 按钮退出【热塑性塑料】对话框。再次单击【确定】按钮完成选择并退出【选择材料】对话框,结果如图 16.22 所示。

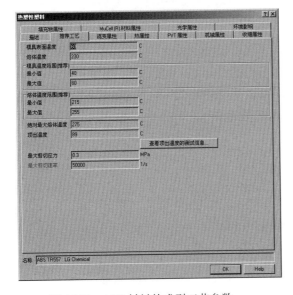

图 16.21　ABS 材料的成型工艺参数　　　　　图 16.22　完成材料选择

(3)工艺参数。本案例直接采用 Autodesk Moldflow Insight 2010 默认的成型工艺条件，图 16.23 是充填工艺条件的设置。

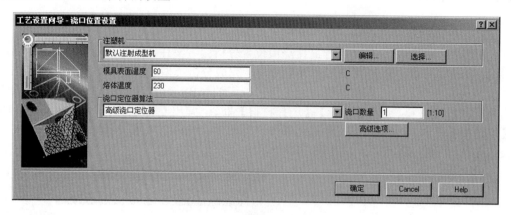

图 16.23　浇口位置工艺条件

选择【分析】|【开始分析】命令，弹出【选择分析类型】对话框，如图 16.24 所示，单击【确定】按钮，程序开始运行。在日记栏窗口出现分析过程信息，表示分析的进度等信息，如图 16.25 所示。

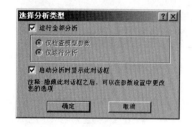

图 16.24　【选择分析类型】对话框

图 16.25　分析过程显示

16.2.3　结果分析

分析完成，弹出【分析完成】对话框，如图 16.26 所示，单击 OK 按钮。运行完成后，得到最佳浇口位置，结果如图 16.27 和图 16.28 所示。

图 16.26　【分析完成】对话框

图 16.27　屏幕输出浇口信息

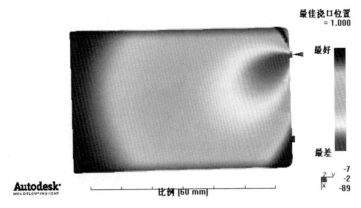

图 16.28　最佳浇口位置

分析结果图中给出了浇口位置分布的合理程度系数，其中最佳浇口位置的合理程度系数为 1。从图 16.27 中可以看到，Autodesk Moldflow 分析出的最佳浇口位置在中部靠上方附近。下面就可以根据浇口位置的分析结果设置浇口位置，然后进行成型窗口分析。设置节点 N11269 为浇口位置，程序自动生成一个新方案，重新命名为"mob_batt_cover_方案（初次分析）"，如图 16.29 所示。

图 16.29　生成新方案

16.3　产品的初步成型分析

通过对手机的电池后盖模型进行流动+冷却分析，通过分析结果判断制品质量的优劣，分析出相关工艺参数对产品质量的影响，从而为调整工艺参数做好准备。

16.3.1　分析前处理

激活"mob_batt_cover_方案（初次分析）"方案。分析前处理主要需要做的工作是选择分析类型、设置浇口位置、创建浇注系统、冷却系统和设置分析的工艺参数等。

1．选择分析类型

方案任务区的分析类型为冷却+充填+保压。选择【分析】|【设置分析序列】|【冷却+充填+保压】命令，完成分析类型的设置，如图 16.30 所示。

2．增加一个浇口

选择【分析】|【设置注射位置】命令，在图形编辑窗口选择主流道的顶点为注射位置，在图形编辑窗口如图 16.31 所示的浇点位置，完成浇口的创建。

3．创建一模两腔

在本例中，采用手工方式创建一模两腔。先将整个制品向 Y 方向移动–50mm。操作步骤如下。

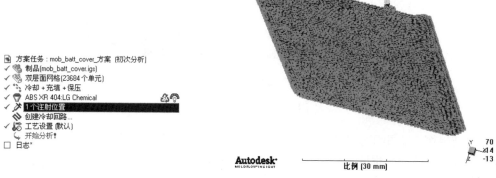

图 16.30 冷却+充填+保压分析类型　　　图 16.31 浇点位置

（1）选择【建模（Modeling）】|【移动/复制（Move/Copy）】|【平移（Move）】命令，弹出【平移工具（Move Tool）】对话框。框选整个模型制品，此时整个模型制品的所有节点都出现在"选择"文本框内；在"矢量"文本框内输入 0 -50 0，如图 16.32 所示。

（2）单击【应用】按钮。完成平移，如图 16.33 所示。

图 16.32 【平移工具】对话框　　　图 16.33 模型平移后的结果

最后用镜像方式复制整个制品。操作步骤如下。

（1）选择【建模（Modeling）】|【移动/复制（Move/Copy）】|【镜像（Reflect）】命令，弹出【镜像工具（Reflect Tool）】对话框。框选整个模型制品，此时整个模型制品的所有节点都出现在【选择】文本框内；镜像平面选择 XZ 平面；参考点为默认值，不变；勾选【复制】方式进行镜像，如图 16.34 所示。

(2)单击【应用】按钮。完成镜像,一模两腔创建完成,如图 16.35 所示。

图 16.34 【镜像工具】对话框

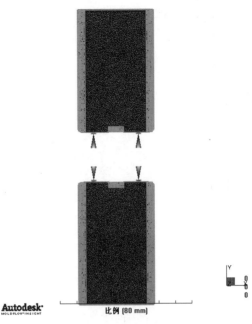

图 16.35 模型镜像后的结果

4.创建浇注系统

本案例创建浇注系统采用向导来完成的。

(1)选择【建模】|【流道系统向导】命令,弹出【流道系统向导－布置】对话框,单击【模型中心】按钮,使主流道位于模型的中心,有利于注射压力和锁模力的平衡。单击【浇口平面】按钮,使分流道平面与浇口在同一平面上,如图 16.36 所示。

(2)单击 Next 按钮,弹出【流道系统向导－主流道/流道/竖直流道】对话框,输入的值如图 16.37 所示。单击 Next 按钮,弹出【流道系统向导－浇口】对话框,输入如图 16.38 所示的值。单击 Finish 按钮,利用向导创建的浇注系统已经生成,如图 16.39 所示。

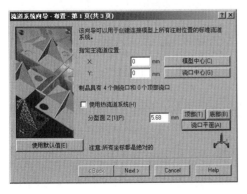

图 16.36 【流道系统向导－布置】对话框

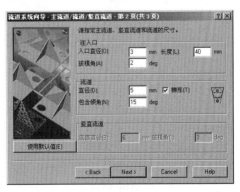

图 16.37 【流道系统向导－主流道/流道/竖直流道】对话框

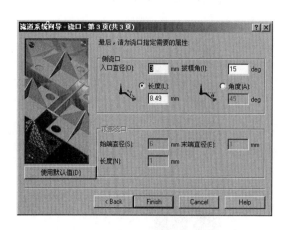
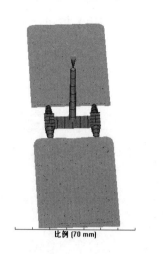

图 16.38 【流道系统向导－浇口】对话框　　　　图 16.39　创建的浇注系统

5．创建冷却系统

本例创建冷却系统采用向导来完成的。

（1）选择【建模】|【冷却回路向导】命令，弹出【冷却回路向导－布置】对话框，指定水管直径为 8，如图 16.40 所示。单击 Next 按钮，弹出【冷却回路向导－管道】对话框，设定管道数量为 6，管道中心之间的间距为 30mm，如图 16.41 所示。

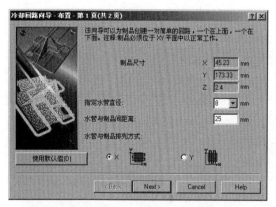
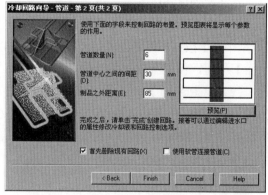

图 16.40　【冷却回路向导－布置】对话框　　　图 16.41　【冷却回路向导－管道】对话框

（2）单击 Finish 按钮，利用冷却回路向导创建的冷却系统已经生成，如图 16.42 所示。

6．设置分析的工艺参数

本章直接采用 Autodesk Moldflow Insight 2010 默认的成型工艺条件。图 16.43 和图 16.44 分别是冷却工艺条件、流动工艺条件的设置。

第 16 章　电池后盖——工艺参数调整

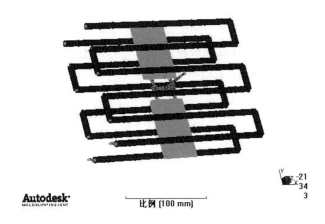

图 16.42　创建的冷却系统

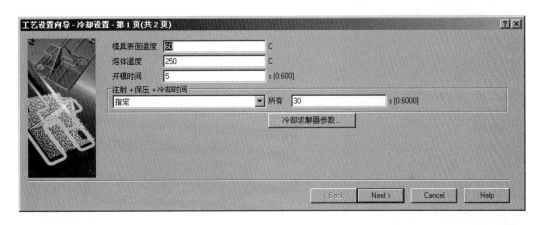

图 16.43　冷却工艺条件

图 16.44　流动工艺条件

7. 连通性诊断

在完成浇注系统后或在分析之前需要检查一下网格是否连通。选择【网格（Mesh）】|【网格诊断（Mesh Diagnostic）】|【连通性诊断（Connectivity Diagnostic）】命令，弹出【连通性诊断（Connectivity Diagnostic）】对话框，如图 16.45 所示，选择浇注点的第一个单元开始去检验网格的连通性。

不勾选【忽略柱体单元（Ignore Beam Element）】复选框，下拉列表框中选择显示方式诊断结果。

选择【将结果置于诊断层中】复选框，就把网格中没有连通性的单元存在的位置单独置于一个名为诊断结果的图形层中，方便用户随时查找诊断结果和便于修改存在的缺陷。单击【显示】按钮，将显示网格连通性诊断信息，如图 16.46 所示。本案例网格单元全部连通，可以进行分析计算。

图 16.45 【连通性诊断】对话框

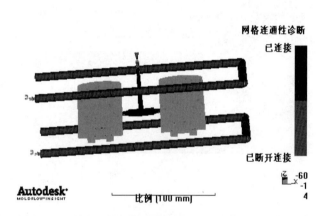

图 16.46 显示连通性诊断信息

16.3.2 分析计算

双击案例任务窗口中的【开始分析】图标，或者选择【分析】|【开始分析】命令，弹出【选择分析类型】对话框，如图 16.47 所示。单击【确定】按钮，程序开始运行。等待程序运行，可以查看分析的过程和分析的进度，与分析完成通过查看日记的内容一样。图 16.48～图 16.53 分别为分析过程中的内容。运行完成后，弹出【分析完成】对话框，如图 16.54 所示。单击 OK 按钮，退出【分析完成】对话框。

外部 迭代	循环时间 (秒)	平均温度 迭代	平均温度 偏差	温度差 迭代	温度差 偏差	回路温度 残余
1	35.000	11	5.000000	0	0.000000	1.000000
1	35.000	8	3.750000	0	0.000000	1.000000
1	35.000	12	2.812500	0	0.000000	1.000000
1	35.000	12	29.983150	0	0.000000	1.000000
1	35.000	5	6.986835	0	0.000000	1.000000
1	35.000	3	5.232953	0	0.000000	1.000000
1	35.000	3	1.481017	0	0.000000	1.000000
1	35.000	1	0.001541	0	0.000000	1.000000
1	35.000	0	0.000623	0	0.000000	1.000000
2	35.000	39	0.112660	0	0.000000	1.000000
2	35.000	6	0.046987	0	0.000000	1.000000
2	35.000	0	0.002640	0	0.000000	1.000000
3	35.000	12	0.083337	0	0.000000	0.000633
3	35.000	3	0.024381	0	0.000000	0.000633
3	35.000	0	0.002592	0	0.000000	0.000633
4	35.000	8	0.011985	0	0.000000	0.000192
4	35.000	2	0.013882	0	0.000000	0.000192
4	35.000	0	0.002179	0	0.000000	0.000192

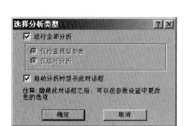

图 16.47 【选择分析类型】对话框　　　　　图 16.48 冷却分析过程信息

时间 (s)	体积 (%)	压力 (MPa)	锁模力 (tonne)	流动速率 (cm^3/s)	状态
0.03	4.55	7.79	0.00	12.73	U
0.07	9.00	9.93	0.00	12.41	U
0.11	14.57	10.97	0.02	12.78	U
0.15	20.64	11.82	0.04	12.76	U
0.17	24.20	13.02	0.08	12.58	U
0.20	27.49	17.68	0.30	12.52	U
0.23	32.12	20.21	0.49	12.57	U
0.26	36.81	22.67	0.76	12.64	U
0.30	41.49	25.37	1.18	12.62	U
0.33	46.05	28.35	1.75	12.61	U
0.36	50.66	31.48	2.46	12.64	U
0.39	55.29	34.86	3.36	12.66	U
0.43	59.88	38.41	4.41	12.68	U
0.46	64.44	42.03	5.65	12.70	U
0.49	69.05	45.86	7.09	12.74	U
0.52	73.58	49.76	8.71	12.76	U
0.56	78.20	53.82	10.56	12.79	U
0.59	82.75	57.90	12.58	12.82	U
0.62	87.30	61.97	14.75	12.84	U
0.66	91.85	66.17	17.17	12.87	U
0.69	96.45	70.36	19.76	12.87	U
0.70	98.06	71.67	20.63	12.78	U/P
0.71	99.02	57.34	17.60	2.92	P
0.72	99.41	57.34	17.22	3.19	P
0.75	99.99	57.34	18.33	2.01	P
0.75	100.00	57.34	18.37	1.99	已充填

图 16.49 充填分析过程信息

时间 (s)	保压 (%)	压力 (MPa)	锁模力 (tonne)	状态
1.66	3.27	57.34	9.21	P
3.16	8.39	57.34	3.04	P
4.41	12.66	57.34	2.21	P
5.91	17.78	57.34	1.74	P
7.41	22.90	57.34	1.20	P
8.91	28.01	57.34	0.66	P
10.41	33.13	57.34	0.19	P
10.70				压力已释放
10.71	34.17	0.00	0.11	P
11.86	38.09	0.00	0.02	P
13.36	43.21	0.00	0.00	P
14.86	48.33	0.00	0.00	P
16.11	52.59	0.00	0.00	P
17.61	57.71	0.00	0.00	P
19.11	62.83	0.00	0.00	P
20.61	67.95	0.00	0.00	P
22.11	73.07	0.00	0.00	P
23.61	78.19	0.00	0.00	P
25.11	83.31	0.00	0.00	P
26.36	87.57	0.00	0.00	P
27.86	92.69	0.00	0.00	P
29.36	97.81	0.00	0.00	P
30.00	100.00	0.00	0.00	P

图 16.50 保压分析过程信息

```
型腔温度结果摘要
========================================
制品表面温度   - 最大值      =  41.0072 C
制品表面温度   - 最小值      =  28.5286 C
制品表面温度   - 平均值      =  31.2006 C
型腔表面温度   - 最大值      =  36.4547 C
型腔表面温度   - 最小值      =  26.6525 C
型腔表面温度   - 平均值      =  28.9308 C
平均模具外部温度              =  25.1339 C
循环时间                      =  35.0000 s

执行时间
    分析开始时间     Tue Aug 03 21:38:21 2010
    分析完成时间     Wed Aug 04 00:34:06 2010
    使用的 CPU 时间       1764.77 s
```

图 16.51 冷却阶段结果摘要

充填阶段结果摘要：

　　最大注射压力　　　　　（在　　0.6999 s）＝　　71.6705 MPa

充填阶段结束的结果摘要：

　　充填结束时间　　　　　　　　　　＝　　0.7488 s
　　总重量(制品 + 流道)　　　　　　＝　　8.3998 g
　　最大锁模力 - 在充填期间　　　　＝　　20.6347 tonne
　　推荐的螺杆速度曲线(相对)：
　　%射出体积　　　%流动速率

　　　　0.0000　　　　10.3245
　　　10.0000　　　　60.2200
　　　24.7840　　　　60.2200
　　　30.0000　　　　98.4410
　　　40.0000　　　100.0000
　　　50.0000　　　　87.6026
　　　60.0000　　　　89.5487
　　　70.0000　　　　87.0450
　　　80.0000　　　　88.8945
　　　90.0000　　　　88.3530
　　　100.0000　　　　76.5160

% 充填时熔体前沿完全在型腔中　　　＝　　24.7840 %

图 16.52　充填阶段结果摘要

保压阶段结束的结果摘要：

　　保压结束时间　　　　　　　　　＝　　30.0001 s
　　总重量(制品 + 流道)　　　　　　＝　　8.6343 g

制品的保压阶段结果摘要：

　　总体温度 - 最大值　　　（在　1.658 s）＝　　235.5439 C
　　总体温度 - 第 95 个百分数（在　1.658 s）＝　　151.5160 C
　　总体温度 - 第 5 个百分数（在　30.000 s）＝　　27.7960 C
　　总体温度 - 最小值　　　（在　30.000 s）＝　　26.7129 C

　　剪切应力 - 最大值　　　（在　1.658 s）＝　　0.9483 MPa
　　剪切应力 - 第 95 个百分数（在　1.658 s）＝　　0.5116 MPa

　　体积收缩率 - 最大值　　（在　1.658 s）＝　　5.2539 %
　　体积收缩率 - 第 95 个百分数（在　8.908 s）＝　　4.8289 %
　　体积收缩率 - 第 5 个百分数（在　10.408 s）＝　　0.4093 %
　　体积收缩率 - 最小值　　（在　3.158 s）＝　　-0.2635 %

　　制品总重量 - 最大值　　（在　19.109 s）＝　　6.4093 g

制品的保压阶段结束的结果摘要：

　　制品总重量(不包括流道)　　　　＝　　6.4093 g

图 16.53　保压阶段结果摘要

图 16.54　【分析完成】对话框

在方案任务窗口中原来"开始分析"变成了"结果"，如图 16.55 所示。

16.3.3　结果分析

本案例的分析结果。在方案任务窗口中"分析结果"列表下，分析结果由流动（Flow）和冷却（Cool）两个部分组成。

图 16.55　分析完成

1. 流动分析结果

流动（Flow）分析结果主要包括充填时间（Fill Time）、压力（Pressure）、熔接线（Weld Lines）、气穴（Air Traps）、流动前沿温度（Temperature at Flow Front）等。分别介绍如下。

（1）充填时间（Fill Time）分析结果如图 16.56 所示。图中显示了模腔填充时每隔一定间隔的料流前锋位置。每个等高线描绘了模型各部分同一时刻的填充。在填充开始时，显示为暗蓝色，最后填充的地方为红色。如果制品短射，未填充部分没有颜色。制品的良好填充，其流型是平衡的。一个平衡的填充结果是：所有流程在同一时间结束，料流前锋在同一时间到达模型末端。这个意味着每个流程应该以暗蓝色等高线结束。

（2）压力（Pressure）分析结果如图 16.57 所示。图中显示了充填过程中模具型腔内的压力分布。压力是一个中间结果，其动画默认随着时间变化，默认比例是整个结果范围从最小到最大。

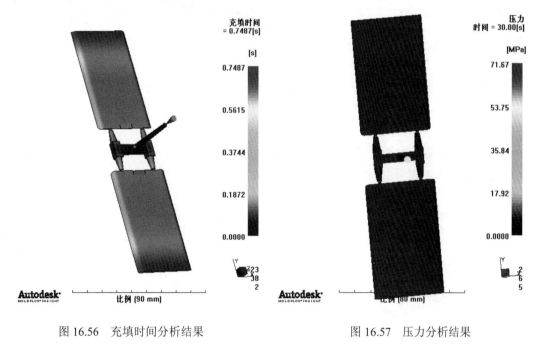

图 16.56　充填时间分析结果　　　　　　图 16.57　压力分析结果

（3）熔接线（Weld Lines）分析结果如图 16.58 所示。图中显示了熔接线在模具型腔内的分布情况。制品上应该避免或减少熔接线的存在。解决的方法有：适当增加模具温度、适当增加熔体温度、修改浇口位置等。

（4）气穴（Air Traps）分析结果如图 16.59 所示。图中显示了气穴在模具型腔内的分布情况。气穴应该位于分型面上、筋骨末端或者在顶针处，这样气体就容易从模腔内排出。否则制品容易出现气泡、焦痕等缺陷。解决的方法有：修改浇口位置、改变模具结构、改变制件区域壁厚、修改制件结构等。

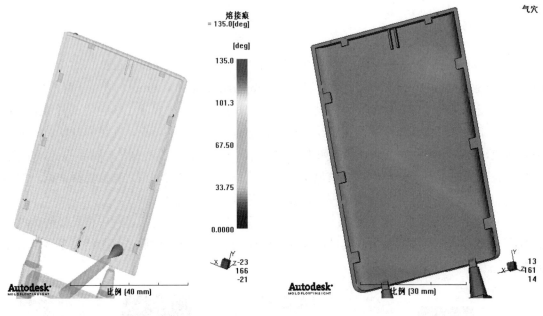

图 16.58 熔接线分析结果　　　　　　　图 16.59 气穴分析结果

（5）流动前沿温度（Temperature at Flow Front）分析结果如图 16.60 所示。模型的温度差不能太大，合理的温度分布应该是均匀的。

（6）体积收缩率（Volumetric shrinkage）分析结果如图 16.61 所示。从冻结层因子的结果图中可以得知，在这一时刻，体积收缩率的最大值，处于流道中，制品表面颜色梯度很小，表面收缩均匀。体积收缩率的结果越均匀越好。

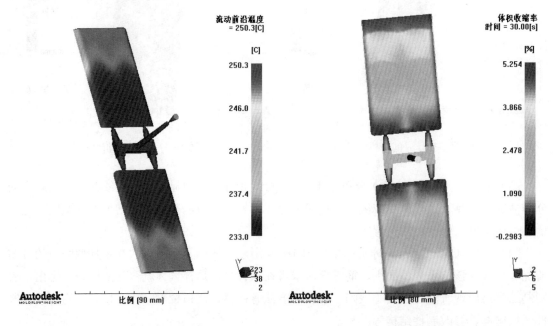

图 16.60 流动前沿温度分析结果　　　　图 16.61 体积收缩率分析结果

(7) 保持压力（Hold pressure result）分析结果如图 16.62 所示。该结果显示了模型里达到的最大压力从保压开始直到结果被写入时间。在充填结束时每个流程末端的压力应该是 0。保持压力结果应该显示了一个均匀的压力梯度从注射点到流动路径的末端。均匀的压力梯度在制品冻结时会获得平衡的保压。

(8) 推荐螺杆速度（Recommended ram speed result）分析结果如图 16.63 所示。该结果显示了最佳的注射曲线。在填充分析之后，其可以定义注射曲线来保持熔体前沿区域不变。推荐螺杆速度曲线显示为一个 XY 结果图，来保持在充填期间不变的熔体前沿速度。螺杆速度实际上由熔体前沿区域即时计算出，越大的熔体前沿区域，就有越高的螺杆速度来保持一个不变的熔体前沿速度。

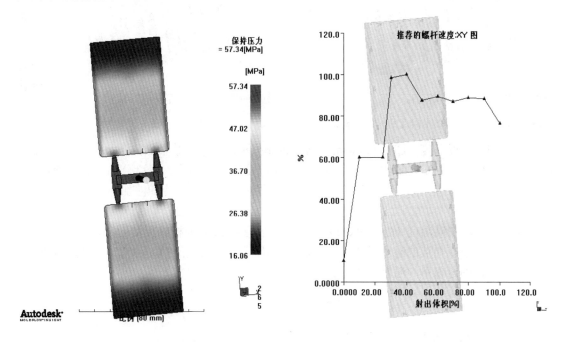

图 16.62　保持压力分析结果　　　　　图 16.63　推荐螺杆速度分析结果

2. 冷却分析结果

冷却（Cool）分析结果主要包括制品达到顶出温度的时间（Time to reach ejection temperature, part result）、制品平均温度（Average Temperature）、回路管壁温度（Circuit metal temperature result）、回路冷却液温度（Circuit coolant temperature result）、制品温度（Temperature）、模具温度（Temperature, mold）等。下面分别做一个介绍。

（1）制品达到顶出温度的时间（Time to reach ejection temperature, part result）分析结果如图 16.64 所示。冷却时间的差值应尽量小，以实现均匀冷却。

（2）制品平均温度（Average Temperature）分析结果如图 16.65 所示。该结果是穿过制品厚度的平均温度曲线，在冷却结束时得出。此曲线是基于周期的平均模具表面温度，周期包括开模时间。制品的温度差不能太大，合理的温度分布应该是均匀的。

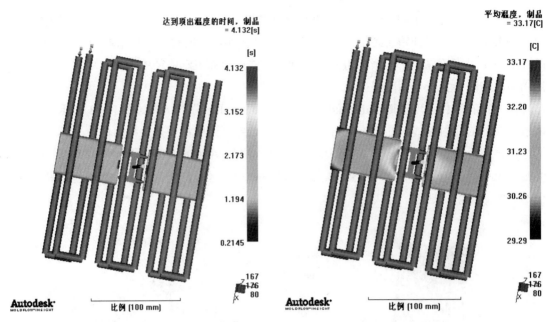

图 16.64　制品达到顶出温度的时间分析结果　　　　图 16.65　制品平均温度分析结果

（3）回路管壁温度（Circuit metal temperature result）分析结果如图 16.66 所示。回路管壁温度是在周期上的平均基本结果，显示了管壁冷却回路的温度。温度分布应该在冷却回路上平衡的分布。靠近制品的回路温度会增加，这些热区域也会使冷却液加热。温度不能大于入口温度的 5℃。

（4）回路冷却液温度（Circuit coolant temperature result）分析结果如图 16.67 所示。显示了在冷却回路中冷却液的温度，如果温度的增加不可接受（大于 2℃~3℃），使用回路冷却液温度结果来确定哪里的温度增加太大。

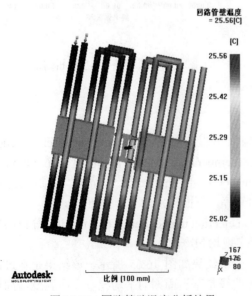
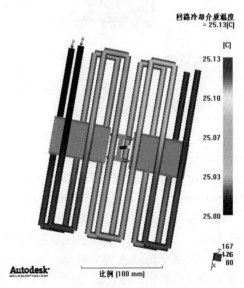

图 16.66　回路管壁温度分析结果　　　　图 16.67　回路冷却液温度分析结果

（5）制品温度（Temperature，part）分析结果如图 16.68 和图 16.69 所示。制品的温度差不能太大，合理的温度分布应该是均匀的。

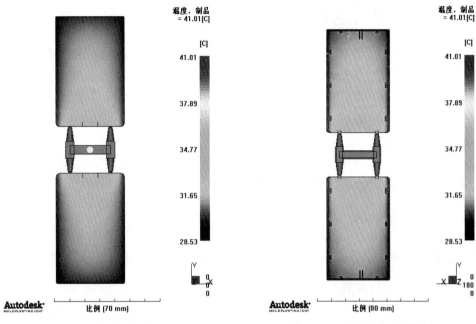

图 16.68　制品温度分析结果（一）　　　　图 16.69　制品温度分析结果（二）

（6）模具温度（Temperature，mold）分析结果如图 16.70 和图 16.71 所示。该结果显示了模具外表面的温度，在冷却分析期间，假定外界温度为 25℃。因此，模具边界温度应该均匀的分布。如果模具边界温度不均匀，那么读者需要扩大或者缩小模型。如果模具边界温度显示有热的区域，那么就需要增加更多的冷却回路。

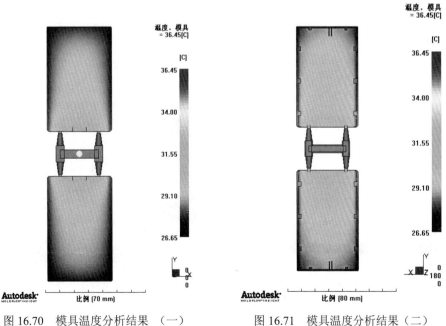

图 16.70　模具温度分析结果（一）　　　　图 16.71　模具温度分析结果（二）

从分析结果中得到了足够的信息，就可以根据制品的分析结果对工艺条件、模具结构、制品结构进行调整，以获得最佳质量的制品。

16.3.4 模具设计和工艺设计的调整

从上面的分析结果，调整的模具结构设计和工艺设计。重新设置冷却管道位置，减小模具成本。调整工艺设计，缩短成型周期。

16.4 产品设计方案调整后的分析

通过对手机的电池后盖模型进行流动+冷却分析，通过分析结果判断制品质量的优劣，分析出相关工艺参数对产品质量的影响，从而调整工艺参数作进一步的分析处理。

16.4.1 分析前处理

分析前处理主要需要做的工作是重新创建冷却系统和重新设置分析的工艺参数等。

1．对工程方案进行复制

在工程任务栏中，右键单击"mob_batt_cover_方案（初次分析）"方案图标，在弹出的快捷菜单中单击【复制】命令，此时在工程任务栏中出现名为"mob_batt_cover_方案（初次分析）（复制品）"的工程，重命名为"mob_batt_cover_方案（第二次分析）"，如图16.72所示。

2．激活方案

双击"mob_batt_cover_方案（第二次分析）"方案，激活该方案。

3．创建冷却系统

创建冷却系统的步骤如下。

（1）选择【建模】|【冷却回路向导】命令，弹出【冷却回路向导－布置】对话框，指定水管直径为8mm，如图16.73所示。

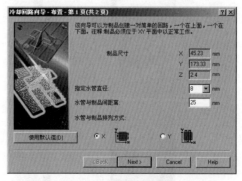

图16.72 工程任务栏　　　　　　　图16.73 【冷却回路向导－布置】对话框

（2）单击Next按钮，弹出【冷却回路向导－管道】对话框，设定管道数量为6，管道中心之间的间距为 30mm,如图 16.74 所示。

(3)单击【Finish】按钮,利用冷却回路向导创建的冷却系统已经生成,如图 16.75 所示。

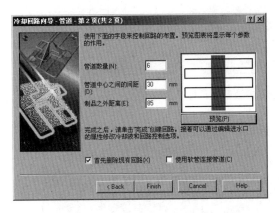

图 16.74 【冷却回路向导－管道】对话框　　　图 16.75 创建的冷却系统

4．设置分析的工艺参数

设置分析的工艺参数的步骤如下。

(1)选择【分析】|【工艺设置向导】命令,弹出【工艺设置向导—冷却设置】对话框,如图 16.76 所示。按图 16.76 所示设置冷却工艺条件,即设置模具表面温度为 60℃,熔体温度为 250℃,开模时间为 5s,注射+保压+冷却时间设为指定,并指定时间为 15s。

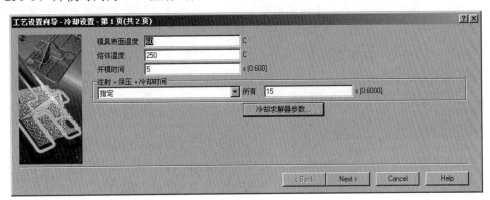

图 16.76 【工艺设置向导－冷却设置】对话框

(2)单击【冷却求解器参数】按钮,弹出【冷却求解器参数】对话框,如图 16.77 所示。按图 16.77 所示设置冷却求解器参数,即设模具温度收敛公差为 0.1,最大模温迭代次数为 50,计算几何体影响的方法为理想,勾选【自动计算冷却时间时包含流道】选项前的复选框,勾选【使用聚合网格求解器】选项前的复选框。

(3)单击【OK】按钮,返回到【工艺设置向导－冷却设置】对话框。单击【Next】按钮,弹出【工艺设置向导－充填+保压设置】对话框,如图 16.78 所示。按图 16.78 所示设置充填+保压工艺条件。

第 4 篇 实战案例篇

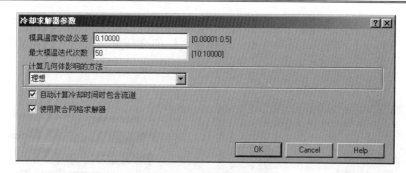

图 16.77 【冷却求解器参数】对话框

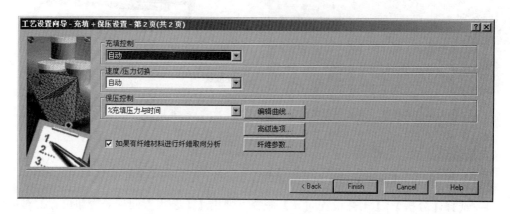

图 16.78 【工艺设置向导－充填+保压设置】对话框

（4）单击保压控制选项后的【编辑曲线】按钮，弹出【保压控制曲线设置】对话框，如图 16.79 所示。按图 16.79 所示设置保压控制曲线。

（5）单击 OK 按钮，返回到【工艺设置向导－充填+保压设置】对话框。单击【高级选项】按钮，弹出【充填+保压分析高级选项】对话框，图 16.80 所示。

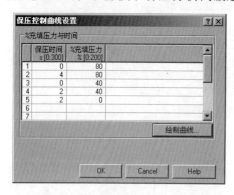 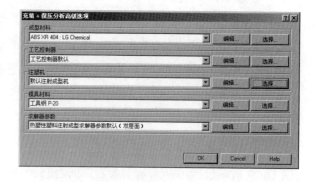

图 16.79 【保压控制曲线设置】对话框　　　图 16.80 【充填+保压分析高级选项】对话框

（6）单击注塑机选项后的【选择】按钮，弹出【选择注塑机】对话框，如图 16.81 所示。选择图 16.81 所示的注塑机。

· 268 ·

图 16.81 【选择注塑机】对话框

(7) 单击【选择】按钮,返回到【充填+保压分析高级选项】对话框。单击注塑机选择后的【编辑】按钮,弹出【注塑机-注射单元】对话框,如图 16.82 所示,按图 16.82 进行设置。

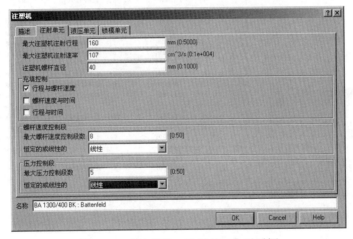

图 16.82 【注塑机-注射单元】对话框

(8) 单击【液压单元】按钮,弹出【注塑机-液压单元】对话框,如图 16.83 所示。按图 16.83 进行设置。

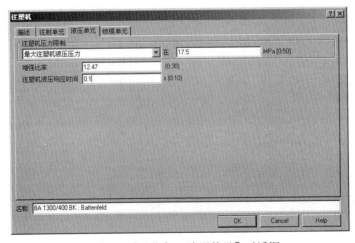

图 16.83 【注塑机-液压单元】对话框

16.4.2　分析计算

双击案例任务窗口中的“开始分析”图标，或者选择【分析】|【开始分析】命令，弹出【选择分析类型】对话框，如图 16.84 所示。单击【确定】按钮，程序开始运行。等待程序运行，可以查看分析的过程和分析的进度，与分析完成通过查看日记的内容一样。图 16.85～图 16.90 分别分析过程中的内容。运行完成后，弹出【分析完成】对话框，如图 16.91 所示。单击 OK 按钮，退出【分析完成】对话框。

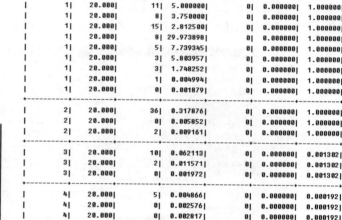

图 16.84　【选择分析类型】对话框

外部迭代	循环时间(秒)	平均温度迭代	平均温度偏差	温度差迭代	温度差偏差	回路温度残余
1	20.000	11	5.000000	0	0.000000	1.000000
1	20.000	8	3.750000	0	0.000000	1.000000
1	20.000	15	2.812500	0	0.000000	1.000000
1	20.000	8	29.973898	0	0.000000	1.000000
1	20.000	5	7.739345	0	0.000000	1.000000
1	20.000	3	5.803957	0	0.000000	1.000000
1	20.000	3	1.748252	0	0.000000	1.000000
1	20.000	1	0.004994	0	0.000000	1.000000
1	20.000	0	0.001879	0	0.000000	1.000000
2	20.000	36	0.317876	0	0.000000	1.000000
2	20.000	0	0.005852	0	0.000000	1.000000
2	20.000	2	0.009161	0	0.000000	1.000000
3	20.000	10	0.062113	0	0.000000	0.001302
3	20.000	2	0.011571	0	0.000000	0.001302
3	20.000	0	0.001972	0	0.000000	0.001302
4	20.000	5	0.004866	0	0.000000	0.000192
4	20.000	0	0.002576	0	0.000000	0.000192
4	20.000	0	0.002817	0	0.000000	0.000192

图 16.85　冷却分析过程信息

时间 (s)	体积 (%)	压力 (MPa)	锁模力 (tonne)	流动速率 (cm^3/s)	状态
0.03	4.55	7.79	0.00	12.73	V
0.07	9.00	9.91	0.00	12.41	V
0.11	14.57	10.95	0.02	12.78	V
0.15	20.64	11.80	0.04	12.76	V
0.17	24.20	13.00	0.08	12.58	V
0.20	27.49	17.66	0.30	12.52	V
0.23	32.21	20.24	0.50	12.57	V
0.26	36.81	22.63	0.76	12.65	V
0.30	41.49	25.32	1.18	12.62	V
0.33	46.13	28.34	1.75	12.61	V
0.36	50.73	31.45	2.47	12.64	V
0.39	55.27	34.75	3.34	12.67	V
0.43	59.92	38.31	4.41	12.69	V
0.46	64.50	41.94	5.64	12.70	V
0.49	69.09	45.73	7.08	12.73	V
0.52	73.61	49.60	8.68	12.76	V
0.56	78.16	53.57	10.49	12.79	V
0.59	82.79	57.69	12.54	12.82	V
0.62	87.34	61.74	14.70	12.84	V
0.66	91.95	65.95	17.13	12.87	V
0.69	96.46	70.05	19.67	12.87	V
0.70	98.08	71.35	20.54	12.77	V/P
0.72	99.99	68.98	21.65	7.85	P
0.72	100.00	68.97	21.74	7.77	已充填

图 16.86　充填分析过程信息

时间 (s)	保压 (%)	压力 (MPa)	锁模力 (tonne)	状态
0.72	0.12	68.95	21.87	P
0.82	0.83	57.08	27.75	P
1.63	6.48	57.08	9.53	P
2.38	11.72	57.08	4.87	P
2.88	15.22	57.08	3.51	P
3.63	20.46	57.08	2.64	P
4.38	25.71	57.08	2.25	P
4.70	27.99	28.54	2.02	P
5.01	30.14	28.54	1.71	P
5.76	35.38	28.54	1.28	P
6.51	40.62	28.54	0.93	P
7.36	46.57	19.13	0.57	P
7.86	50.07	12.00	0.38	P
8.61	55.31	1.29	0.11	P
8.70	55.94	0.00	0.08	P
8.70				压力已释放
9.45	61.19	0.00	0.01	P
10.20	66.43	0.00	0.01	P
10.95	71.68	0.00	0.01	P
11.45	75.17	0.00	0.01	P
12.20	80.42	0.00	0.01	P
12.95	85.66	0.00	0.01	P
13.70	90.91	0.00	0.01	P
14.45	96.15	0.00	0.01	P
15.00	100.00	0.00	0.01	P

图 16.87　保压分析过程信息

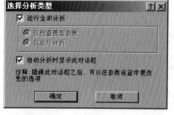

型腔温度结果摘要

=====================================

制品表面温度　- 最大值	=	44.6014 C
制品表面温度　- 最小值	=	31.6839 C
制品表面温度　- 平均值	=	35.1390 C
型腔表面温度 - 最大值	=	39.0648 C
型腔表面温度 - 最小值	=	28.4900 C
型腔表面温度 - 平均值	=	31.2546 C
平均模具外部温度	=	26.1356 C
循环时间	=	20.0000 s

执行时间

分析开始时间	Wed Aug 04 08:44:04 2010
分析完成时间	Wed Aug 04 11:06:34 2010
使用的 CPU 时间	1689.89 s

图 16.88　冷却阶段结果摘要

充填阶段结果摘要 ：

最大注射压力　　(在　0.6999 s) =　71.3508 MPa

充填阶段结束的结果摘要 ：

充填结束时间	=	0.7166 s
总重量(制品 + 流道)	=	8.4248 g
最大锁模力 - 在充填期间	=	21.7399 tonne

推荐的螺杆速度曲线(相对)：

%射出体积	%流动速率
0.0000	10.3191
10.0000	60.2042
24.7840	60.2042
30.0000	98.4969
40.0000	100.0000
50.0000	87.6099
60.0000	89.5840
70.0000	87.0549
80.0000	88.8846
90.0000	88.3686
100.0000	93.7419

% 充填时熔体前沿完全在型腔中　=　24.7840 %

图 16.89　充填阶段结果摘要

保压阶段结果摘要 ：

压力峰值 - 最小值	(在　0.819 s) =	15.1204 MPa
锁模力 - 最大值	(在　0.768 s) =	29.9074 tonne
总重量 - 最大值	(在　12.200 s) =	8.6455 g

保压阶段结束的结果摘要 ：

保压结束时间	=	15.0001 s
总重量(制品 + 流道)	=	8.6455 g

制品的保压阶段结果摘要 ：

总体温度 - 最大值	(在　0.717 s) =	256.1588 C
总体温度 - 第 95 个百分数	(在　0.717 s) =	253.7222 C
总体温度 - 第 5 个百分数	(在　15.000 s) =	29.9124 C
总体温度 - 最小值	(在　15.000 s) =	28.6516 C
剪切应力 - 最大值	(在　2.376 s) =	1.5112 MPa
剪切应力 - 第 95 个百分数	(在　1.626 s) =	0.4980 MPa
体积收缩率 - 最大值	(在　0.717 s) =	8.4677 %
体积收缩率 - 第 95 个百分数	(在　0.717 s) =	7.1058 %
体积收缩率 - 第 5 个百分数	(在　10.950 s) =	0.4217 %
体积收缩率 - 最小值	(在　3.626 s) =	-0.3268 %
制品总重量 - 最大值	(在　14.450 s) =	6.4360 g

图 16.90　保压阶段结果摘要

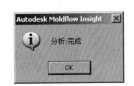

图 16.91 【分析完成】对话框

在方案任务窗口中原来的“开始分析”变成了“结果”，如图 16.92 所示。

图 16.92　分析完成

16.4.3　结果分析

本案例的分析结果，在方案任务窗口中“分析结果”列表下，分析结果由流动（Flow）和冷却（Cool）两个部分组成。

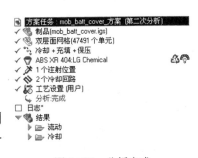

1. 流动分析结果

流动（Flow）分析结果主要包括充填时间（Fill Time）、压力（Pressure）、熔接线（Weld Lines）、气穴（Air Traps）、流动前沿温度（Temperature at Flow Front）等。下面分别做一个介绍：

（1）充填时间（Fill Time）分析结果如图 16.93 所示。充填时间显示了模腔充填时每隔一定间隔的料流前锋位置。每个等高线描绘了模型各部分同一时刻的充填。在充填开始时，显示为暗蓝色，最后充填的地方为红色。如果制品短射，未充填部分没有颜色。制品的良好填充，其流型是平衡的。一个平衡的充填结果是所有流程在同一时间结束，料流前锋在同一时间到达模型末端。这个意味着每个流程应该以暗蓝色等高线结束。

（2）压力（Pressure）分析结果如图 16.94 所示。图中显示了充填过程中模具型腔内的压力分布。压力是一个中间结果，其动画默认随着时间变化，默认比例是整个结果范围从最小到最大。

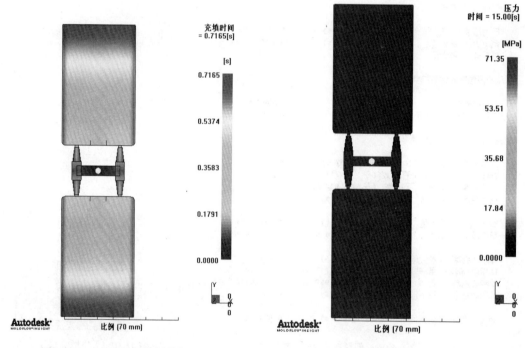

图 16.93　充填时间分析结果　　　　　图 16.94　压力分析结果

（3）熔接线（Weld Lines）分析结果如图 16.95 所示。图中显示了熔接线在模具型腔内的分布情况。制品上应该避免或减少熔接线的存在。解决的方法有：适当增加模具温度、适当增加熔体温度、修改浇口位置等。

（4）气穴（Air Traps）分析结果如图 16.96 所示。图中显示了气穴在模具型腔内的分布情况。气穴应该位于分型面上、筋骨末端或者在顶针处，这样气体就容易从模腔内排出。否则制品容易出现气泡、焦痕等缺陷。解决的方法有：修改浇口位置、改变模具结构、改变制件区域壁厚、修改制件结构等。

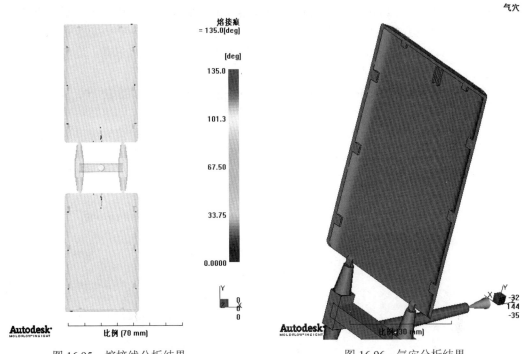

图 16.95　熔接线分析结果　　　　　　　图 16.96　气穴分析结果

（5）流动前沿温度（Temperature at Flow Front）分析结果如图 16.97 所示。模型的温度差不能太大，合理的温度分布应该是均匀的。

（6）体积收缩率（Volumetric shrinkage）分析结果如图 16.98 所示。从冻结层因子的结果图中可以得知，在这一时刻，体积收缩率的最大值，处于流道中，制品表面颜色梯度很小，表面收缩均匀。体积收缩率的结果为越均匀越好。

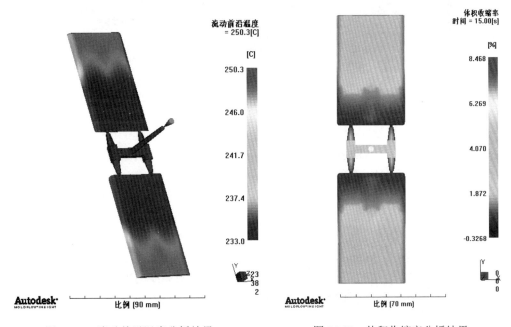

图 16.97　流动前沿温度分析结果　　　　图 16.98　体积收缩率分析结果

· 273 ·

(7) 保持压力（Hold pressure result）分析结果如图 16.99 所示。该结果显示了模型里达到的最大压力从保压开始直到结果被写入时间。在填充结束时每个流程末端的压力应该是 0。保持压力结果应该显示了一个均匀的压力梯度从注射点到流动路径的末端。均匀的压力梯度在制品冻结时会获得平衡的保压。

(8) 推荐螺杆速度（Recommended ram speed result）分析结果如图 16.100 所示。该结果显示了最佳的注射曲线。在填充分析之后，其可以定义注射曲线来保持熔体前沿区域不变。推荐螺杆速度曲线显示为一个 XY 结果图，来保持在填充期间不变的熔体前沿速度。螺杆速度实际上由熔体前沿区域即时计算出越大的熔体前沿区域，就有越高的螺杆速度来保持一个不变的熔体前沿速度。

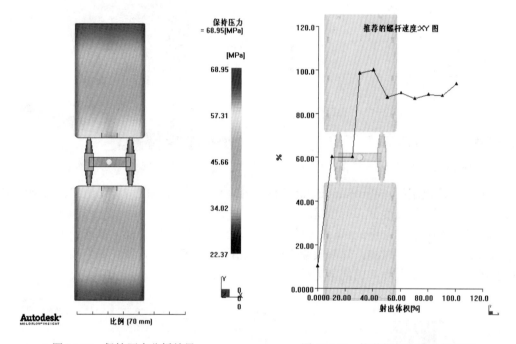

图 16.99　保持压力分析结果　　　　　图 16.100　推荐螺杆速度分析结果

2．冷却分析结果

冷却（Cool）分析结果主要包括制品达到顶出温度的时间（Time to reach ejection temperature，part result）、制品平均温度（Average Temperature）、回路管壁温度（Circuit metal temperature result）、回路冷却液温度（Circuit coolant temperature result）、制品温度（Temperature）、模具温度（Temperature，mold）等。下面分别做一个介绍。

（1）制品达到顶出温度的时间（Time to reach ejection temperature, part result）分析结果如图 16.101 所示。冷却时间的差值应尽量小，以实现均匀冷却。

（2）制品平均温度（Average Temperature）分析结果如图 16.102 所示。该结果是穿过制品厚度的平均温度曲线，在冷却结束时得出。此曲线是基于周期的平均模具表面温度，周期包括开模时间。制品的温度差不能太大，合理的温度分布应该是均匀的。

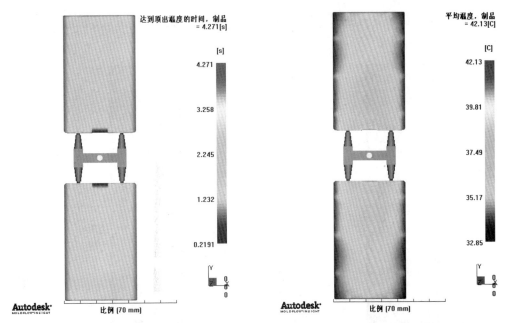

图 16.101　制品达到顶出温度的时间分析结果　　图 16.102　制品平均温度分析结果

（3）回路管壁温度（Circuit metal temperature result）分析结果如图 16.103 所示。回路管壁温度是在周期上的平均基本结果，显示了管壁冷却回路的温度。温度分布应该在冷却回路上平衡的分布。靠近制品的回路温度会增加，这些热区域也会使冷却液加热。温度不能大于入口温度的 5℃。

（4）回路冷却液温度（Circuit coolant temperature result）分析结果如图 16.104 所示。显示了在冷却回路中冷却液的温度，如果温度的增加不可接受（大于 2℃～3℃），使用回路冷却液温度结果来确定哪里的温度增加太大。

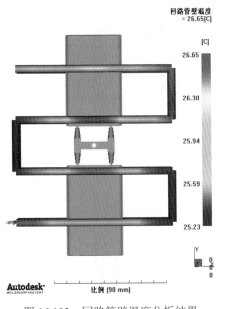
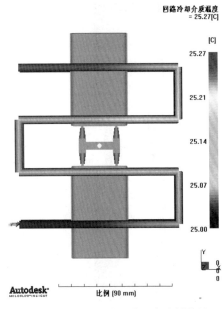

图 16.103　回路管壁温度分析结果　　　　图 16.104　回路冷却液温度分析结果

（5）制品温度（Temperature，part）分析结果如图 16.105 和图 16.106 所示。制品的温度差不能太大，合理的温度分布应该是均匀的。

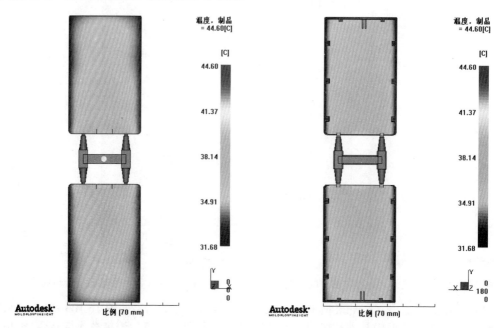

图 16.105　制品温度分析结果（一）　　　　图 16.106　制品温度分析结果（二）

（6）模具温度（Temperature，mold）分析结果如图 16.107 和图 16.108 所示。该结果显示了模具外表面的温度，在冷却分析期间，假定外界温度为 25℃。因此，模具边界温度应该均匀的分布。如果模具边界温度不均匀，读者需要扩大或者缩小模型。如果模具边界温度显示有热的区域，就需要增加更多的冷却回路。

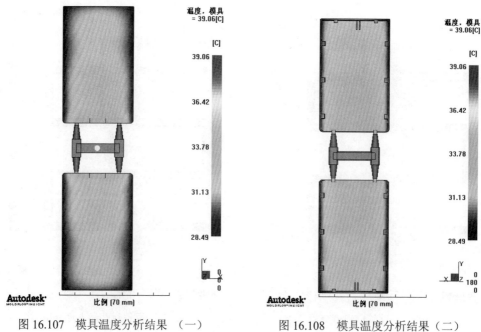

图 16.107　模具温度分析结果（一）　　　　图 16.108　模具温度分析结果（二）

16.5 本章小结

本章通过一个案例的操作描述了 AMI 的流动+冷却分析流程，从模型的输入、网格的划分与处理、分析类型的选择、工艺参数的设置到分析结果等进行了介绍，使读者能够从本章学习 AMI 流动+冷却分析要进行的工作，形成了一个完整的流程。本章的重点和难点是掌握 AMI 流动+冷却分析的流程和解决问题的方法。下一章将通过管件接头对充填分析进行讲解。

第 17 章　管件接头——充填分析

充填分析是模拟塑料从注塑开始到型腔被填满的整个过程，预测塑料在型腔中的充填过程。案例通过对管件接头的分析，重新学习充填分析的操作，针对出现的问题进行相应的问题查找和解决。

17.1　概　　述

本案例是水管的三通接头件，是在日常生活中常用到的塑料制品。通过对三通接头件的充填（Fill）分析，模拟计算出从注塑开始到模腔被填满整个过程，预测制件、塑料材料及相关工艺参数设置下的充填行为。

17.2　最佳浇口位置分析

进行充填分析时，必须进行浇口设置，否则分析无法进行。本章浇口位置的选择采用的是 Autodesk Moldflow Insight 2010 提供的浇口位置分析。根据分析得到的最佳浇口位置进行选择的 Autodesk Moldflow Insight 2010 的浇口位置分析为用户进行成型分析提供了很好的参考，避免了由于浇口位置设置不当引起的制品缺陷。

17.2.1　分析前处理

分析前需要处理的工作主要有以下几项。

1. 创建一个新项目

选择【文件】|【新建工程】命令，弹出【创建新工程】对话框，在【工程名称】文件框中输入工程名 ch17，如图 17.1 所示，单击【确定】按钮完成创建新项目。

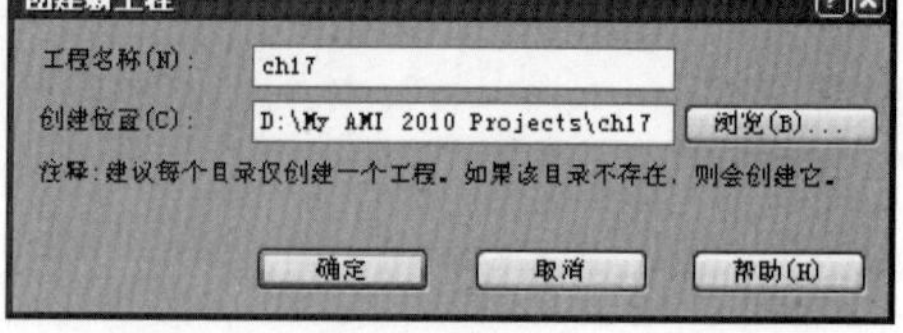

图 17.1　【创建新工程】对话框

2. 导入CAD模型

选择【文件】|【导入】命令，弹出【导入】对话框，选择【santong.prt】文件，如图 17.2 所示。完成后单击 Open 按钮，弹出【导入—选择网格类型】对话框，如图 17.3 所示。

第 17 章 管件接头——充填分析

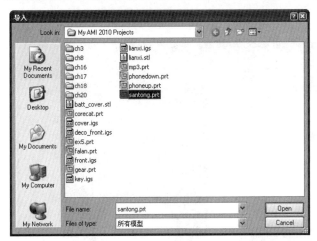

图 17.2 【导入】对话框　　　　　图 17.3 【导入-选择网格类型】对话框

单击【确定】按钮完成。

3．划分网格

划分网格的步骤如下。

（1）在图 17.3 中，单击【确定】按钮，弹出【Autodesk Moldflow Design Link 屏幕输出】对话框，如图 17.4 所示。经过一段时间，【Autodesk Moldflow Design Link 屏幕输出】对话框关闭，网格自动划分完成，如图 17.5 所示。

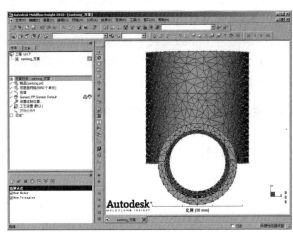

图 17.4 【Autodesk Moldflow Design Link 屏幕输出】对话框　　　图 17.5 网格自动划分的结果

（2）选择【网格（Mesh）】|【生成网格】命令，弹出【生成网格】对话框。在全局网格边长（Global edge length）右侧文本框中输入 2.2。对于导入文件格式为 IGES 的情况，还要输入合并容差（IGES merge tolerance），其默认值一般是 0.1mm，如图 17.6 所示。

（3）单击对话框中的【立即产生网格】按钮，等待电脑分析计算完成后，如图 17.7 所示。

4．检验网格

网格划分后，检查网格可能存在的错误。通过【网格统计（Mesh Statistics）】选项可以知道网格的缺陷。

图 17.6 【生成网格】对话框

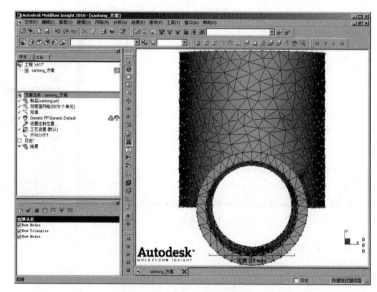

图 17.7 网络划分结果

（1）选择【网格（Mesh）】|【网格统计（Mesh Statistics）】命令，等待一会儿，弹出【网格统计】结果对话框，如图 17.8 所示。

查看如上图 17.8 所示的各项网格质量统计报告。报告显示网格无自由边、相交单元等问题。报告还指出网格最大纵横比为 14.689（大于 6），可能会影响到分析结果的准确性；对于这个案例匹配为 86.3%（大于 85%），基本符合要求。

> 注意：不是每一个塑料制品在进行网格划分后每一项都有错误，本例只针对有错误的地方进行修改和讲解。

（2）选择【网格（Mesh）】|【网格诊断（Mesh Diagnostic）】|【纵横比诊断（Aspect Ratio Diagnostic）】命令，弹出【纵横比诊断（Aspect Ratio Diagnostic）】对话框，按如图 17.9 所示进行设置。单击【显示（Show）】按钮，如图 17.10 所示，显示了纵横比大于的单元。

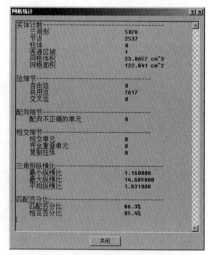

图 17.8 【网格统计】结果对话框

先利用修改纵横比工具来自动处理网格纵横比，再用手动修改纵横比，这样可以提高工作效率。

5．修改网格

下面将复习一下使用修改纵横比工具来处理网格缺陷，操作过程如下。

（1）选择【网格（Mesh）】|【网格工具（Mesh Tools）】|【修改纵横比（Fix Aspect Ratio）】命令，弹出【修改纵横比工具（Fix Aspect Ratio Tool）】对话框，在【目标最大纵横比】选

项后的文本框内输入值 6，如图 17.11 所示。

图 17.9 【纵横比诊断工具】对话框

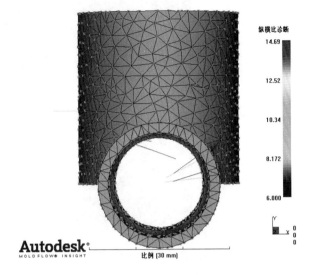

图 17.10 网格纵横比

（2）单击【应用】按钮，程序自动运行。完成后显示修改纵横比后的结果，如图 17.12 所示。也可以看到状态栏下显示的修改纵横比的结果，如图 17.13 所示。

图 17.11 【修改纵横比工具】对话框

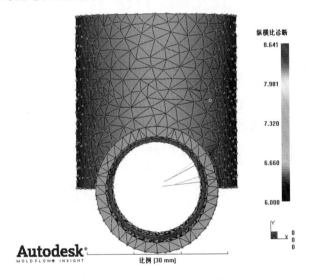

图 17.12 修改纵横比后的结果

图 17.13 状态栏下显示的修改纵横比的结果

（3）从图 17.11、图 17.12 和图 17.13 中可以看出，经过修改纵横比工具处理后，网格的最大纵横比从 14.6 降低到了 8.6，一共处理了 6 个单元网格。使用网格工具，手动处理网格纵横比，本案例复习一下通过合并节点工具来处理网格，图 17.14 显示的网格问题可通过用合并节点的方法来处理。

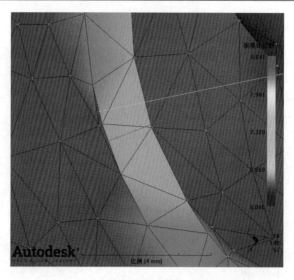

图 17.14　要修改的网格

6. 合并节点

合并节点工具的操作过程如下。

（1）选择【网格（Mesh）】|【网格工具（Mesh Tools）】|【节点工具（Nodes Tools）】|【合并节点（Merge Node）】命令，弹出【合并节点工具（Merge Node Tool）】对话框，如图 17.15 所示。勾选【仅沿着某个单元边合并节点】复选框。不勾选【选择完成时自动应用】复选框。

（2）选择节点。先选择目标节点，再选择将要合并到目标节点的节点，如图 17.16 所示。

（3）单击【应用】按钮，程序自动运行。完成后显示合并节点的结果，如图 17.17 所示。也可以看到状态栏下合并节点的结果，如图 17.18 所示。

图 17.15　【合并节点工具】对话框

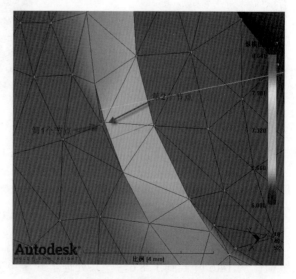

图 17.16　选择将合并的节点

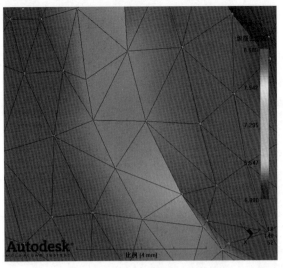

图 17.17 合并节点后的结果

图 17.18 状态栏下合并节点后的结果

其他网格的处理可以使用合并节点工具完成，本例不做详细的介绍，请读者自己去练习完成。作者把处理完的网格的模型文件放在光盘\例子\CH17\CH17-1-4 文件夹下。

7．选择分析类型

本例进行充填分析，但要先进行最佳浇口位置分析。方案任务区的分析类型为充填，选择【分析】|【设置分析序列】|【浇口位置】命令，完成分析类型的设置，如图 17.19 所示。

8．选择成型材料

本章选择常用于水管接头的 PP（聚丙烯）作为分析的成型材料。

（1）选择【分析】|【选择材料】命令，弹出【选择材料】对话框。从图 17.20 中【制造商】下拉列表框的下三角按钮选择材料的生产者，再从【牌号】下拉列表框的下三角按钮中选择所需要的牌号，如图 17.20 所示。

图 17.19 浇口位置分析类型

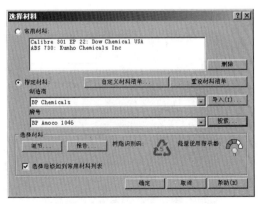

图 17.20 【选择材料】对话框

(2)单击【细节】按钮,弹出【热塑性塑料】对话框。图 17.21 的材料对话框显示了 PP 材料的成型工艺参数。

(3)单击 OK 按钮退出【热塑性塑料】对话框。再次单击【确定】按钮完成选择并退出选择材料对话框,结果如图 17.22 所示。

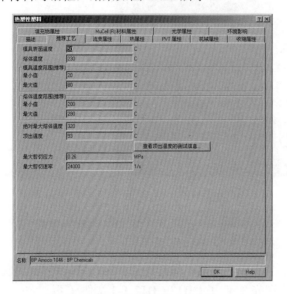

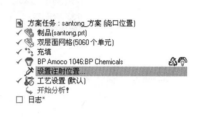

图 17.21　PP 材料的成型工艺参数　　　　　　图 17.22　完成材料选择

17.2.2　分析计算与结果

接着上面步骤,下面继续讲解分析计算的步骤。

1. 设置工艺参数

本案例直接采用 Autodesk Moldflow Insight 2010 默认的成型工艺条件。图 17.23 是充填工艺条件的设置,即设置模具表面温度为 50℃,熔体温度为 230℃,充填控制为自动,速度/压力切换为自动,保压控制设为%充填压力与时间,勾选【如果有纤维材料进行纤维取向分析】选项前的复选框。

图 17.23　充填工艺条件

2. 分析计算

进行浇口位置分析时不用设置浇口位置。复制 phoneup 方案，在项目中生成一个新的分析方案。把该方案的分析类型设置为浇口位置。浇口位置分析也采用 Autodesk Moldflow Insight 2010 默认的成型工艺条件。双击【开始分析】图标，程序开始运行。运行完成后，得到最佳浇口位置。

3. 结果分析

勾选浇口分析结果列表中【浇口匹配性】前的复选框，在图形显示窗口显示浇口匹配性结果，如图 17.24 所示。

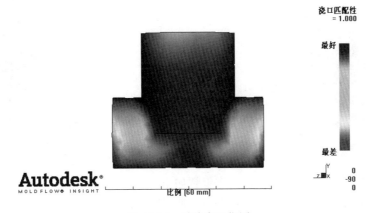

图 17.24 最佳浇口位置

分析结果图中给出了浇口位置分布的合理程度系数，其中最佳浇口位置的合理程度系数为 1。从图中可以看到，Autodesk Moldflow 分析出的最佳浇口位置在中部附近，下面就可以根据浇口位置的分析结果设置浇口位置，然后进行充填分析。

17.3 产品的初步成型分析

通过对管件接头模型进行充填分析，通过分析结果判断制品质量的优劣，分析出相关工艺参数对产品质量的影响，从而为调整工艺参数做好准备。

17.3.1 分析前处理

激活"santong_方案（初次分析）"方案。分析前处理主要做的工作是选择分析类型、设置浇口位置、创建浇注系统、冷却系统和设置分析的工艺参数等。

1. 创建一模两腔

在本例中，采用手工方式创建一模两腔。先将整个制品向 X 方向移动 40mm。操作步骤如下。

（1）选择【建模（Modeling）】|【移动/复制（Move/Copy）】|【平移（Move）】命令，弹出【平移工具（Move Tool）】对话框。框选整个模型制品，此时整个模型制品的所有节点都出现在【选择】文本框内，在【矢量】文本框内输入 4 000，如图 17.25 所示。

（2）单击【应用】按钮，完成平移，如图 17.26 所示。

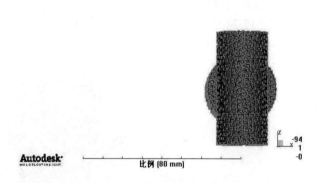

图 17.25　【平移工具】对话框　　　　　图 17.26　模型平移后的结果

最后用镜像方式复制整个制品，操作步骤如下。

（1）选择【建模（Modeling）】|【移动/复制（Move/Copy）】|【镜像（Reflect）】命令，弹出【镜像工具（Reflect Tool）】对话框。框选整个模型制品，此时整个模型制品的所有节点都出现在【选择】文本框内，镜像平面选择 YZ 平面，参考点为默认值不变，勾选【复制】方式进行镜像，如图 17.27 所示。

（2）单击【应用】按钮，完成镜像，一模两腔创建完成，如图 17.28 所示。

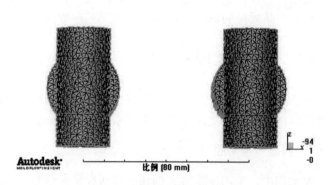

图 17.27　【镜像工具】对话框　　　　　图 17.28　模型镜像后的结果

2. 创建浇注系统

本例创建浇注系统采用手动来完成。单击图层管理栏内的新建图层 按钮，新建一个图层，将新图层名改为【浇口】。同样的方式再创建两个图层，分别是【分流道】层和【主流道】层。先选择【浇口】层，再单击 按钮，使【浇口】设置为激活层。处于激活的图层其图层的名字是以黑体字来显示的，如图 17.29 所示。

3. 创建浇口中心线

创建浇口中心线的操作步骤如下。

（1）创建点，选择平移工具创建点，偏移节点 N21544。选择【建模（Modeling）】|【移动/复制（Move/Copy）】|【平移（Move）】命令，弹出【平移工具（Move Tool）】对话框。【选择】文本框内输入 N21544，在【矢量】文本框内输入 500，勾选【复制】方式进行平移，如图 17.30 所示，单击【应用】按钮，完成节点偏移 5mm。以同样的方式偏移节点 N8，结果如图 17.31 所示。

图 17.29　创建【浇口】图层

图 17.30　【平移工具】对话框

（2）选择创建直线工具创建浇口中心直线。选择【建模（Modeling）】|【创建曲线（Create Curves）】|【直线（Lines）】命令，弹出【创建直线工具（Create Lines Tool）】对话框。在【第一】文本框内选择节点 N21544，在【第二】文本框内选择节点 N24106，不勾选【自动在曲线末端创建节点】复选框，如图 17.32 所示。单击【选择选项】选项组右边的矩形按钮，弹出指定属性对话框，如图 17.33 所示。

（3）在指定属性对话框中，单击【新建（New）】下拉列表按钮，弹出【下拉列表】对话框，如图 17.33 所示。选择【冷浇口（Cold Gate）】选项，弹出【冷浇口】对话框，设置【截面形状】为圆形，【外形是】为锥体（由角度定），如图 17.34 所示。

（4）单击图 17.34 中的【编辑尺寸】按钮，弹出【横截面尺寸】对话框，在【始端直径】选项后文本框输入值是 3，在【锥体角度】选项后文本框输入值是 20，如图 17.35 所示。

（5）单击【OK】按钮，返回到图 17.34 中，单击【OK】按钮，返回到图 17.33 中，单击【确定】按钮，返回到图 17.32 中，单击【应用】按钮，生成浇口中心直线。以同样的方式创建另一个型腔的浇口中心直线,结果如图 17.36 所示。

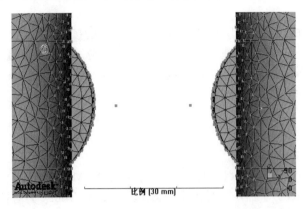

图 17.31　节点偏移结果　　　　　　　图 17.32　【创建直线工具】对话框

图 17.33　指定属性对话框

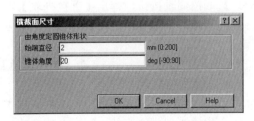

图 17.34　【冷浇口】对话框

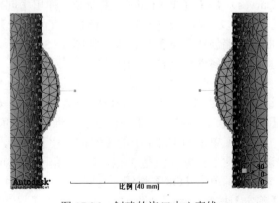

图 17.35　【横截面尺寸】对话框　　　　图 17.36　创建的浇口中心直线

4. 创建分流道中心线

先选择【分流道】层，再单击 ✓ 按钮，使【分流道】设置为激活层，处于激活的图层其图层的名字是以黑体字来显示的。

（1）先创建中间节点，选择坐标中间创建节点工具创建点。选择【建模（Modeling）】|【创建节点（Create Nodes）】|【在坐标之间（Node Between Coordinates）】命令，弹出【坐标中间创建节点工具（Create Nodes—Node Between Coordinates Tool）】对话框，分别选择两个浇口末端节点，设置节点数为 1，不勾选【选择完成时自动应用】复选框，如图 17.37 所示。单击【应用】按钮，生成如图 17.38 所示的节点。

 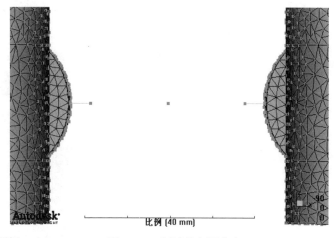

图 17.37 【坐标中间创建节点工具】对话框　　　图 17.38 创建的中间节点

（2）选择创建直线工具创建分流道中心直线。选择【建模（Modeling）】|【创建曲线（Create Curves）】|【直线（Lines）】命令，弹出【创建直线工具（Create Lines Tool）】对话框。分别选择浇口末端节点和刚创建的中间节点，不勾选【自动在曲线末端创建节点】复选框，如图 17.39 所示。单击【选择选项】选项组右边的矩形按钮，弹出【指定属性】对话框，如图 17.40 所示。

图 17.39 【创建直线工具】对话框　　　图 17.40 【指定属性】对话框

(3）在指定属性对话框中，单击【编辑（Edit）】按钮，弹出【冷流道】对话框，设置【截面形状】为 U 形、【外形是】为非锥体、【出现次数】为 1，如图 17.41 所示。

（4）单击图 17.41 中的【编辑尺寸】按钮，弹出【横截面尺寸】对话框，在【宽度】选项后文本框输入值为 8，在【高度（=直径）】选项后文本框输入值为 5，如图 17.42 所示。

（5）单击 OK 按钮，返回到图 17.41 中，单击 OK 按钮，返回到图 17.40 中，单击【确定】按钮，返回到图 17.39 中，单击【应用】按钮，生成浇口中心直线。以同样的方式创建另一个型腔的分流道中心直线，结果如图 17.43 所示。

图 17.41 【冷流道】对话框

图 17.42 【横截面尺寸】对话框

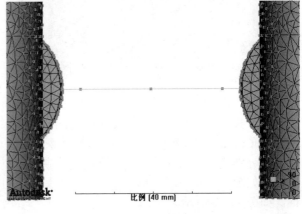

图 17.43 创建的分流道中心直线

先选择【主流道】层，再单击 ✓ 按钮，使【主流道】层设置为激活层。处于激活的图层其图层的名字是以黑体字来显示的。

5．创建主流道中心线

创建节点，选择偏移工具创建节点。

（1）选择【建模（Modeling）】|【创建节点（Create Nodes）】|【按偏移（Offset）】命令，弹出【偏移创建节点工具（Create Nodes by Offset tool）】对话框。【基准】文本框内选择上一步创建的中间节点，在【矢量】文本框内输入 0060，在【节点数】文本框内输入 1，如图 17.44 所示，单击【应用】按钮，完成节点偏移 60mm，结果如图 17.45 所示。

（2）选择创建直线工具创建主流道中心直线。选择【建模（Modeling）】|【创建曲线（Create Curves）】|【直线（Lines）】命令，弹出【创建直线工具（Create Lines Tool）】对

话框。分别选择创建的中间节点和偏移节点，不勾选【自动在曲线末端创建节点】复选框，如图17.46所示。单击【选择选项】选项组右边的矩形按钮，弹出【指定属性】对话框，如图17.47所示。

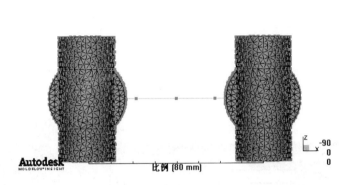

图17.44　【偏移创建节点工具】对话框　　　　图17.45　创建的偏移节点

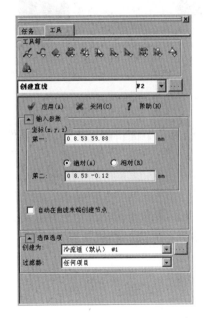

图17.46　【创建直线工具】对话框　　　　图17.47　【指定属性】对话框

（3）在指定属性对话框中，单击【新建（New）】下拉列表按钮，弹出下拉列表选项，如图17.47所示。选择【冷主流道】选项，弹出【冷主流道】对话框，设置【形状是】为锥体（由角度），如图17.48所示。

（4）单击图17.48中的【编辑尺寸】按钮，弹出【横截面尺寸】对话框，在【始端直径】选项后文本框输入值是4，在【锥体角度】选项后文本框输入值是2，如图17.49所示。

（5）单击OK按钮，返回到图17.48中，单击OK按钮，返回到图17.47中，单击【确定】

按钮，返回到图 17.46 中，单击【应用】按钮，生成主流道中心直线，结果如图 17.50 所示。

图 17.48 【冷主流道】对话框

图 17.49 【横截面尺寸】对话框

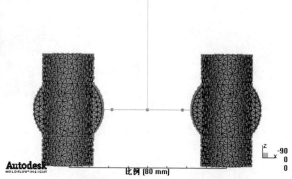

图 17.50 创建的主流道中心直线

6．创建浇注系统的中心线

创建浇注系统的中心线先要划分网格才能参与分析计算，下面讲解网格划分的操作。

（1）浇口网格划分。在图层管理栏中仅显示【浇口】层，如图 17.51 所示，在图形编辑窗口中只显示浇口的中心直线，如图 17.52 所示。

（2）选择【网格（Mesh）】|【生成网格】命令，弹出【生成网格】对话框。在全局网格边长（Global edge length）右侧文本框中输入 2，勾选【将网格置于激活层中】复选框，如图 17.53 所示。单击【立即划分网格】按钮，生成浇口网格划分结果，结果如图 17.54 所示。

图 17.51 图层管理栏对话框

图 17.52 只显示浇口的中心直线

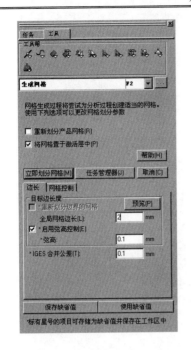

图 17.53 【生成网格】对话框

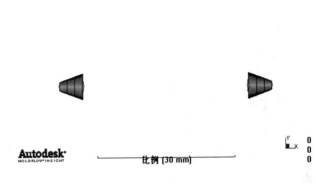

图 17.54 浇口网格划分结果

（3）分流道和主流道网格划分。在图层管理栏中显示【分流道】和【主流道】层，如图 17.55 所示，在图形编辑窗口中显示分流道和主流道的中心直线，如图 17.56 所示。

（4）选择【网格】|【生成网格】命令，弹出【生成网格】对话框。在全局网格边长（Global edge length）右侧文本框中输入 3，勾选【将网格置于激活层中】复选框，如图 17.57 所示。单击【立即划分网格】按钮，生成分流道网格划分结果，结果如图 17.58 所示。

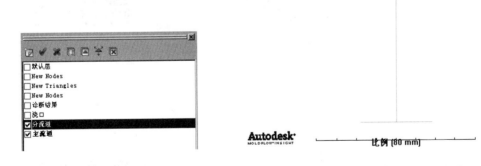

图 17.55 图层管理栏对话框　　　　　图 17.56 显示分流道和主流道的中心直线

（5）打开图层管理栏窗口中的各个层，如图 17.59 所示，同时在图形编辑窗口中显示的模型如图 17.60 所示。

（6）选择【分析】|【设置注射位置】命令，在图形编辑窗口选择主流道的顶点为注射位置，在图形编辑窗口如图 17.61 所示，在方案任务栏如图 17.62 所示，完成浇注系统的创建。

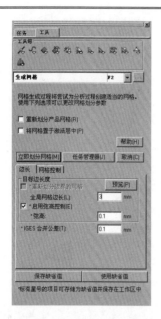

图 17.57 【生成网格】对话框

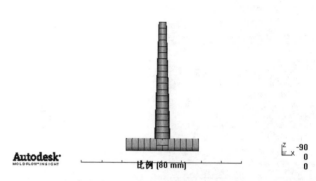

图 17.58 分流道和主流道网格划分结果

图 17.59 图层管理栏对话框

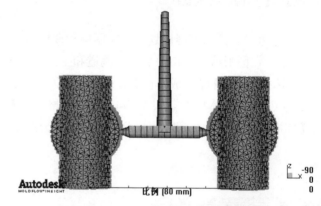

图 17.60 显示模型

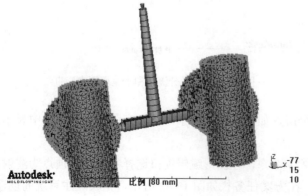

图 17.61 完成浇注系统的模型

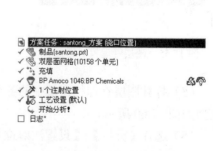

图 17.62 方案任务栏

（7）选择【网格（Mesh）】|【网格统计（Mesh Statistics）】命令，等待一会儿，弹出【网格统计】对话框，如图 17.63 所示。

查看如上图所示的各项网格质量统计报告。报告显示网格无自由边等问题。报告还指出网格最大纵横比为 5.98（小于 6），基本符合要求；对于这个案例匹配为 86.3%（大于 85%），基本符合要求。

图 17.63 【网格统计】对话框

17.3.2　分析计算

双击案例任务窗口中的【开始分析】图标，或者选择【分析】|【开始分析】命令，弹出【选择分析类型】对话框，如图 17.64 所示。单击【确定】按钮，程序开始运行。等待程序运行，可以查看分析的过程和分析的进度，与分析完成通过查看日记的内容一样。图 17.65 和图 17.66 分别分析过程中的内容，运行完成后，弹出【分析完成】对话框，如图 17.67 所示，单击 OK 按钮，退出【分析完成】对话框。

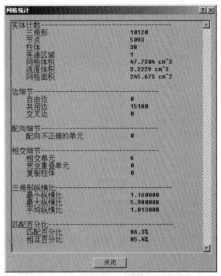

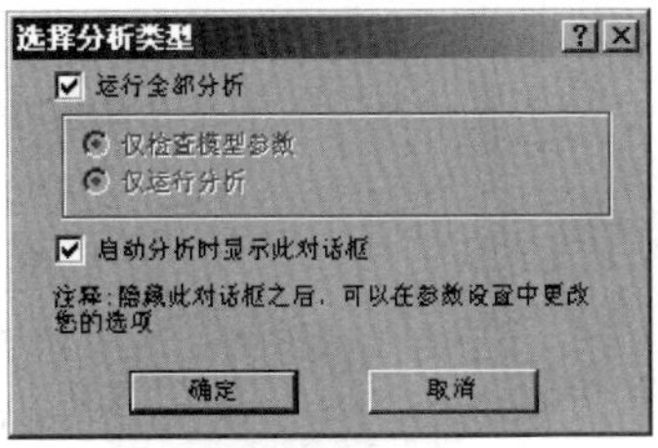

图 17.64 【选择分析类型】对话框

时间 (s)	体积 (%)	压力 (MPa)	锁模力 (tonne)	流动速率 (cm^3/s)	状态
0.18	4.25	4.54	0.00	14.32	V
0.34	8.24	6.19	0.04	15.02	V
0.51	12.79	6.37	0.04	15.08	V
0.68	17.31	6.49	0.04	15.10	V
0.85	21.95	6.58	0.05	15.11	V
1.01	26.37	6.65	0.05	15.11	V
1.18	30.90	6.70	0.05	15.12	V
1.36	35.52	6.75	0.05	15.12	V
1.53	40.10	6.78	0.06	15.12	V
1.69	44.62	6.81	0.06	15.13	V
1.88	49.52	6.84	0.06	15.13	V
2.02	53.37	6.87	0.06	15.13	V
2.21	58.38	6.90	0.07	15.13	V
2.36	62.37	6.93	0.07	15.13	V
2.53	66.89	6.95	0.08	15.13	V
2.72	71.86	6.98	0.09	15.13	V
2.87	76.04	7.01	0.09	15.13	V
3.04	80.49	7.05	0.11	15.13	V
3.21	84.92	7.15	0.14	15.13	V
3.37	89.01	7.45	0.25	15.13	V
3.54	93.60	7.70	0.35	15.13	V
3.71	97.81	8.27	0.56	15.13	V
3.75	99.03	8.54	0.68	14.96	V/P
3.76	99.24	6.83	0.59	7.41	P
3.80	99.73	6.83	0.62	7.21	P
3.81	100.00	6.83	0.63	7.21	已充填

图 17.65　充填分析过程信息

在方案任务窗口中原来【开始分析】变成了【结果】，如图 17.68 所示。

17.3.3　结果分析

分析结果信息。在方案任务窗口中【分析结果】列表下，分析结果有流动（Flow）信息有关的结果。

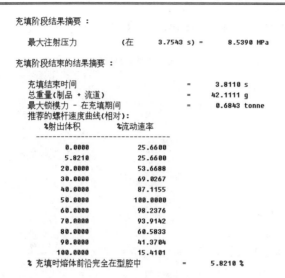

图 17.66 充填阶段结果摘要

图 17.67 【分析完成】对话框

流动（Flow）分析结果主要包括充填时间（Fill Time）、压力（Pressure）、熔接线（Weld Lines）、气穴（Air Traps）、流动前沿温度（Temperature at Flow Front）、冻结层因子（Frozen Layer Fraction）等。下面分别介绍流动分析结果。

（1）充填时间（Fill Time）分析结果如图 17.69 所示。三通管件在 3.811s 时间内完成塑料熔体的充填。充填的时间较长，应缩短充填的时间。从充填时间的结果图中可以得知，浇口两侧方向的物料相差 0.6s，相差较大，需要改进。

（2）压力（Pressure）分析结果如图 17.70 所示，该图只是显示了在充填结束时刻的压力分布。压力结果图可以显示充填过程中模具型腔内的压力分布，可以进行动画模拟来观察充填过程的压力分布。

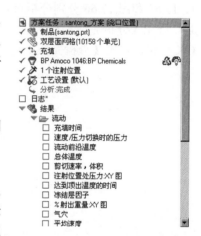

图 17.68 方案任务栏显示分析完成

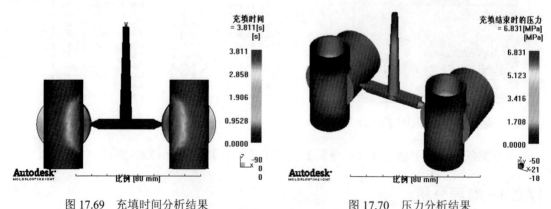

图 17.69 充填时间分析结果　　　　图 17.70 压力分析结果

（3）熔接线（Weld Lines）分析结果如图 17.71 所示。熔接线结果图显示了熔接线在模具型腔内的分布情况。从图中可以看出，熔接线分布在制品的边缘上，而且都是不明显的，基本上是可以接受的。制品上应该避免或减少熔接线的存在。解决的方法有适当增加模具温度、适当增加熔体温度、修改浇口位置等。

（4）气穴（Air Traps）分析结果如图 17.72 所示。气穴结果图显示了气穴在模具型腔内的分布情况。从图中可以看出，气穴位于制品边缘附近，以红色圆圈表示，只需要在气穴附近设置顶针，以加强排气。

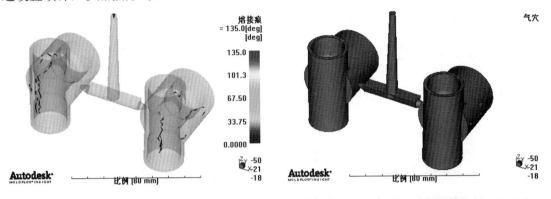

图 17.71　熔接线分析结果　　　　　　　图 17.72　气穴分析结果

（5）流动前沿温度（Temperature at Flow Front）分析结果如图 17.73 所示。模型的温度差不能太大，合理的温度分布应该是均匀的。流动前沿温度相差 3.5℃，基本可以接受。

（6）冻结层因子（Frozen Layer Fraction）分析结果如图 17.74 所示。从冻结层因子的结果图中可以得知，在这一时刻制品表面的冷却层的厚度。

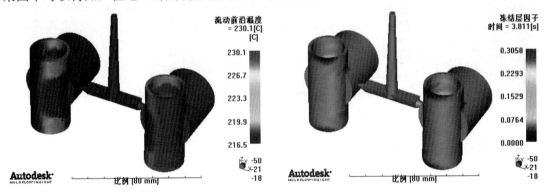

图 17.73　流动前沿温度分析结果　　　　图 17.74　冻结层因子分析结果

从分析结果中得到了足够的信息，就可以根据制品的分析结果对工艺条件、模具结构、制品结构进行调整，以获得最佳质量的制品。

17.3.4　产品及模具设计调整

改进产品的结构，原制品的壁厚相差太大。修改后的制品壁厚更加均匀，更有利于充填和冷却，更容易取得品质优良的产品。制品修改后的文件名为 santong1.prt。

17.4 产品设计方案调整后的分析

通过对管件接头模型进行修改后,并对其进行充填分析,通过分析结果判断制品质量的优劣,分析出相关工艺参数对产品质量的影响,从而调整工艺参数做进一步的分析处理。

17.4.1 分析前处理

分析前需要处理的工作主要有以下几项。

1. 导入CAD模型

选择【文件】|【导入】命令,弹出【导入】对话框,选择【santong1.prt】文件,如图 17.75 所示。完成后单击 Open 按钮,弹出【导入-选择网格类型】对话框,如图 17.76 所示。

图 17.75 【导入】对话框

图 17.76 【导入-选择网格类型】对话框

单击【确定】按钮完成。

2. 划分网格

在图 17.76 中,单击【确定】按钮,弹出【Autodesk Moldflow Design Link 屏幕输出】对话框,如图 17.77 所示。经过一段时间,【Autodesk Moldflow Design Link 屏幕输出】对话框关闭,网格自动划分完成,如图 17.78 所示。

3. 检验及修改网格

网格划分后,检查网格可能存在的错误。通过"网格统计(Mesh Statistics)"命令可以知道网格的缺陷。

(1)选择【网格(Mesh)】|【网格统计(Mesh Statistics)】命令,等待一会儿,弹出【网格统计】结果对话框,如图 17.79 所示。

图 17.77 【Autodesk Moldflow Design Link 屏幕输出】对话框　　图 17.78 网络自动划分的结果

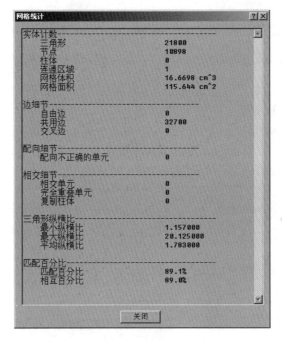

图 17.79 【网格统计】结果对话框

查看上图所示的各项网格质量统计报告。报告显示网格无自由边、相交单元等问题。报告还指出网格最大纵横比为 20.125（大于 6），可能会影响到分析结果的准确性；对于这个案例匹配为 89.1%（大于 85%），基本符合要求。

注意：不是每一个塑料制品在进行网格划分后每一项都有错误，本案例只针对有错误的地方进行修改和讲解。

（2）选择【网格（Mesh）】|【网格诊断（Mesh Diagnostic）】|【纵横比诊断（Aspect Ratio Diagnostic）】命令，弹出【纵横比诊断（Aspect Ratio Diagnostic）】对话框，按如图 17.80 所示进行设置。单击【显示（Show）】按钮。如图 17.81 所示，显示了纵横比大于的单元。

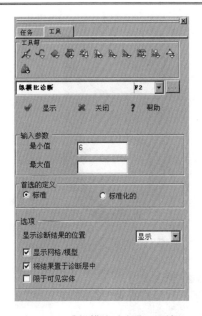
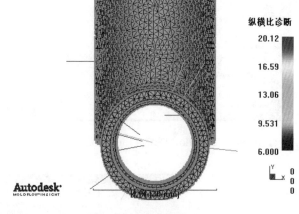

图 17.80 【纵横比诊断】对话框   图 17.81 网格纵横比

使用网格工具,手动处理网格纵横比,本案例复习一下通过合并节点工具来处理网格。合并节点工具的操作过程如下。

(3) 选择【网格(Mesh)】|【网格工具(Mesh Tools)】|【节点工具(Nodes Tools)】|【合并节点(Merge Node)】命令,弹出【合并节点工具(Merge Node Tool)】对话框,如图 17.82 所示。勾选【仅沿着某个单元边合并节点】复选框,不勾选【选择完成时自动应用】复选框。

(4) 选择节点。先选择目标节点,再选择将要合并到目标节点的节点,如图 17.83 所示。

(5) 单击【应用】按钮,程序自动运行,完成后显示合并节点的结果,如图 17.84 所示。

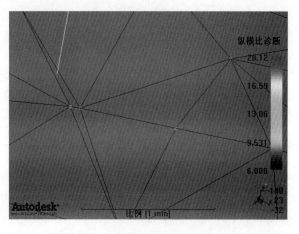

图 17.82 【合并节点工具】对话框   图 17.83 选择将合并的节点

其他的网格的处理可以使用合并节点工具完成，也可以使用其他网格工具去完成。本例不做详细的介绍，请读者自己去练习完成。

4．选择成型材料

选择本章前面所用的 PP（聚丙烯）作为分析的成型材料。

5．创建一模两腔

在本案例中，采用手工方式创建一模两腔。先将整个制品向 X 方向移动 40mm，操作步骤如下。

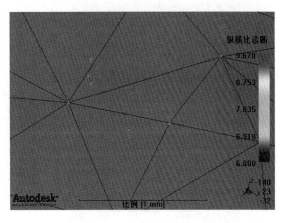

图 17.84 合并节点后的结果

（1）选择【建模（Modeling）】|【移动/复制（Move/Copy）】|【平移（Move）】命令，弹出【平移工具（Move Tool）】对话框。选择整个模型制品，此时整个模型制品的所有节点都出现在【选择】文本框内，在【矢量】文本框内输入 4000，如图 17.85 所示。

（2）单击【应用】按钮，完成平移，如图 17.86 所示。

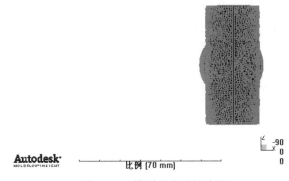

图 17.85 【平移】工具对话框　　　　图 17.86 模型平移后的结果

最后用镜像方式复制整个制品。操作步骤如下。

（1）选择【建模（Modeling）】|【移动/复制（Move/Copy）】|【镜像（Reflect）】命令，弹出【镜像工具（Reflect Tool）】对话框。框选整个模型制品，此时整个模型制品的所有节点都出现在【选择】文本框内，镜像平面选择 YZ 平面，参考点为默认值，勾选"复制"方式进行镜像，如图 17.87 所示。

（2）单击【应用】按钮，完成镜像，一模两腔创建完成，如图 17.88 所示。

6．创建浇注系统

本例创建浇注系统采用手动来完成。

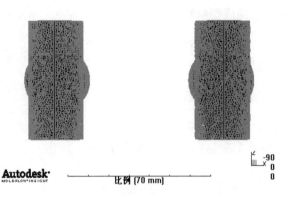

图 17.87 【镜像】工具对话框　　　图 17.88　模型镜像后的结果

单击图层管理栏内的新建图层 按钮，新建一个图层，将新图层名改为【浇口】。同样的方式再创建两个图层，分别是【分流道】层和【主流道】层。先选择【浇口】层，再单击 按钮，使【浇口】设置为激活层。处于激活的图层其图层的名字是以黑体字来显示的，如图 17.89 所示。

7．创建浇口中心线

创建点，选择平移工具创建点。偏移节点 N139838。

（1）选择【建模（Modeling）】|【移动/复制（Move/Copy）】|【平移（Move）】命令，弹出【平移工具（Move Tool）】对话框。【选择】文本框内输入 N139838，在【矢量】文本框内输入（5 0 0），勾选【复制】方式进行平移，如图 17.90 所示，单击【应用】按钮，完成节点偏移 5mm。以同样的方式偏移节点 N60336，结果如图 17.91 所示。

图 17.89　创建【浇口】图层　　　图 17.90　【平移工具】对话框

(2)选择创建直线工具创建浇口中心直线。选择【建模（Modeling）】|【创建曲线（Create Curves）】|【直线（Lines）】命令，弹出【创建直线工具（Create Lines Tool）】对话框。在【第一】文本框内选择节点 N139838，在【第二】文本框内选择节点 N160397，不勾选【自动在曲线末端创建节点】复选框，如图 17.92 所示。单击【选择选项】选项组右边的矩形按钮，弹出【指定属性】对话框，如图 17.93 所示。

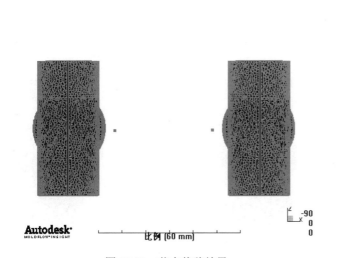

图 17.91 节点偏移结果

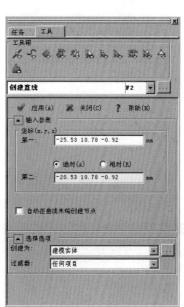

图 17.92 【创建直线工具】对话框

图 17.93 指定属性对话框

（3）在指定属性对话框中，单击【新建（New）】下拉列表按钮，弹出下拉列表选项，如图 17.93 所示。选择【冷浇口（Cold Gate）】选项，弹出【冷浇口】对话框，设置【截面形状】为圆形，【外形是】为锥体（由角度定），如图 17.94 所示。

（4）单击图 17.94 中的【编辑尺寸】按钮，弹出【横截面尺寸】对话框，在【始端直径】选项后文本框输入值是 2，在【锥体角度】选项后文本框输入值是 20，如图 17.95 所示。

（5）单击 OK 按钮，返回到图 17.94 中，单击 OK 按钮，返回到图 17.93 中，单击【确定】按钮，返回到图 17.92 中，单击【应用】按钮，生成浇口中心直线。以同样的方式创建另一个型腔的浇口中心直线,结果如图 17.96 所示。

图 17.94 【冷浇口】对话框

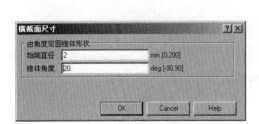

图 17.95 【横截面尺寸】对话框

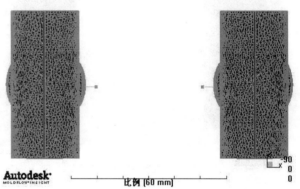

图 17.96 创建的浇口中心直线

8. 创建分流道中心线

先选择【分流道】层,再单击 ✔ 按钮,使【分流道】设置为激活层。处于激活的图层其图层的名字是以黑体字来显示的。

(1) 先创建中间节点,选择坐标中间创建节点工具创建点。选择【建模(Modeling)】|【创建节点(Create Nodes)】|【在坐标之间(Node Between Coordinates)】命令,弹出【坐标中间创建节点工具(Create Nodes—Node Between Coordinates Tool)】对话框,分别选择两个浇口末端节点,设置节点数为 1,不勾选【选择完成时自动应用】复选框,如图 17.97 所示。单击【应用】按钮,生成如图 17.98 所示的节点。

(2) 选择创建直线工具创建分流道中心直线。选择【建模(Modeling)】|【创建曲线(Create Curves)】|【直线(Lines)】命令,弹出【创建直线工具(Create Lines Tool)】对话框。分别选择浇口末端节点和刚创建的中间节点,不勾选【自动在曲线末端创建节点】复选框,如图 17.99 所示。单击【选择选项】选项组右边的矩形按钮,弹出【指定属性】对话框,如图 17.100 所示。

(3) 在指定属性对话框中,单击【编辑(Edit)】按钮,弹出【冷流道】对话框,设置【截面形状】为 U 形,【形状是】为非锥体,【出现次数】为 1,如图 17.101 所示。

(4) 单击图 17.101 中的【编辑尺寸】按钮,弹出【横截面尺寸】对话框,在【宽度】选项后文本框输入值是 7,在【高度(=直径)】选项后文本框输入值是 5,如图 17.102 所示。

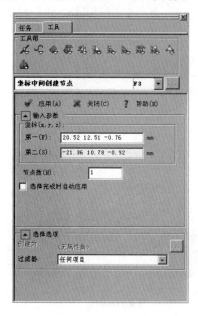

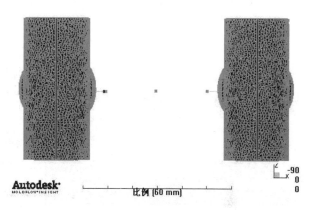

图 17.97 【坐标中间创建节点工具】对话框　　图 17.98 创建的中间节点

图 17.99 【创建直线工具】对话框　　图 17.100 【指定属性】对话框

(5) 单击 OK 按钮,返回到图 17.101 中,单击 OK 按钮,返回到图 17.100 中,单击【确定】按钮,返回到图 17.99 中,单击【应用】按钮,生成浇口中心直线。以同样的方式创建另一个型腔的分流道中心直线,结果如图 17.103 所示。

(6) 先选择【主流道】层,再单击 ✓ 按钮,使【主流道】层设置为激活层。处于激活的图层其图层的名字是以黑体字来显示的。

· 305 ·

图 17.101 【冷流道】对话框

图 17.102 【横截面尺寸】对话框

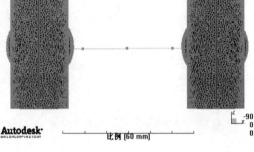

图 17.103 创建的分流道中心直线

9．创建主流道中心线

创建节点，选择偏移工具创建节点。

（1）选择【建模（Modeling）】|【创建节点（Create Nodes）】|【按偏移（Offset）】命令，弹出【偏移创建节点工具（Create Nodes by Offset Tool）】对话框。在【基准】文本框内选择上一步创建的中间节点；在【矢量】文本框内输入 0 0 60，在【节点数】文本框内输入 1，如图 17.104 所示，单击【应用】按钮，完成节点偏移 60mm，结果如图 17.105 所示。

图 17.104 【偏移创建节点工具】对话框

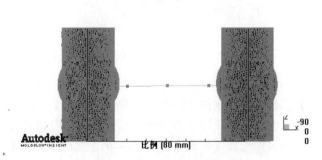

图 17.105 创建的偏移节点

（2）选择创建直线工具创建主流道中心直线。选择【建模（Modeling）】|【创建曲线（Create Curves）】|【直线（Lines）】命令，弹出【创建直线工具（Create Lines Tool）】对话框。分别选择创建的中间节点和偏移节点；不勾选【自动在曲线末端创建节点】复选框，如图 17.106 所示。单击【选择选项】选项组右边的矩形按钮，弹出【指定属性】对话框，如图 17.107 所示。

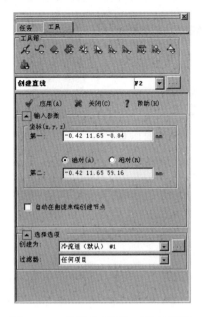

图 17.106 【创建直线】工具对话框

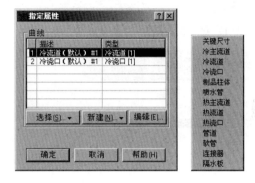

图 17.107 【指定属性】对话框

（3）在指定属性对话框中，单击【新建（New）】下拉列表按钮，弹出下拉列表选项，如图 17.107 所示。选择【冷主流道】，弹出【冷主流道】对话框，设置【形状是】为锥体（由角度），如图 17.108 所示。

（4）单击图 17.108 中的【编辑尺寸】按钮，弹出【横截面尺寸】对话框，在【始端直径】选项后文本框输入值是 7，在【锥体角度】选项后文本框输入值是–1.5，如图 17.109 所示。

（5）单击 OK 按钮，返回到图 17.108 中，单击 OK 按钮，返回到图 17.107 中，单击【确定】按钮，返回到图 17.106 中，单击【应用】按钮，生成主流道中心直线，结果如图 17.110 所示。

图 17.108 【冷主流道】对话框

对于创建的浇注系统的中心线，要划分网格才能参与分析计算，下面讲解网格划分的操作。

10．浇口网格划分

在图层管理栏中仅显示"浇口"层，如图 17.111 所示，在图形编辑窗口中只显示浇口的中心直线，如图 17.112 所示。

图 17.109 【横截面尺寸】对话框

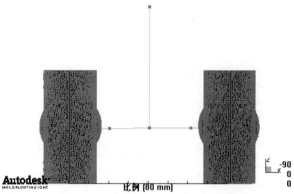

图 17.110 创建的主流道中心直线

图 17.111 图层管理栏对话框

图 17.112 只显示浇口的中心直线

选择【网格（Mesh）】|【生成网格】命令，弹出【生成网格】对话框。在全局网格边长（Global edge length）右侧文本框中输入 2，勾选【将网格置于激活层中】复选框，如图 17.113 所示。单击【立即划分网格】按钮，生成浇口网格划分结果，结果如图 17.114 所示。

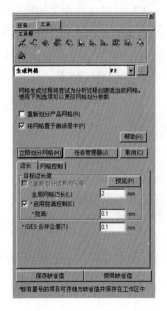

图 17.113 【生成网格】对话框

图 17.114 浇口网格划分结果

11．分流道和主流道网格划分

在图层管理栏中显示"分流道"和"主流道"层，如图 17.115 所示，在图形编辑窗口中显示分流道和主流道的中心直线，如图 17.116 所示。

（1）选择【网格】|【生成网格】命令，弹出【生成网格】对话框。在全局网格边长（Global edge length）右侧文本框中输入 3，勾选【将网格置于激活层中】复选框，如图 17.117 所示。单击【立即划分网格】按钮，生成分流道网格划分结果，结果如图 17.118 所示。

图 17.115　图层管理栏对话框

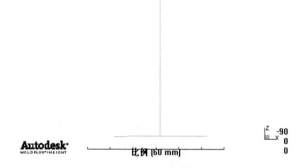

图 17.116　显示分流道和主流道的中心直线

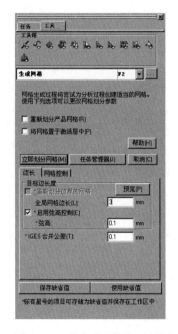

图 17.117　【生成网格】对话框

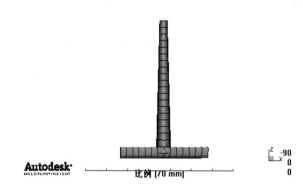

图 17.118　分流道和主流道网格划分结果

（2）打开图层管理栏窗口中的各个层，如图 17.119 所示，同时在图形编辑窗口中显示的模型如图 17.120 所示。

（3）选择【分析】|【设置注射位置】命令，在图形编辑窗口选择主流道的顶点为注射位置，在图形编辑窗口如图 17.121 所示，在方案任务栏如图 17.122 所示，完成浇注系统的创建。

 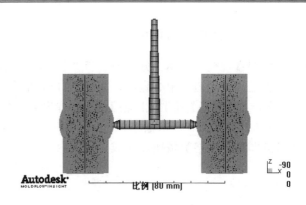

图 17.119　图层管理栏对话框　　　图 17.120　显示模型

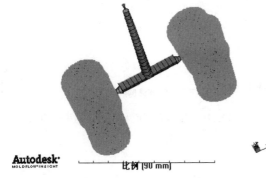 

图 17.121　完成浇注系统的模型　　　图 17.122　方案任务栏

12．检查网格

选择【网格（Mesh）】|【网格统计（Mesh Statistics）】命令，等待一会儿，弹出【网格统计】对话框，如图 17.123 所示。

查看如上图所示的各项网格质量统计报告。报告显示网格无自由边、相交单元等问题。报告还指出网格最大纵横比为 5.936（小于 6），基本符合要求；对于这个案例匹配为 89.1%（大于 85%），基本符合要求。

13．连通性诊断

在完成浇注系统后或在分析之前需要检查一下网格是否连通。

（1）选择【网格（Mesh）】|【网格诊断（Mesh Diagnostic）】|【连通性诊断（Connectivity Diagnostic）】命令，弹出【连通性诊断（Connectivity Diagnostic）】对话框，如图 17.124 所示。

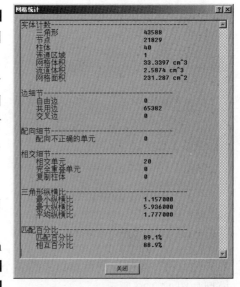

图 17.123　【网格统计】对话框

选择浇注点的第一个单元开始去检验网格的连通性。不勾选【忽略柱体单元（Ignore Beam Element）】复选框。下拉列表框中选择显示方式诊断结果。

(2) 单击【显示】按钮，将显示网格连通性诊断信息，如图 17.125 所示。本案例网格单元全部连通，可以进行分析计算。

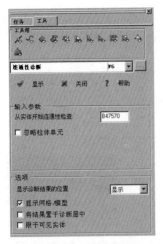

图 17.124 【连通性诊断】对话框

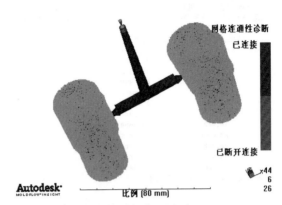

图 17.125 显示连通性诊断信息

17.4.2 分析计算

进行充填分析和计算，其操作步骤如下。

（1）双击案例任务窗口中的【开始分析】图标，或者选择【分析】|【开始分析】命令，弹出【选择分析类型】对话框，如图 17.126 所示。

（2）单击【确定】按钮，程序开始运行。等待程序运行，可以查看分析的过程和分析的进度，与分析完成通过查看日记的内容一样。图 17.127 和图 17.128 分别分析过程中的内容。运行完成后，弹出【分析完成】对话框，如图 17.129 所示。

（3）单击 OK 按钮，退出【分析完成】对话框。

时间 (s)	体积 (%)	压力 (MPa)	锁模力 (tonne)	流动速率 (cm^3/s)	状态
0.10	4.04	5.96	0.00	17.20	U
0.19	8.30	8.68	0.05	18.36	U
0.29	13.04	8.99	0.05	18.63	U
0.39	17.87	9.18	0.06	18.66	U
0.48	22.62	9.33	0.06	18.67	U
0.58	27.20	9.44	0.07	18.69	U
0.67	32.06	9.54	0.07	18.70	U
0.77	36.90	9.63	0.08	18.70	U
0.86	41.45	9.70	0.08	18.71	U
0.97	46.37	9.76	0.09	18.71	U
1.06	50.96	9.82	0.10	18.72	U
1.15	55.53	9.87	0.11	18.72	U
1.25	60.47	9.92	0.12	18.72	U
1.35	65.13	9.97	0.13	18.72	U
1.44	69.56	10.03	0.14	18.72	U
1.54	74.13	10.11	0.16	18.72	U
1.63	78.89	10.21	0.19	18.72	U
1.73	83.40	10.32	0.23	18.72	U
1.82	88.05	10.50	0.30	18.72	U
1.92	92.54	10.79	0.41	18.73	U
2.02	97.11	11.28	0.58	18.73	U
2.06	99.02	12.30	1.00	18.35	U/P
2.07	99.33	9.84	1.03	8.62	P
2.10	99.98	9.84	1.11	7.44	P
2.10	100.00	9.84	1.11	7.44	已充填

图 17.126 【选择分析类型】对话框　　　　图 17.127 充填分析过程信息

```
充填阶段结果摘要 ：

    最大注射压力          （在      2.0583 s） =    12.3011 MPa

充填阶段结束的结果摘要 ：

    充填结束时间                    =    2.1041 s
    总重量（制品 + 流道）            =    28.8758 g
    最大锁模力 - 在充填期间          =    1.1150 tonne
    推荐的螺杆速度曲线（相对）：
        %射出体积        %流动速率
        --------------------------
         0.0000         19.3593
         6.9553         19.3593
        20.0000         49.5830
        30.0000         64.0463
        40.0000         81.4810
        50.0000         95.8906
        60.0000        100.0000
        70.0000         83.8023
        80.0000         71.9700
        90.0000         47.9745
       100.0000         14.1815
    % 充填时熔体前沿完全在型腔中       =    6.9553 %
```

图 17.128　充填阶段结果摘要　　　　　　　图 17.129　【分析完成】对话框

在方案任务窗口中，原来的【开始分析】变成了【结果】，如图 17.130 所示。

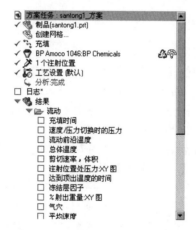

图 17.130　方案任务栏显示分析完成

17.3.3　结果分析

分析结果信息。在方案任务窗口中"分析结果"列表下，分析结果有与流动（Flow）信息有关的结果。流动（Flow）分析结果主要包括充填时间（Fill Time）、压力（Pressure）、熔接线（Weld Lines）、气穴（Air Traps）、流动前沿温度（Temperature at Flow Front）、冻结层因子（Frozen Layer Fraction）等。

下面分别介绍流动分析结果。

（1）充填时间（Fill Time）分析结果如图 17.131 所示。三通管件在 2.104s 时间内完成塑料熔体的充填。从充填时间的结果图中可以得知，浇口两侧方向的物料相差 0.3s，基本符合要求。

（2）压力（Pressure）分析结果如图 17.132 所示，该图只是显示了在充填结束的时刻的压力分布。图中显示了充填过程中模具型腔内的压力分布，可以进行动画模拟来观察充填过程的压力分布。

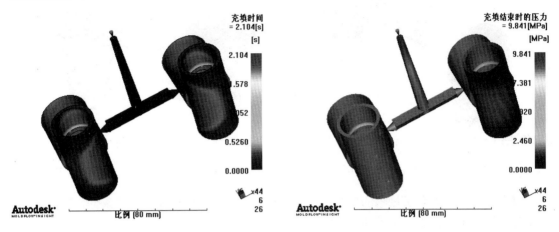

图 17.131　充填时间分析结果　　　　　　　图 17.132　压力分析结果

（3）熔接线（Weld Lines）分析结果如图 17.133 所示，图中显示了熔接线在模具型腔内的分布情况。从图中可以看出，熔接线分布在制品的边缘上，而且都是不明显的，基本上是可以接受的。制品上应该避免或减少熔接线的存在。解决的方法有适当增加模具温度、适当增加熔体温度、修改浇口位置等。

（4）气穴（Air Traps）分析结果如图 17.134 所示，图显示了气穴在模具型腔内的分布情况。从图中可以看出，气穴位于制品边缘附近，以红色圆圈表示，只需要在气穴附近设置顶针，以加强排气。

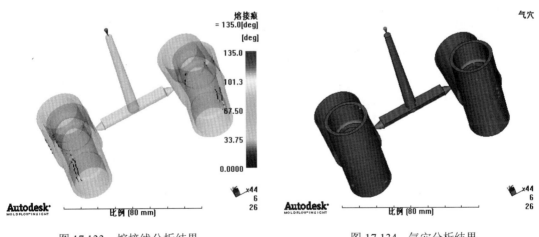

图 17.133　熔接线分析结果　　　　　　　图 17.134　气穴分析结果

（5）流动前沿温度（Temperature at Flow Front）分析结果如图 17.135 所示。模型的温度差不能太大，合理的温度分布应该是均匀的。流动前沿温度相差 3.5℃，基本可以接受。

（6）冻结层因子（Frozen Layer Fraction）分析结果如图 17.136 所示。从图中可以得知，在这一时刻，制品表面的冷却层的厚度。

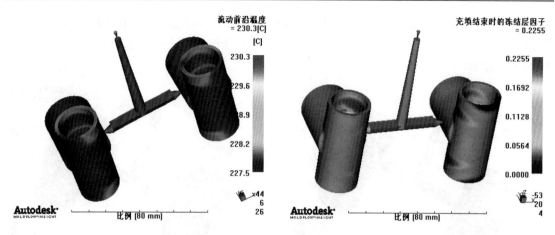

图 17.135　流动前沿温度分析结果　　　　图 17.136　冻结层因子分析结果

从分析结果中得到了足够的信息，就可以根据制品的分析结果对工艺条件、模具结构、制品结构进行调整，以获得最佳质量的制品。

17.5　本章小结

本章通过管件接头案例的操作描述了 AMI 的充填分析流程，从模型的输入、网格的划分与处理、分析类型的选择、工艺参数的设置到分析结果等进行了介绍。使读者能够从本章中学习到 AMI 的充填分析要进行的工作和解决问题的方法。本章的重点和难点是掌握 AMI 的充填分析的流程和通过修改制品结构的方法来解决充填问题。下一章将通过电话外壳模型的案例对 AMI 的流动分析讲解。

第 18 章 电话外壳——流动分析

案例通过对电话外壳的分析，重新学习流动分析的操作，对流动分析的结果进行讲解，并针对出现的问题进行相应的问题查找和解决。本章主要讲解用初次的分析结果来为第二次分析或第三次分析做好准备。

18.1 概　　述

本案例的模型是电话机的外壳。通过对电话机的外壳模型进行流动分析，找到制备电话机外壳的最佳的保压曲线，从而降低由保压引起的制品收缩不均匀、翘曲等缺陷。流动分析主要的工艺参数有：熔体、模具和注塑机等相关的充填工艺参数，再加上保压的两个主要参数保压时间和保压压力。流动分析就是通过这些参数的调整来取得品质优良的制品。

18.2 最佳浇口位置分析

进行充填、流动、冷却等分析时，必须进行浇口设置，否则分析无法进行。本章浇口位置的选择采用的是 Autodesk Moldflow Insight 2010 提供的浇口位置分析。根据分析得到的最佳浇口位置进行选择的 Autodesk Moldflow Insight 2010 的浇口位置分析为用户进行成型分析提供了很好的参考，避免了由于浇口位置设置不当引起的制品缺陷。

18.2.1 分析前处理

分析前需要处理的工作主要有以下几项。

1. 创建一个新项目

选择【文件】|【新建工程】命令，弹出【创建新工程】对话框，在【工程名称】文件框中输入工程名 ch18，如图 18.1 所示，单击【确定】按钮完成创建新项目。

图 18.1 【创建新工程】对话框

2. 导入CAD模型

选择【文件】|【导入】命令，弹出【导入】对话框，选择 phoneup.prt 文件，如图 18.2 所示。完成后单击 Open 按钮，弹出【导入－选择网格类型】对话框，如图 18.3 所示。

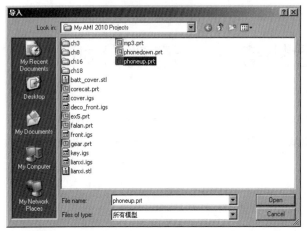

图 18.2 【导入】对话框　　　　　　图 18.3 【导入—选择网格类型】对话框

单击【确定】按钮完成。

3．划分网格

选择【网格（Mesh）】|【生成网格】命令，弹出【生成网格】对话框。在全局网格边长（Global edge length）右侧文本框中输入 3。对于导入文件格式为 IGES 的情况，还要输入合并容差（IGES merge tolerance），其默认值一般是 0.1mm，如图 18.4 所示。

单击对话框中的【立即产生网格】按钮，等待电脑分析计算完成后，如图 18.5 所示。

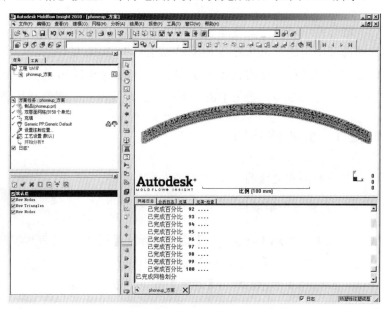

图 18.4 【生成网格】对话框　　　　　　图 18.5 网格划分结果

4．检验网格

网格划分后，网格可能存在错误，因此需要检查网格可能存在的错误并要处理这些错误。

(1) 选择【网格（Mesh）】|【网格统计（Mesh Statistics）】命令，等待一会儿，弹出【网格统计】对话框，如图 18.6 所示。

查看上图所示的各项网格质量统计报告。报告显示网格无自由边、相交单元等问题。报告还指出网格最大纵横比为 22.537（大于 6），可能会影响到分析结果的准确性，对于这个案例匹配为 90.7%（大于 85%），符合要求。

> 注意：不是每一个塑料制品在进行网格划分后每一项都有错误，本例只针对有错误的地方进行修改和讲解。

(2) 选择【网格（Mesh）】|【网格纵横比（Mesh Aspect Ratio）】命令，弹出【网格纵横比】对话框，设置按如图 18.7 所示进行。单击【显示（Show）】按钮，显示了纵横比大于 6 的单元，如图 18.8 所示。

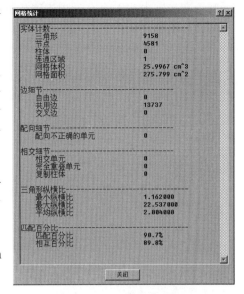

图 18.6 【网格统计】对话框

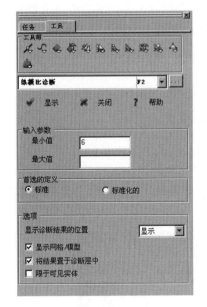

图 18.7 【网格纵横比】对话框

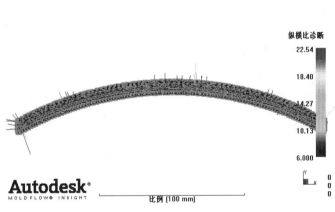

图 18.8 网格纵横比

5. 修改网格

先利用修改纵横比工具来降低网格的纵横比。修改纵横比工具是一个作用频率较高的工具，使用它可以提高工作效率。下面将复习一下使用修改纵横比工具来处理网格缺陷，操作过程如下。

(1) 选择【网格（Mesh）】|【网格工具（Mesh Tools）】|【修改纵横比（Fix Aspect Ratio）】命令，弹出【修改纵横比工具（Fix Aspect Ratio Tool）】对话框，在【目标最大纵横比】选

项后的文本框内输入值 6，如图 18.9 所示。

（2）单击【应用】按钮，程序自动运行，完成后显示修改纵横比后的结果，如图 18.10 所示。也可以看到状态栏下显示的修改纵横比的结果，如图 18.11 所示。

图 18.9　【修改纵横比】工具对话框

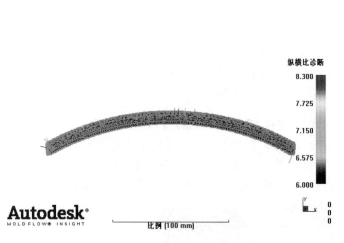
图 18.10　修改纵横比后的结果

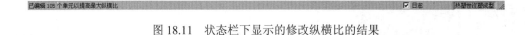
图 18.11　状态栏下显示的修改纵横比的结果

从图 18.9、图 18.10 和图 18.11 中可以看出，经过修改纵横比工具处理后，网格的最大纵横比从 22.5 降低到了 8.3，一共处理了 105 个单元网格。使用网格工具来降低网格纵横比，本例复习一下通过交换共用边工具来修复网格，图 18.12 显示的网格问题可通过交换共用边的方法来处理。

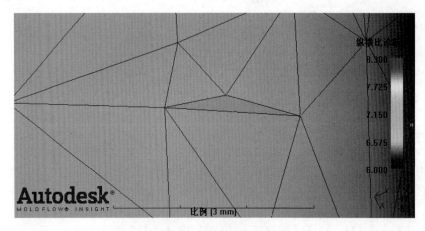
图 18.12　要修改的网格

6. 交换边工具

下面将介绍一下交换边工具的使用，操作过程如下。

（1）选择【网格（Mesh）】|【网格工具（Mesh Tools）】|【边（Edge Tools）】|【交换边（Swap Edge）】命令，弹出【交换边工具（Swap Edge Tool）】对话框，如图 18.13 所示。勾选【允许重新划分特征边的网格】复选框，不勾选【选择完成时自动应用】复选框。

（2）选择单元。在图形窗口中，将制品显示调整到反面的左边的边缘附近靠近中下部的位置。用鼠标单击模型中两个相邻的三角形单元，如图 18.14 所示。

（3）单击【应用】按钮，程序自动运行，完成后显示交换边的结果，如图 18.15 所示。

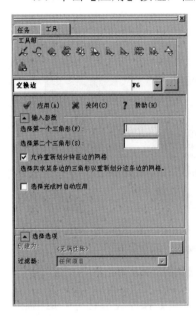

图 18.13 【交换边工具】对话框

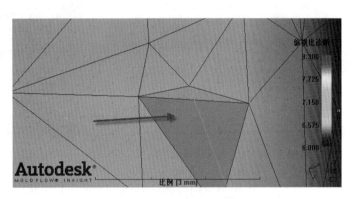

图 18.14 选择将交换边的单元

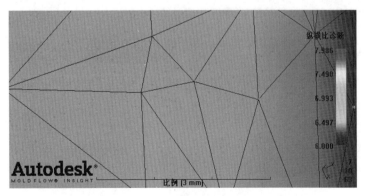

图 18.15 交换边后的结果

其他的网格的处理本例不做详细的介绍，请读者自己去练习完成。

7. 选择分析类型

本例进行流动分析。流动分析是"充填+保压"的组合，是为了得到最佳的保压曲线，可以降低由保压引起的制品收缩、翘曲等缺陷。

方案任务区的分析类型默认为充填。在方案任务区，双击【充填】图标，从弹出的分析类型对话框中选择充填+保压，单击【确定】按钮完成选择。也可以选择【分析】|【设置分析序列】|【充填+保压】命令，完成分析类型的设置，如图 18.16 所示。

8．选择成型材料

本章选择常用于电子产品的 ABS（丙烯腈-丁二烯-苯乙烯共聚物）作为分析的成型材料。

（1）选择【分析】|【选择材料】命令，弹出【选择材料】对话框。从图中制造商下拉列表框的下三角按钮选择材料的生产者，再从牌号下拉列表框的下三角按钮中选所需要的牌号，如图 18.17 所示。

（2）单击【细节】按钮，弹出【热塑性塑料】对话框。图 18.18 的材料对话框显示了 ABS 材料的成型工艺参数。

图 18.16 充填+保压分析类型　　　　　图 18.17 【选择材料】对话框

（3）单击 OK 按钮退出热塑性塑料对话框，再次单击【确定】按钮完成选择并退出选择材料对话框，结果如图 18.19 所示。

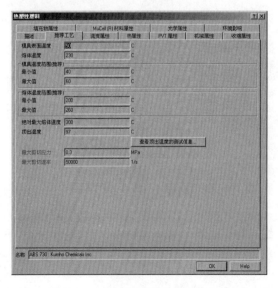

图 18.18 ABS 材料的成型工艺参数　　　　图 18.19 完成材料选择

9．工艺参数

本案例直接采用 Autodesk Moldflow Insight 2010 默认的成型工艺条件。图 18.20 是充填+保压工艺条件的设置。

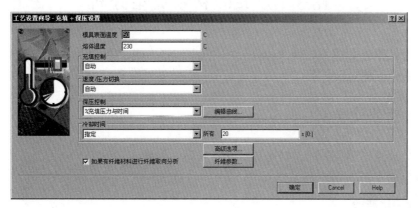

图 18.20　充填+保压工艺条件

18.2.2　分析计算

进行浇口位置分析时不用设置浇口位置。复制 phoneup 方案，在项目中生成一个新的分析方案，重新命名新方案为"phoneup 方案（初次分析）"。把原方案的分析类型设置为浇口位置，浇口位置分析也采用 Autodesk Moldflow Insight 2010 默认的成型工艺条件。

双击【开始分析】图标，程序开始运行。

18.2.3　结果分析

运行完成后，得到最佳浇口位置。方案任务区的浇口分析结果列表中勾选【浇口匹配性】前的复选框，在图形显示窗口显示浇口匹配性结果，如图 18.21 所示。

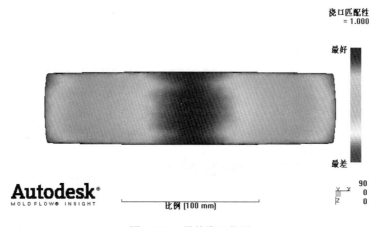

图 18.21　最佳浇口位置

分析结果图中给出了浇口位置分布的合理程度系数，其中最佳浇口位置的合理程度系数为 1。从图 18.21 中可以看到，Autodesk Moldflow 分析出的最佳浇口位置在中部附近。

18.3 产品的初步成型分析

通过对电话机外壳模型进行流动分析，并通过分析结果判断制品质量的优劣，分析出相关工艺参数对产品质量的影响，从而为调整工艺参数做好准备。

18.3.1 分析前处理

分析前处理主要需要做的工作是选择分析类型、设置浇口位置、创建浇注系统、冷却系统和设置分析的工艺参数等。

1．创建一模两腔

在本例中，采用手工方式创建一模两腔。先将产品的拔模方向与 Z 轴的正方向一致，操作过程如下。

（1）选择【建模（Modeling）】|【移动/复制（Move/Copy）】|【旋转（Rotate）】命令。弹出【旋转工具（Rotate Tool）】对话框。选择整个模型制品，此时整个模型制品的所有节点都出现在【选择】文本框内，设置旋转轴为 X 轴；设置旋转角度为 90°，参考点为默认值不变，如图 18.22 所示。

（2）单击【应用】按钮，完成旋转，如图 18.23 所示。

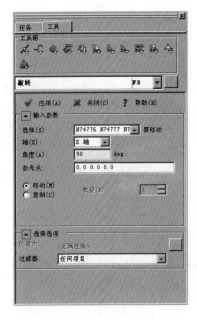
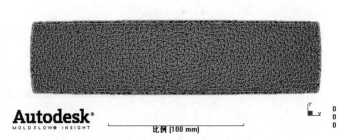

图 18.22 【旋转】工具对话框　　　　图 18.23 模型旋转后的结果

再将整个制品向 Y 方向移动 20mm。操作步骤如下。

(1) 选择【建模（Modeling）】|【移动/复制（Move/Copy）】|【平移（Move）】命令，弹出【平移工具（Move Tool）】对话框。选择整个模型制品，此时整个模型制品的所有节点都出现在【选择】文本框内，在【矢量】文本框内输入 0 20 0，如图 18.24 所示。

(2) 单击【应用】按钮，完成平移，如图 18.25 所示。

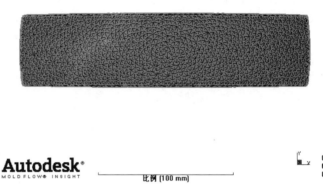

图 18.24 【平移】工具对话框　　　　图 18.25 模型平移后的结果

最后用镜像方式复制整个制品。操作步骤如下。

(1) 选择【建模（Modeling）】|【移动/复制（Move/Copy）】|【镜像（Reflect）】命令，弹出【镜像工具（Reflect Tool）】对话框。框选整个模型制品，此时整个模型制品的所有节点都出现在【选择】文本框内，镜像平面选择 XZ 平面，参考点为默认值不变，勾选【复制】方式进行镜像，如图 18.26 所示。

(2) 单击【应用】按钮，完成镜像，一模两腔创建完成，如图 18.27 所示。

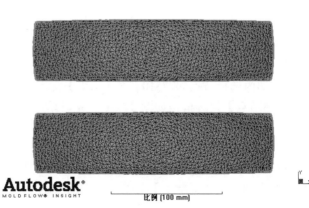

图 18.26 【镜像】工具对话框　　　　图 18.27 模型镜像后的结果

2．创建浇注系统

本例创建浇注系统采用手动来完成。单击图层管理栏内的新建图层 按钮，新建一个图层，将新图层名改为【浇口】。同样的方式再创建两个图层，分别是【分流道】层和【主流道】层。先选择【浇口】层，再单击 按钮，使【浇口】设置为激活层。处于激活的图层其图层的名字是以黑体字来显示的，如图 18.28 所示。

3．创建浇口中心线

创建点，选择平移工具创建点。偏移节点 N77510。

（1）选择【建模（Modeling）】|【移动/复制（Move/Copy）】|【平移（Move）】命令，弹出【平移工具（Move Tool）】对话框。【选择】文本框内输入 N77510，在【矢量】文本框内输入 0 –5 0，勾选【复制】方式进行平移，如图 18.29 所示，单击【应用】按钮，完成节点偏移 5mm。以同样的方式偏移节点 N82194，结果如图 18.30 所示。

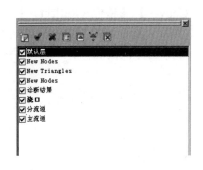
图 18.28　创建"浇口"图层

图 18.29　【平移工具】对话框

（2）选择创建直线工具创建浇口中心直线。选择【建模（Modeling）】|【创建曲线（Create Curves）】|【直线（Lines）】命令，弹出【创建直线工具（Create Lines Tool）】对话框。在【第一】文本框内选择节点 N77510，在【第二】文本框内选择节点 N84144，不勾选【自动在曲线末端创建节点】复选框，如图 18.31 所示。单击【选择选项】选项组右边的矩形按钮，弹出【指定属性】对话框，如图 18.32 所示。

（3）在指定属性对话框中，单击【新建（New）】下拉列表按钮，弹出【下拉列表】对话框，如图 18.32 所示。选择【冷浇口（Cold Gate）】选项，弹出【冷浇口】对话框，设置【截面形状】为圆形，【形状是】为锥体（由角度定），如图 18.33 所示。

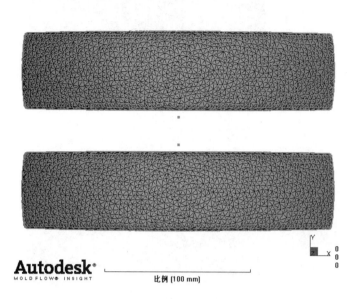

图 18.30 节点偏移结果

图 18.31 【创建直线】工具对话框

图 18.32 【指定属性】对话框

（4）单击图 18.33 中的【编辑尺寸】按钮，弹出【横截面尺寸】对话框，在【始端直径】选项后文本框输入值是 3，在【锥体角度】选项后文本框输入值是 15，如图 18.34 所示。

（5）单击 OK 按钮，返回到图 18.33 中，单击 OK 按钮，返回到图 18.32 中，单击【确定】按钮，返回到图 18.31 中，单击【应用】按钮，生成浇口中心直线。以同样的方式创建另一个型腔的浇口中心直线，结果如图 18.35 所示。

图 18.33 【冷浇口】对话框

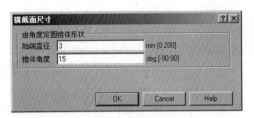

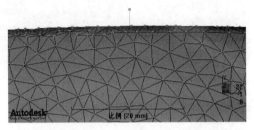

图 18.34 【横截面尺寸】对话框　　　　　图 18.35 创建的浇口中心直线

4．创建分流道中心线

（1）先选择"分流道"层，再单击 按钮，使"分流道"设置为激活层。处于激活的图层其图层的名字是以黑体字来显示的。

（2）先创建中间节点，选择坐标中间创建节点工具创建点。选择【建模（Modeling）】|【创建点（Create Nodes）】|【在坐标之间（Between）】命令，弹出【坐标中间创建节点工具（Create Nodes—Node Between Coordinates Tool）】对话框，分别选择两个浇口末端节点，设置节点数为1，不勾选【选择完成时自动应用】复选框，如图 18.36 所示。单击【应用】按钮，生成如图 18.37 所示的节点。

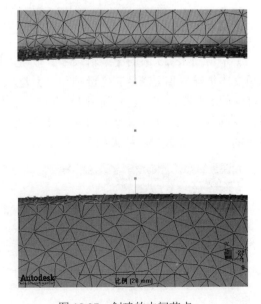

图 18.36 【坐标中间创建节点工具】对话框　　　　图 18.37 创建的中间节点

(3）选择创建直线工具创建分流道中心直线。选择【建模（Modeling）】|【创建曲线（Create Curves）】|【直线（Lines）】命令，弹出【创建直线工具（Create Lines Tool）】对话框。分别选择两个浇口末端节点，不勾选【自动在曲线末端创建节点】复选框，如图 18.38 所示。单击【选择选项】选项组右边的矩形按钮，弹出【指定属性】对话框，如图 18.39 所示。

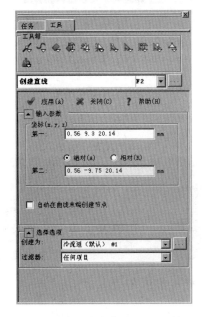

图 18.38 【创建直线工具】对话框

图 18.39 【指定属性】对话框

（4）在指定属性对话框中，单击【编辑（Edit）】按钮，弹出【冷浇口】对话框，设置【截面形状】为 U 形，【外形是】为非锥体，【出现次数】为 1，如图 18.40 所示。

（5）单击图 18.40 中的【编辑尺寸】按钮，弹出【横截面尺寸】对话框，在【宽度】选项后文本框输入值是 8，在【高度（=直径）】选项后文本框输入值是 5，如图 18.41 所示。

（6）单击 OK 按钮，返回到图 18.40 中，单击 OK 按钮，返回到图 18.39 中，单击【确定】按钮，返回到图 18.38 中，单击【应用】按钮，生成冷流道中心直线。以同样的方式创建另一个型腔的冷流道中心直线，结果如图 18.42 所示。

图 18.40 【冷流道】对话框

5．创建主流道中心线

先选择"主流道"层，再单击 ✓ 按钮，使"主流道"层设置为激活层。处于激活的图层其图层的名字是以黑体字来显示的，创建节点，选择偏移工具创建节点。

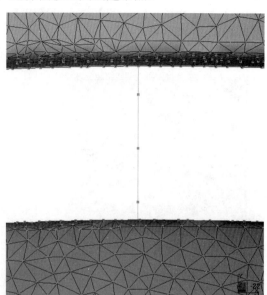

图 18.41 【横截面尺寸】对话框　　　　　　图 18.42 创建的分流道中心直线

（1）选择【建模（Modeling）】|【创建节点（Create Nodes）】|【按偏移（Offset）】命令，弹出【偏移创建节点工具（Create Nodes by Offset Tool）】对话框。【基准】文本框内选择上一步创建的中间节点，在【矢量】文本框内输入 0 0 50，在【节点数】文本框内输入 1，如图 18.43 所示，单击【应用】按钮，完成节点偏移 50mm，结果如图 18.44 所示。

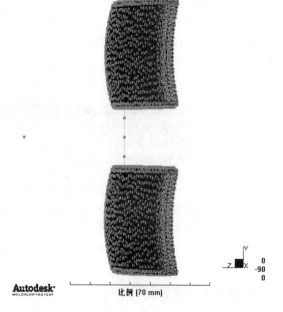

图 18.43 【偏移创建节点工具】对话框　　　　图 18.44 创建的偏移节点

(2) 选择创建直线工具创建主流道中心直线。选择【建模（Modeling）】|【创建曲线（Create Curves）】|【直线（Lines）】命令，弹出【创建直线工具（Create Lines Tool）】对话框。分别选择创建的中间节点和偏移节点，不勾选【自动在曲线末端创建节点】复选框，如图 18.45 所示。单击【选择选项】选项组右边的矩形按钮，弹出【指定属性】对话框，如图 18.46 所示。

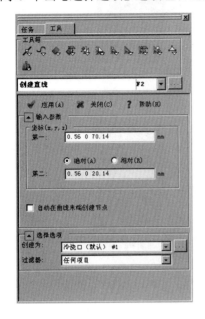

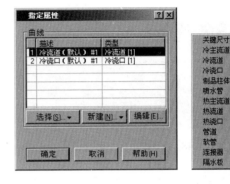

图 18.45 【创建直线工具】对话框　　　　图 18.46 【指定属性】对话框

(3) 在指定属性对话框中，单击【新建（New）】下拉列表按钮，弹出【下拉列表】对话框，如图 18.46 所示。选择【冷流道】选项，弹出【冷主流道】对话框，设置【形状是】为锥体（由角度），如图 18.47 所示。

(4) 单击图 18.47 中的【编辑尺寸】按钮，弹出【横截面尺寸】对话框，在【始端直径】选项后文本框输入值是 4，在【锥体角度】选项后文本框输入值是 2，如图 18.48 所示。

(5) 单击 OK 按钮，返回到图 18.47 中，单击 OK 按钮，返回到图 18.46 中，单击【确定】按钮，返回到图 18.45 中，单击【应用】按钮，生成主流道中心直线，结果如图 18.49 所示。

图 18.47 【冷主流道】对话框

对于创建的浇注系统的中心线，要划分网格才能参与分析计算，下面讲解网格划分的操作。

6. 浇口网格划分

在图层管理栏中仅显示"浇口"层，如图 18.50 所示，在图形编辑窗口中只显示浇口的中心直线，如图 18.51 所示。

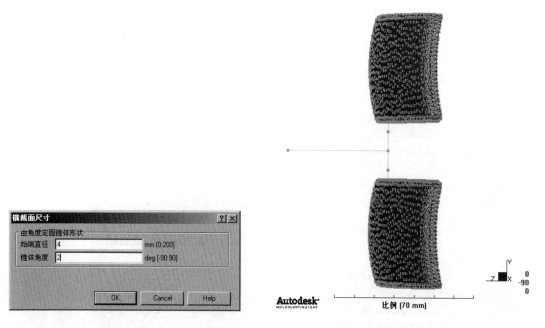

图 18.48 【横截面尺寸】对话框

图 18.49 创建的主流道中心直线

选择【网格】|【生成网格】命令，弹出【生成网格】对话框。在全局网格边长（Global edge length）右侧文本框中输入 2，勾选【将网格置于激活层中】复选框，如图 18.52 所示。单击【立即划分网格】按钮，生成浇口网格划分结果，结果如图 18.53 所示。

图 18.50 图层管理栏对话框

图 18.51 只显示浇口的中心直线

7．分流道和主流道网格划分

在图层管理栏中显示"分流道"和"主流道"层，如图 18.54 所示，在图形编辑窗口中显示分流道和主流道的中心直线，如图 18.55 所示。

（1）选择【网格】|【生成网格】命令，弹出【生成网格】对话框。在全局网格边长（Global edge length）右侧文本框中输入 3，如图 18.56 所示。单击【立即划分网格】按钮，生成分流道网格划分结果，结果如图 18.57 所示。

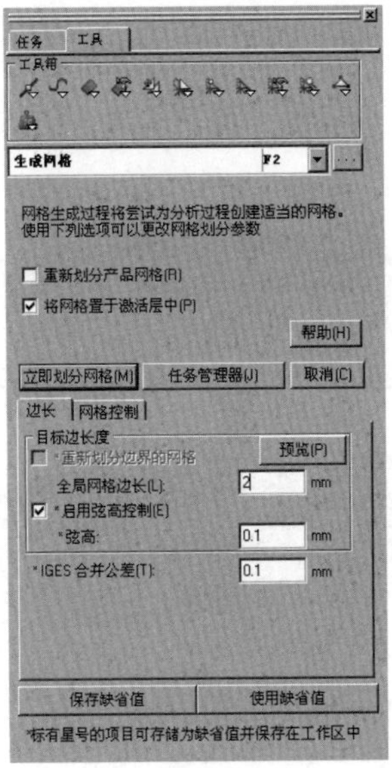

第 18 章 电话外壳——流动分析

图 18.52 【生成网格】对话框

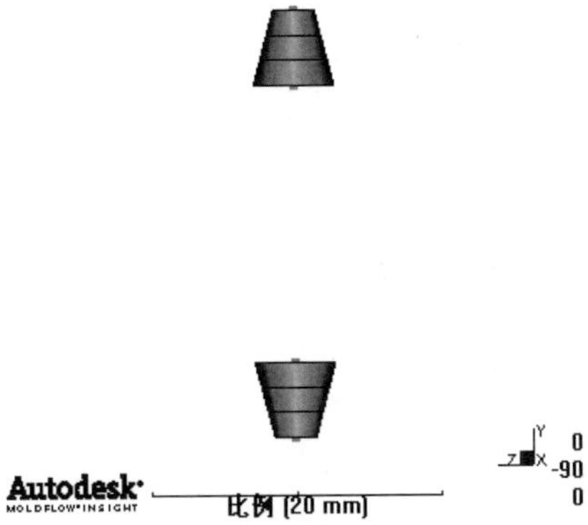

图 18.53 浇口网格划分结果

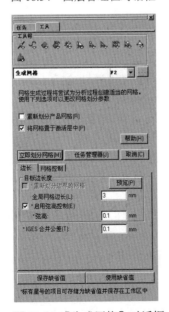

图 18.54 图层管理栏对话框

图 18.55 只显示分流道的中心直线

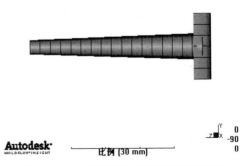

图 18.56 【生成网格】对话框

图 18.57 分流道和主流道网格划分结果

(2) 打开图层管理栏窗口中的各个层，如图 18.58 所示，同时在图形编辑窗口中显示的模型如图 18.59 所示。

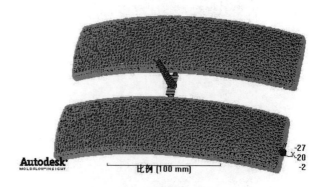

图 18.58　图层管理栏对话框　　　　　　　图 18.59　显示模型

(3) 选择【分析】|【设置注射位置】命令，在图形编辑窗口选择主流道的顶点为注射位置，在图形编辑窗口如图 18.60 所示，在方案任务栏如图 18.61 所示，完成浇注系统的创建。

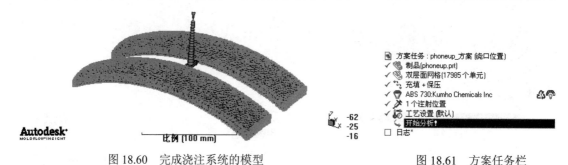

图 18.60　完成浇注系统的模型　　　　　　　图 18.61　方案任务栏

8．连通性诊断

在完成浇注系统后或在分析之前需要检查一下网格是否连通。

(1) 选择【网格（Mesh）】|【网格诊断（Mesh Diagnostic）】|【连通性诊断（Connectivity Diagnostic）】命令，弹出【连通性诊断工具（Connectivity Diagnostic Tool）】对话框，如图 18.62 所示。

选择浇注点的第一个单元开始去检验网格的连通性，不勾选【忽略柱体单元（Ignore Beam Element）】复选框，下拉列表框中选择显示方式诊断结果。选择【将结果置于诊断层中】复选框，就把网格中没有连通性的单元存在的位置单独置于一个名为诊断结果的图形层中，方便用户随时查找诊断结果，也便于修改存在的缺陷。

(2) 单击【显示】按钮，将显示网格连通性诊断信息，如图 18.63 所示。本案例网格单元全部连通，可以进行分析计算。

18.3.2　分析计算

双击案例任务窗口中的【开始分析】图标，或者选择【分析】|【开始分析】命令，弹出

【选择分析类型】对话框,如图 18.64 所示。单击【确定】按钮,程序开始运行。等待程序运行,可以查看分析的过程和分析的进度,与分析完成通过查看日记的内容一样。图 18.65~图 18.68 分别分析过程中的内容。运行完成后,弹出【分析完成】对话框,如图 18.69 所示,单击 OK 按钮,退出【分析完成】对话框。

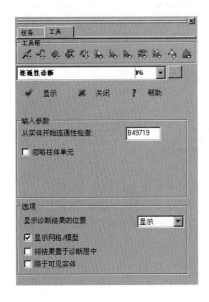

图 18.62 【连通性诊断工具】对话框

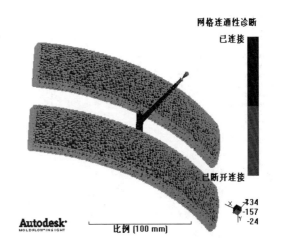

图 18.63 显示连通性诊断信息

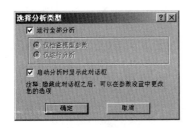

图 18.64 【选择分析类型】对话框

时间 (s)	体积 (%)	压力 (MPa)	锁模力 (tonne)	流动速率 (cm^3/s)	状态
0.06	2.22	26.84	0.00	36.62	U
0.12	6.53	32.25	0.16	42.66	U
0.19	11.33	34.30	0.46	42.60	U
0.25	16.01	35.88	0.88	42.79	U
0.31	20.74	37.42	1.43	42.85	U
0.37	25.65	39.00	2.14	42.89	U
0.44	30.45	40.51	2.96	42.98	U
0.49	34.91	41.85	3.85	42.98	U
0.56	39.70	43.26	4.87	43.10	U
0.62	44.59	44.59	5.95	43.19	U
0.68	49.27	46.00	7.36	43.10	U
0.74	53.76	47.74	9.26	43.12	U
0.81	58.42	49.53	11.50	43.12	U
0.87	63.23	51.32	13.93	43.20	U
0.93	67.68	52.95	16.42	43.24	U
0.99	72.45	54.73	19.33	43.29	U
1.05	77.01	56.39	22.30	43.32	U
1.11	81.64	58.08	25.47	43.39	U
1.18	86.35	59.78	28.94	43.43	U
1.24	90.89	61.54	32.73	43.47	U
1.30	95.54	64.28	38.67	43.47	U
1.34	98.61	67.27	45.55	43.32	U/P
1.35	99.24	53.82	42.59	19.73	P
1.36	99.58	53.82	40.50	17.92	P
1.38	99.97	53.82	42.28	12.06	P
1.38	100.00	53.82	42.83	11.69	已充填

图 18.65 充填分析过程信息

```
| 时间   | 保压    | 压力    | 锁模力   | 状态 |
| (s)    | (%)    | (MPa)  | (tonne) |      |
|--------------------------------------------|
| 1.38   | 0.38   | 53.82  | 42.89   | P    |
| 1.58   | 2.43   | 53.82  | 67.48   | P    |
| 2.04   | 6.97   | 53.82  | 62.64   | P    |
| 2.54   | 11.97  | 53.82  | 49.26   | P    |
| 3.04   | 16.97  | 53.82  | 33.16   | P    |
| 3.54   | 21.97  | 53.82  | 19.31   | P    |
| 4.04   | 26.97  | 53.82  | 12.50   | P    |
| 4.54   | 31.97  | 53.82  | 8.68    | P    |
| 5.04   | 36.97  | 53.82  | 6.12    | P    |
| 5.54   | 41.97  | 53.82  | 4.29    | P    |
| 6.04   | 46.97  | 53.82  | 2.96    | P    |
| 6.54   | 51.97  | 53.82  | 2.08    | P    |
| 7.04   | 56.97  | 53.82  | 1.44    | P    |
| 7.54   | 61.97  | 53.82  | 0.97    | P    |
| 8.04   | 66.97  | 53.82  | 0.63    | P    |
| 8.54   | 71.97  | 53.82  | 0.39    | P    |
| 9.04   | 76.97  | 53.82  | 0.24    | P    |
| 9.54   | 81.97  | 53.82  | 0.16    | P    |
| 10.04  | 86.97  | 53.82  | 0.10    | P    |
| 10.54  | 91.97  | 53.82  | 0.05    | P    |
| 11.04  | 96.97  | 53.82  | 0.00    | P    |
| 11.34  | 100.00 | 53.82  | 0.00    | P    |
```

```
充填阶段结果摘要：

   最大注射压力          (在  1.3416 s) =   67.2717 MPa

充填阶段结束的结果摘要：

   充填结束时间                        =    1.3796 s
   总重量(制品 + 流道)                 =   52.4946 g
   最大锁模力 - 在充填期间              =   45.5542 tonne
   推荐的螺杆速度曲线(相对)：
       %射出体积          %流动速率
       --------------------------------
         0.0000            26.7017
         3.1762            26.7017
        20.0000            61.5412
        30.0000            81.7811
        40.0000           100.0000
        50.0000            87.8223
        60.0000            75.0602
        70.0000            70.8419
        80.0000            68.7932
        90.0000            59.3915
       100.0000            21.9324

% 充填时熔体前沿完全在型腔中           =    3.1762 %
```

图 18.66 保压分析过程信息   图 18.67 充填阶段结果摘要

```
保压阶段结果摘要：

   压力峰值 - 最小值        (在  1.584 s) =   22.9977 MPa
   锁模力 - 最大值          (在  1.584 s) =   67.4821 tonne
   总重量 - 最大值          (在 11.342 s) =   54.1227 g

保压阶段结束的结果摘要：

   保压结束时间                        =   11.3416 s
   自动冷却时间                        =    0.0000 s
   总重量(制品 + 流道)                 =   54.1227 g

制品的保压阶段结果摘要：

   总体温度 - 最大值          (在  1.380 s) =  240.7362 C
   总体温度 - 第 95 个百分数  (在  1.380 s) =  236.3645 C
   总体温度 - 第 5 个百分数   (在 11.342 s) =   57.2186 C
   总体温度 - 最小值          (在 11.342 s) =   50.0065 C

   剪切应力 - 最大值          (在  2.039 s) =    4.5055 MPa
   剪切应力 - 第 95 个百分数  (在  5.539 s) =    1.0792 MPa

   体积收缩率 - 最大值         (在  1.380 s) =    9.8015 %
   体积收缩率 - 第 95 个百分数 (在  1.380 s) =    8.4368 %
   体积收缩率 - 第 5 个百分数  (在  9.039 s) =    2.3181 %
   体积收缩率 - 最小值         (在  6.539 s) =    1.1530 %
```

图 18.68 保压阶段结果摘要   图 18.69 【分析完成】对话框

屏幕输出（Screen Output）的充填阶段的信息如图 18.65 所示。速度/压力切换发生在充填型腔 98.61%时，此时压力为 67.27MPa，保压压力为该压力的 80%。

屏幕输出（Screen Output）的保压阶段的信息如图 18.66 所示。当时间为 11.34s 时，释放压力。

屏幕输出（Screen Output）结果在日志窗口中可以查看，也可以保存。

18.3.3 结果分析

在方案任务窗口中原来的【开始分析】变成了【结果】，如图 18.70 所示。

分析结果信息。在方案任务窗口中"分析结果"列表下,分析结果有流动(Flow)信息有关的结果。流动(Flow)分析结果主要包括充填时间(Fill Time)、压力(Pressure)、熔接线(Weld Lines)、气穴(Air Traps)、流动前沿温度(Temperature at Flow Front)、冻结层因子(Frozen Layer Fraction)等。

下面分别介绍流动分析结果。

(1)充填时间(Fill Time)分析结果如图 18.71 所示。电话机上壳在 1.484s 时间内完成塑料熔体的充填。从充填时间的结果图中可以得知,浇口两侧方向的物料几乎同时到达,可以接受。

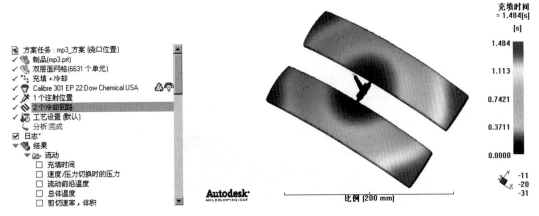

图 18.70 方案任务栏显示分析完成　　图 18.71 充填时间分析结果

(2)压力(Pressure)分析结果如图 18.72 所示,该图只是显示了在充填结束的时刻的压力分布。压力结果图可以显示充填过程中模具型腔内的压力分布,可以进行动画模拟来观察充填过程的压力分布。

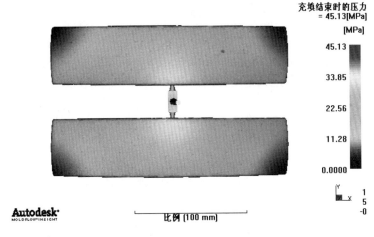

图 18.72 压力分析结果

(3)熔接线(Weld Lines)分析结果如图 18.73 所示。图中显示了熔接线在模具型腔内的分布情况,制品上无熔接线存在。

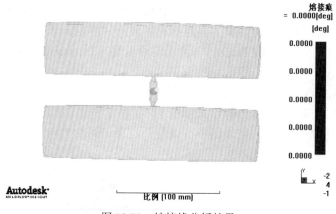

图 18.73　熔接线分析结果

（4）气穴（Air Traps）分析结果如图 18.74 所示，图中显示了气穴在模具型腔内的分布情况。从图中可以看出，气穴位于制品边缘附近，以红色圆圈表示，只需要在气穴附近设置顶针，以加强排气。

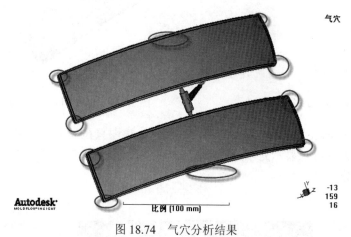

图 18.74　气穴分析结果

（5）流动前沿温度（Temperature at Flow Front）分析结果如图 18.75 所示。模型的温度差不能太大，合理的温度分布应该是均匀的。流动前沿温度相差 2℃，基本可以接受。

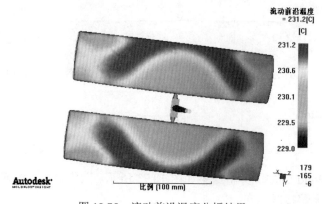

图 18.75　流动前沿温度分析结果

(6)冻结层因子（Frozen Layer Fraction）分析结果如图 18.76 所示。从图中可以得知，在这一时刻制品表面的冷却层的厚度。

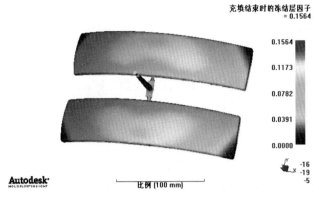

图 18.76　冻结层因子分析结果

(7)顶出时的体积收缩率（Frozen Layer Fraction）分析结果如图 18.77 所示。从图中可以得知，电话机上壳的体积收缩率 5.677%，主要发生在制品上，分布不均匀，体积收缩率过大，制品变形明显，因此可以适当增加注塑压力。

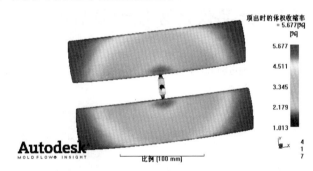

图 18.77　顶出时的体积收缩率分析结果

(8)体积收缩率（Frozen Layer Fraction）分析结果如图 18.78 所示。从图中可以得知，电话机上壳的体积收缩率 8.471%，体积收缩率过大，制品变形明显，因此可以适当增加注塑压力。

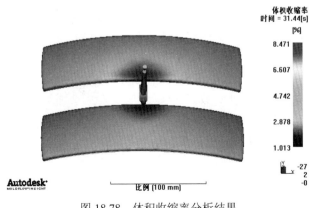

图 18.78　体积收缩率分析结果

从分析结果中得到了足够的信息，就可以根据制品的分析结果对工艺条件进行调整，以获得最佳质量的制品。

18.3.4　工艺设计调整

本案例采用调整工艺参数解决注塑制品出现的缺陷。在实际生产过程中，由于注塑工艺参数设置不对，就会引起许多问题，比如欠注、飞边、凹陷、气泡、裂纹、翘曲、白化、产品尺寸的波动性变大等问题。具体地说，过大的保压则会造成制品的内应力增加、外皮层的拉伸应力增加、脱模困难等问题；保压不足时会导致凹陷、气泡、收缩率增加、成形品尺寸变小、尺寸的波动性变大、由于熔胶回流导致内层定向等问题。

在实际生产过程中，只要注塑工艺参数设置恰当，就会解决许多问题。例如，可以解决由于工艺参数设置不当引起的欠注、飞边、凹陷、气泡、裂纹、翘曲、白化、产品尺寸的波动性变大等问题。具体地说，保压时间阶段逐次降低保压（多段保压）可以减少翘曲、降低从浇口到末端的成形品区域之收缩变异、减少内应力、减少能源损耗等。读者还可以参考第1.6节的内容或其他书籍来理解调整工艺参数来解决制品出现的问题。

18.4　产品设计方案调整后的分析

通过对注塑电话机外壳模型的流动分析的工艺参数进行修改，并进行流动分析后，可以通过分析结果判断制品质量的优劣。

18.4.1　分析前处理

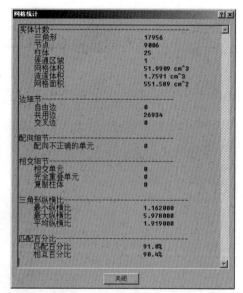

图18.79　【网格统计】对话框

本例采用初次分析的结果进行设计工艺方法，操作如下。

1. 查询相关信息

（1）选择【网格】|【网格统计】命令，等待一会儿，弹出【网格统计】对话框，如图18.79所示。

（2）选择【分析】|【选择材料】命令，打开【选择材料】对话框，如图18.80所示。单击【细节】按钮，弹出【热塑性塑料】对话框如图18.81所示对话框中显示了ABS材料的PVT属性参数。

（3）单击OK按钮退出热塑性塑料对话框。单击【确定】按钮完成选择并退出【选择材料】对话框。

2. 设置工艺条件

设置工艺条件的步骤如下。

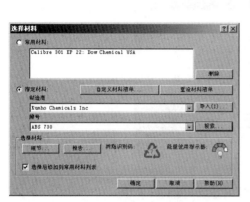

图 18.80 【选择材料】对话框

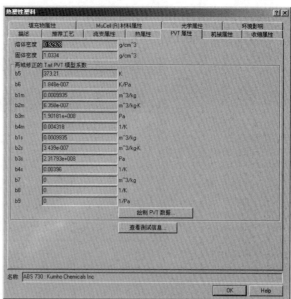

图 18.81 ABS 材料的 PVT 属性参数

（1）选择【分析】|【工艺设置向导】命令，弹出【工艺设置向导－充填+保压设置】对话框，如图 18.82 所示。

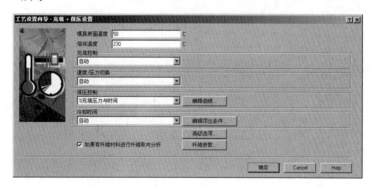

图 18.82 【工艺设置向导－充填+保压设置】对话框

（2）在图 18.82 中，单击【高级选项】按钮，弹出【充填+保压分析高级选项】对话框，如图 18.83 所示。

图 18.83 【充填+保压分析高级选项】对话框

(3) 在图 18.83 中，单击【注塑机】选项下的【选择】按钮，弹出【选择注塑机】对话框，如图 18.84 所示，选择第 180 个注塑机作为成型注塑机。

图 18.84 【选择注塑机】对话框

(4) 单击【选择】按钮，返回到【充填+保压分析高级选项】对话框。在图 18.83 中，单击【注塑机】选项下的【编辑】按钮，弹出【注塑机－注射单元】对话框，如图 18.85 所示，设置【注塑机－注射单元】的相关参数。

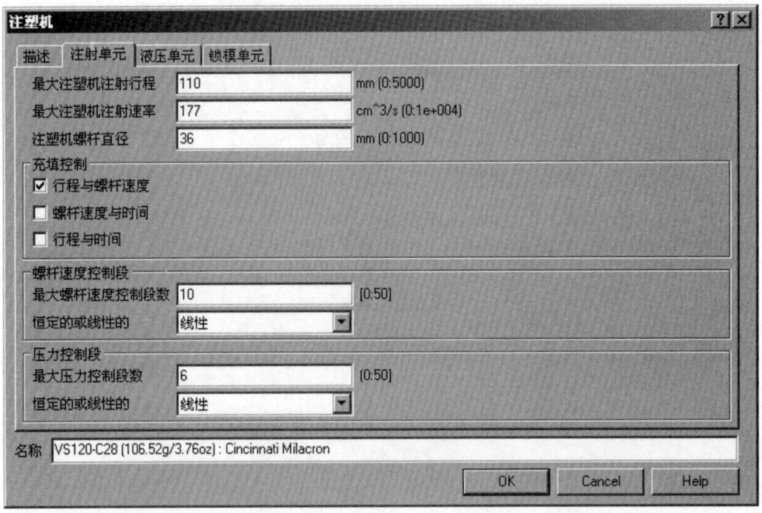

图 18.85 【注塑机－注射单元】对话框

(5) 单击【液压单元】按钮，弹出【注塑机－液压单元】对话框，如图 18.86 所示，设置【注塑机－液压单元】的相关参数。单击 OK 按钮，返回到【充填+保压分析高级选项】对话框。

(6) 在图 18.83 中，单击【工艺控制器】选项下的【编辑】按钮，弹出【工艺控制器】对话框，如图 18.87 所示。

(7) 在图 18.87 中，选择【充填控制】选项下的【相对螺杆速度曲线】选项为【充填控制】的方式，设置为如图 18.88 所示。

图 18.86 【注塑机－液压单元】对话框

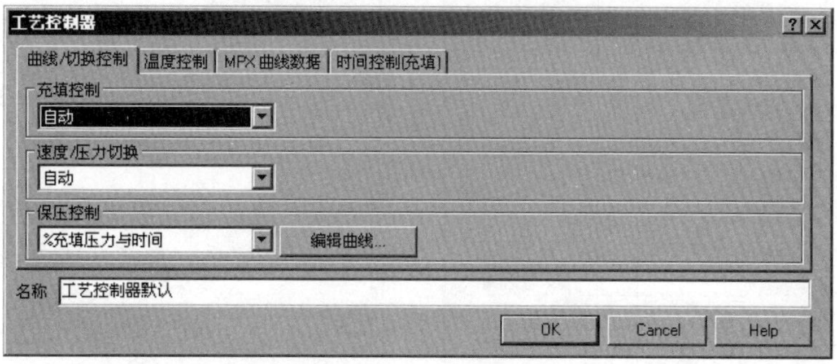

图 18.87 【工艺控制器】对话框

图 18.88 【工艺控制器】对话框（一）

（8）在图 18.88 中，单击【充填控制】选项下的【编辑曲线】按钮，弹出【充填控制曲线设置】对话框，如图 18.89 所示。

计量行程的计算，先根据总体积 V（流道体积+产品体积）算出螺杆前进的行程 L，计算公式为 L=10(Ds/Dm)(4V/(pi(D/10)^2))式中 pi 为圆周率 3.1416，D 为螺杆直径，Ds 为材料固态密度，Dm 为材料熔融态密度。在本例中，流道体积和产品体积在网格统计中可得到（见图 18.79），材料密度可由材料数据库中得到（见图 18.81），最后算得 L 为 58.73mm，在此取

61，是加上补料后的估计值。

速度/压力切换，在实际生产中是根据产品大小来取的，一般为 5%～10%的计量，在此取 3 mm，因而螺杆注射阶段行程 58mm，小于上面的 58.73mm，因为想控制产品充填约 98%时切换为保压。

通常多段注塑是采用慢－快－慢方式，螺杆曲线形状为第一段刚好充填完流道浇口，以较慢速度通过浇口，以免发生喷射，使流动前沿完全进入型腔；然后以较快速度充填，快充填完成时放慢速度利于排气；最后在保压前再次将速度放慢，然后切换为压力控制。

基于上述原则，在本例中，第一段注射位置为 100%开始到 96%结束，速度 45%（螺杆以最大速度的 45%向前推进 4%）；第二段注射位置为 96%开始到 30%结束，速度 80%（螺杆以最大速度的 80%向前推进 66%）；第三段注射位置为 30%开始到 15%结束，速度 65%（螺杆以最大速度的 65%向前推进 15%）；第四段注射位置为 15%开始到 5%结束，速度 45%（螺杆以最大速度的 45%向前推进 11%），到 4%时转为保压，具体设定方法如图 18.90 所示。

 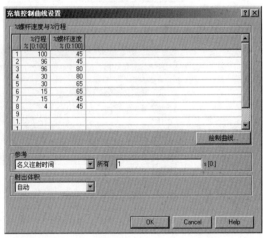

图 18.89 【充填控制曲线设置】对话框　　　图 18.90 【充填控制曲线设置】对话框（一）

（9）单击 OK 按钮，返回到图 18.88 中，选择【速度/压力切换】选项下的【由%充填体积】选项为【速度/压力切换】的控制方式，设置为如图 18.91 所示。

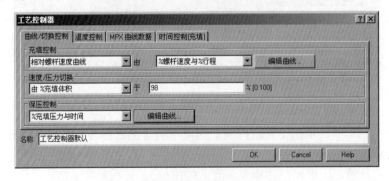

图 18.91 【工艺控制器】对话框（二）

（10）在【工艺设置向导－充填设置】对话框中，可以设置模具表面温度、熔体温度和进行充填控制方式、速度/压力控制转换方式、保压控制方式的选择。

在图 18.83 中，单击【保压控制】选项下的【编辑曲线】按钮，弹出【保压控制曲线设置】对话框，保压方式采用压力-时间方式，分段保压，第一段 80%保压 4s，第二段 20%保压 4s，末段 2s，由 20%衰减到 0，如图 18.92 所示。单击 OK 按钮，返回到图 18.87 中；单击 OK 按钮，返回到图 18.83 中；单击 OK 按钮，返回到图 18.82 中。

（11）单击【编辑顶出条件】按钮，弹出【制品顶出条件】对话框，按图 18.93 进行设置。单击 OK 按钮，返回到图 18.82 中，单击【确定】按钮，完成充填分析工艺参数的设置。

图 18.92 【保压控制曲线设置】对话框

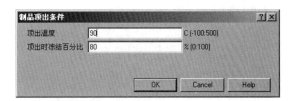

图 18.93 【制品顶出条件】对话框

18.4.2 分析计算

双击案例任务窗口中的【开始分析】图标，或者选择【分析】|【开始分析】命令，弹出【选择分析类型】对话框，如图 18.94 所示。单击【确定】按钮，程序开始运行。等待程序运行，可以查看分析的过程和分析的进度，与分析完成通过查看日记的内容一样，图 18.95～图 18.98 分别分析过程中的内容。运行完成后，弹出【分析完成】对话框，如图 18.99 所示。单击 OK 按钮，退出【分析完成】对话框。

图 18.94 【选择分析类型】对话框

时间 (s)	体积 (%)	压力 (MPa)	锁模力 (tonne)	流动速率 (cm^3/s)	状态
0.05	2.07	18.60	0.00	27.84	U
0.10	5.08	19.60	0.11	54.03	U
0.15	10.07	22.24	0.38	56.22	U
0.20	15.16	24.20	0.81	56.55	U
0.25	20.19	25.79	1.36	56.88	U
0.30	25.48	27.41	2.12	56.77	U
0.35	30.57	28.92	2.96	56.94	U
0.40	35.42	30.31	3.87	57.05	U
0.45	40.50	31.69	4.88	57.37	U
0.50	45.52	32.97	6.00	57.36	U
0.55	50.71	34.47	7.52	57.15	U
0.60	55.65	36.31	9.64	57.17	U
0.65	60.65	38.14	11.97	57.34	U
0.70	65.67	39.92	14.55	57.32	U
0.75	70.51	41.70	17.29	57.49	U
0.80	75.65	43.55	20.42	57.49	U
0.85	80.07	42.72	22.16	46.56	U
0.90	84.06	45.14	25.50	46.61	U
0.95	87.96	47.14	28.62	46.84	U
1.00	91.95	49.20	32.41	46.85	U
1.05	95.38	46.77	33.35	32.12	U
1.10	97.97	50.84	39.67	32.25	U
1.10	98.06	50.84	39.94	31.49	U/P
1.15	99.87	45.90	40.49	14.58	P
1.16	99.97	45.21	42.27	12.32	P
1.16	100.00	45.11	42.62	11.93	已充填

图 18.95 充填分析过程信息

```
|---------------------------------------------------|
| 时间   | 保压    | 压力    | 锁模力   | 状态    |
| (s)    | (%)    | (MPa)  | (tonne) |         |
|---------------------------------------------------|
| 1.16   | 0.56   | 45.10  | 42.68   | P       |
| 1.21   | 1.07   | 40.67  | 55.49   | P       |
| 1.57   | 4.66   | 40.67  | 58.83   | P       |
| 2.07   | 9.66   | 40.67  | 48.44   | P       |
| 2.57   | 14.66  | 40.67  | 34.47   | P       |
| 3.07   | 19.66  | 40.67  | 20.49   | P       |
| 3.57   | 24.66  | 40.67  | 13.24   | P       |
| 4.07   | 29.66  | 40.67  | 9.34    | P       |
| 4.57   | 34.66  | 40.67  | 6.78    | P       |
| 5.00   | 39.00  | 40.67  | 5.14    | P       |
| 5.10   | 40.02  | 10.17  | 4.20    | P       |
| 5.66   | 45.59  | 10.17  | 1.52    | P       |
| 6.16   | 50.59  | 10.17  | 0.38    | P       |
| 6.66   | 55.59  | 10.17  | 0.13    | P       |
| 7.16   | 60.59  | 10.17  | 0.10    | P       |
| 7.66   | 65.59  | 10.17  | 0.08    | P       |
| 8.16   | 70.59  | 10.17  | 0.05    | P       |
| 8.66   | 75.59  | 10.17  | 0.02    | P       |
| 9.10   | 80.00  | 10.17  | 0.00    | P       |
| 9.51   | 84.09  | 8.09   | 0.00    | P       |
| 10.01  | 89.09  | 5.54   | 0.00    | P       |
| 10.51  | 94.09  | 3.00   | 0.00    | P       |
| 11.01  | 99.09  | 0.46   | 0.00    | P       |
| 11.10  | 100.00 | 0.00   | 0.00    | P       |
| 11.10  |        |        |         | 压力已释放 |
|---------------------------------------------------|
```

图 18.96　保压分析过程信息

```
充填阶段结果摘要：

    最大注射压力          (在    1.1001 s) =     50.8406 MPa

充填阶段结束的结果摘要：

    充填结束时间                         =     1.1582 s
    总重量(制品 + 流道)                  =     52.6672 g
    最大锁模力 - 在充填期间              =     42.6167 tonne
    推荐的螺杆速度曲线(相对):
      %射出体积           %流动速率
      ---------------------------------
         0.0000              23.5777
         3.5785              23.5777
        20.0000              61.2873
        30.0000              81.8014
        40.0000             100.0000
        50.0000              90.3282
        60.0000              75.5655
        70.0000              70.5643
        80.0000              67.8702
        90.0000              60.0847
       100.0000              25.0141

% 充填时熔体前沿完全在型腔中           =      3.5785 %
```

图 18.97　充填阶段结果摘要

```
保压阶段结果摘要：

    压力峰值 - 最小值       (在    1.209 s) =     19.1516 MPa
    锁模力 - 最大值         (在    1.363 s) =     60.3971 tonne
    总重量 - 最大值         (在   11.011 s) =     54.2128 g

保压阶段结束的结果摘要：

    保压结束时间                    =     11.1019 s
    自动冷却时间                    =      0.0000 s
    总重量(制品 + 流道)             =     54.2128 g

制品的保压阶段结果摘要：

    总体温度 - 最大值              (在    1.158 s) =    238.9469 C
    总体温度 - 第 95 个百分数      (在    1.158 s) =    235.9162 C
    总体温度 - 第 5 个百分数       (在   11.102 s) =     57.4839 C
    总体温度 - 最小值              (在   11.102 s) =     50.0050 C
    剪切应力 - 最大值              (在    1.568 s) =      2.9543 MPa
    剪切应力 - 第 95 个百分数      (在    5.002 s) =      1.0406 MPa
    体积收缩率 - 最大值            (在    1.158 s) =      9.8823 %
    体积收缩率 - 第 95 个百分数    (在    1.158 s) =      8.4030 %
    体积收缩率 - 第 5 个百分数     (在    8.161 s) =      2.6926 %
    体积收缩率 - 最小值            (在    2.568 s) =      1.2907 %
    制品总重量 - 最大值            (在    8.161 s) =     52.2421 g
```

图 18.98　保压阶段结果摘要　　　　　　图 18.99　【分析完成】对话框

屏幕输出（Screen Output）的充填阶段的信息如图 18.95 所示。速度/压力切换发生在充填型腔 98.61%时，此时压力为 67.27MPa，保压压力为该压力的 80%。

屏幕输出（Screen Output）的保压阶段的信息如图 18.96 所示。当时间为 11.34s 时，释放压力。

屏幕输出（Screen Output）结果在日志窗口中可以查看，也可以保存。

18.4.3 结果分析

在方案任务窗口中原来的【开始分析】变成了【结果】,如图 18.100 所示。

分析结果信息。在方案任务窗口中【分析结果】列表下,分析结果有流动(Flow)信息有关的结果。流动(Flow)分析结果主要包括充填时间(Fill Time)、压力(Pressure)、熔接线(Weld Lines)、气穴(Air Traps)、流动前沿温度(Temperature at Flow Front)、冻结层因子(Frozen Layer Fraction)等。

下面分别介绍流动分析结果。

(1)充填时间(Fill Time)分析结果如图 18.101 所示。电话机上壳在 1.158s 时间内完成塑料熔体的充填,比初次分析充填时间缩短了。从充填时间的结果图中可以得知,浇口两侧方向的物料几乎同时到达,可以接受。

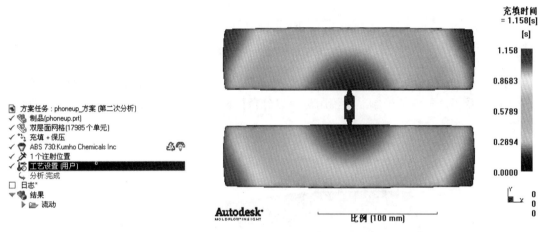

图 18.100 方案任务栏显示分析完成　　图 18.101 充填时间分析结果

(2)压力(Pressure)分析结果如图 18.102 所示,该图只是显示了在充填结束的时刻的压力分布。图中显示了充填过程中模具型腔内的压力分布,可以进行动画模拟来观察充填过程的压力分布。

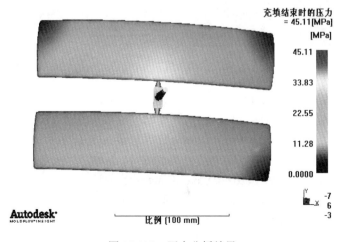

图 18.102 压力分析结果

（3）熔接线（Weld Lines）分析结果如图18.103所示，图中显示了熔接线在模具型腔内的分布情况，制品上无熔接线存在。

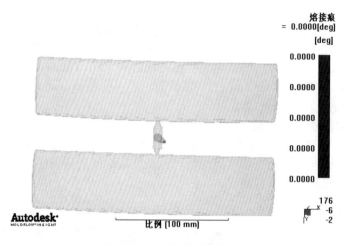

图18.103　熔接线分析结果

（4）气穴（Air Traps）分析结果如图18.104所示，显示了气穴在模具型腔内的分布情况，从图中可以看出，气穴位于制品边缘附近，以红色圆圈表示，只需要在气穴附近设置顶针，以加强排气。

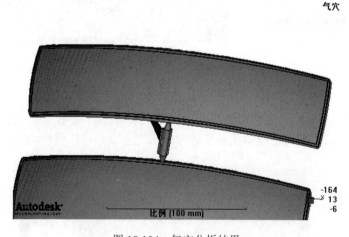

图18.104　气穴分析结果

（5）流动前沿温度（Temperature at Flow Front）分析结果如图18.105所示。模型的温度差不能太大，合理的温度分布应该是均匀的，流动前沿温度相差1.7℃，可以接受。

（6）冻结层因子（Frozen Layer Fraction）分析结果如图18.106所示。从图中可以得知，在这一时刻制品表面的冷却层的厚度。

（7）顶出时的体积收缩率（Frozen Layer Fraction）分析结果如图18.107所示。从图中可以得知，电话机上壳的体积收缩率5.987%，主要发生在制品最后充填的位置上，分布不均匀，体积收缩率过大，制品变形明显，因此可以适当增加注塑压力。

第18章 电话外壳——流动分析

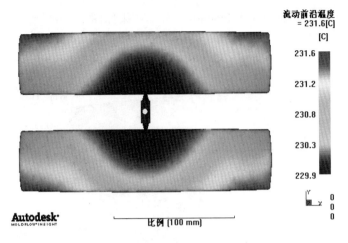

图 18.105 流动前沿温度分析结果

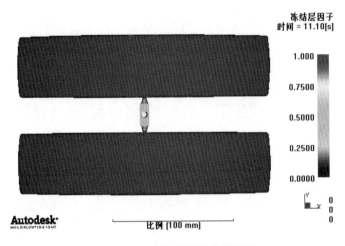

图 18.106 冻结层因子分析结果

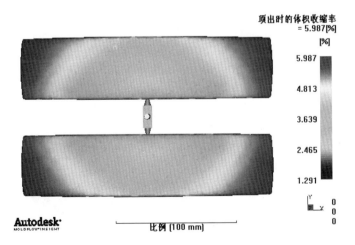

图 18.107 顶出时的体积收缩率分析结果

(8)体积收缩率(Frozen Layer Fraction)分析结果如图 18.108 所示。从图中可以得知,电话机上壳的体积收缩率 9.882%,体积收缩率过大,制品变形明显,因此可以适当增加注塑压力。

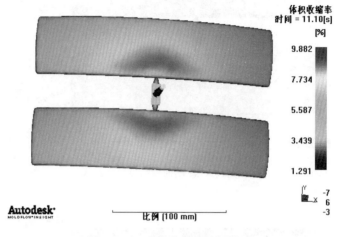

图 18.108　体积收缩率分析结果

18.5　本章小结

本章通过一个案例的操作描述了 AMI 的流动分析流程,从模型的输入、网格的划分与处理、分析类型的选择、工艺参数的设置到分析结果等进行了介绍,使读者能够从本章中学习到 AMI 的流动分析要进行的工作,和找到解决问题的方法。本章的重点和难点是掌握 AMI 流动分析的流程和成型工艺的调整。下一章将通过 MP3 外壳模型讲解 AMI 的冷却分析。

第 19 章　MP3 外壳——冷却分析

案例通过对 MP3 外壳的分析，学习流动+冷却分析的操作，针对出现的问题进行相应的查找和解决。通过冷却分析结果判断制品冷却效果的优劣；根据冷却分析计算出的冷却时间，确定成型周期所用时间。AMI 的冷却分析可以获得均匀冷却的冷却管道布局，尽量缩短冷却时间，从而缩短单个制品的成型周期，提高生产率，降低生产成本。

19.1　概　　述

本案例是 MP3 的后外壳，要求要有较好的冷却效果。本章通过对 MP3 后外壳的冷却分析，来判断冷却系统的冷却效果，根据模拟结果的冷却时间来确定成型周期，也可以通过冷却分析来优化冷却管的布局和冷却系统的设计，缩短成型周期，提高生产率，降低成本。

19.2　最佳浇口位置分析

用户可以在设置浇口位置之前进行浇口位置分析，依据这个分析结果设置浇口位置，从而避免由于浇口位置设置不当可能引起的制品缺陷。但是，有时浇口位置分析的结果不一定是非常适用的，要根据实际情况具体分析。AMI 中的浇口位置优化分析可以根据模型几何形状、相关材料参数，以及工艺参数分析出浇口最佳位置。

19.2.1　分析前处理

分析前需要处理的工作主要有以下几项。

1. 创建一个新项目

选择【文件】|【新建工程】命令，弹出【创建新工程】对话框，在【工程名称】文件框中输入工程名 ch19，如图 19.1 所示，单击【确定】按钮完成创建新项目。

2. 导入CAD模型

选择【文件】|【导入】命令，弹出【导入】对话框，选择 mp3a.igs 文件，如图 19.2 所示。
完成后单击 Open 按钮，弹出【导入】对话框，选择网格类型，按图 19.3 所示进行设置。

3. 划分网格

在图 19.3 中，单击【确定】按钮，弹出【Autodesk Moldflow Design Link 屏幕输出】对

话框，如图 19.4 所示。经过一段时间，【Autodesk Moldflow Design Link 屏幕输出对话框】关闭，网格自动划分完成，如图 19.5 所示。

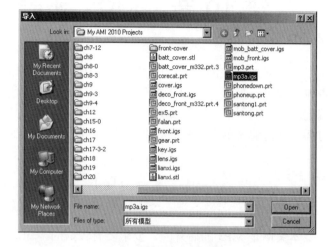

图 19.1　创建新工程

图 19.2　输入 CAD 模型

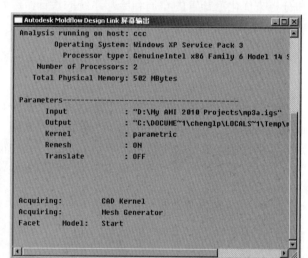

图 19.3　选择网格类型

图 19.4　【Autodesk Moldflow Design Link 屏幕输出】对话框

4．检验网格

网格划分后，检查网格可能存在的错误。

（1）选择【网格（Mesh）】|【网格统计（Mesh Statistics）】命令，等待一会儿，弹出【网格统计】结果对话框，如图 19.6 所示。

查看图 19.6 所示的各项网格质量统计报告。报告显示网格无自由边、相交单元等问题。报告还指出网格最大纵横比为 15.944（大于 6），这可能会影响到分析结果的准确性。另外匹配率也是很重要的，对于这个案例匹配为 95.7%（大于 85%），符合要求。可以用显示纵横比来验证统计报告的结果。单击【关闭】按钮关闭网格质量统计报告。

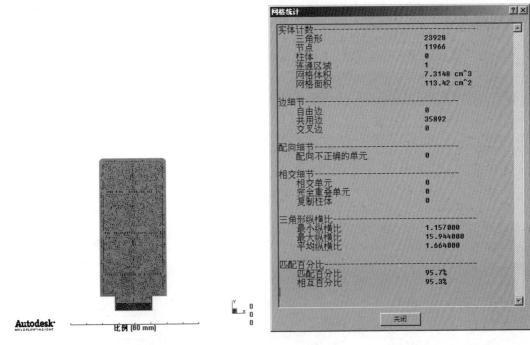

图 19.5 网络划分结果　　　　　图 19.6 网格统计结果对话框

> **注意**：不是每一个塑料制品在进行网格划分后每一项都有错误，本例只针对有错误的地方进行修改和讲解。

（2）选择【网格（Mesh）】|【网格纵横比（Mesh Aspect Ratio）】命令，弹出【网格纵横比】对话框，设置按如图 19.7 所示进行。单击【显示（Show）】按钮，如图 19.8 所示中显示了纵横比大于的单元。

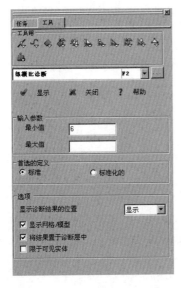
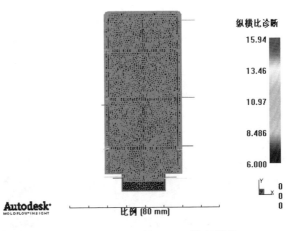

图 19.7 【网格纵横比】对话框　　　　　图 19.8 网格纵横比

5. 修复网格

用网格工具来降低网格纵横比,如图 19.9 的单元网格,采用通过插入节点工具和合并节点工具来修复此单元网格,其操作过程如下。

(1)选择【网格(Mesh)】|【网格工具(Mesh Tools)】|【节点工具(Nodes Tools)】|【插入节点(Insert Node)】命令,弹出【插入节点工具(Insert Node Tool)】对话框,如图 19.10 所示。

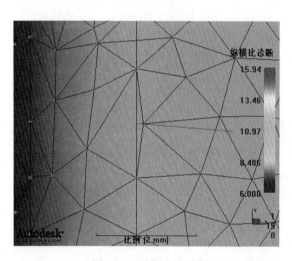

图 19.9 要修改的网格

图 19.10 【插入节点】工具对话框

勾选【三角形边的中点】选项。此时再输入参数选项下的 4 个文本框,只有【节点 1】选项和【节点 2】两个选项可用。【节点 3】选项和【要拆分的四面体】选项为灰色的,不可选。选择节点,先选择节点 1,再选择节点 2,如图 19.11 所示。

(2)单击【应用】按钮,程序自动运行,完成后显示插入节点的结果,如图 19.12 所示。

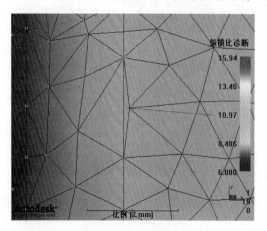

图 19.11 选择将要在其间插入节点的节点

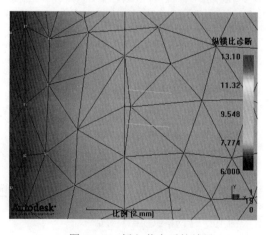

图 19.12 插入节点后的结果

(3)选择【网格】|【网格工具】|【节点工具】|【合并节点】命令,弹出【合并节点】对话框,如图 19.13 所示的合并节点对话框。在图 19.14 中,选择如图所示的节点。

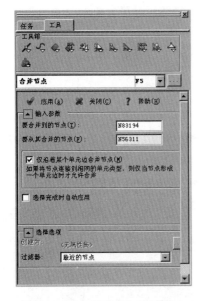

图 19.13 【合并节点】对话框   图 19.14 选择合并的两个节点

(4)单击【应用】按钮,完成节点的合并的操作,结果如图 19.15 所示。其他的网格的处理本章不做详细的介绍,请读者自己去练习完成。

6. 检查网格

处理完网格后,需要检查是否有新的问题产生,所以需要进行网格检查。

(1)选择【网格(Mesh)】|【网格统计(Mesh Statistics)】命令,等待一会儿,弹出【网格统计结果】对话框,如图 19.16 所示。

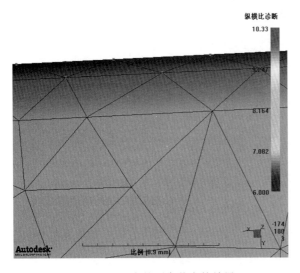
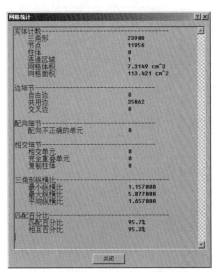

图 19.15 合并两个节点的结果   图 19.16 网格统计结果对话框

从图 19.16 中可以看出，网格单元基本符合分析要求，故网格处理完成。报告显示网格无自由边、相交单元等问题。报告还指出网格最大纵横比为 5.877（小于 6），符合要求。另外匹配率也是很重要的。对于这个案例匹配为 95.7%（大于 85%），符合要求。

（2）单击【关闭】按钮关闭网格质量统计报告。

19.2.2 分析计算

接着上面步骤，下面继续讲解所需要完成的步骤。

1．选择成型材料

本章选择常用于 MP3 外壳的 ABS（丙烯腈-丁二烯-苯乙烯共聚物）作为分析的成型材料。

（1）选择【分析】|【选择材料】命令，弹出【选择材料】对话框。从图中【制造商】下拉列表框的下三角按钮选择材料的生产者，再从【牌号】下拉列表框的下三角按钮中选择所需要的牌号，如图 19.17 所示。

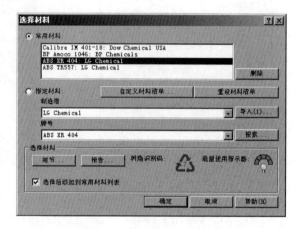

图 19.17 【选择材料】对话框

（2）单击【细节】按钮，弹出【热塑性塑料】对话框。图 19.18 的材料对话框显示了 PC 材料的成型工艺参数。

（3）单击 OK 按钮退出【热塑性塑料】对话框。再次单击【确定】按钮完成选择并退出选择材料对话框，如图 19.19 所示。

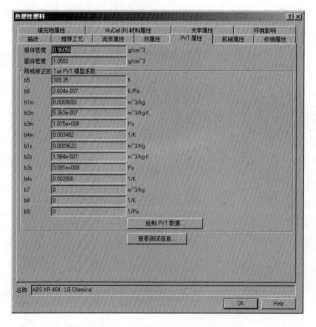

图 19.18　PC 材料的成型工艺参数　　　　　图 19.19　完成材料选择

2. 选择分析类型

要先进行最佳浇口位置分析，方案任务区的分析类型为充填，需要重新设置分析类型。

（1）选择【分析】|【设置分析序列】|【浇口位置】命令，完成分析类型的设置，如图 19.20 所示。

（2）工艺参数。本案例直接采用 Autodesk Moldflow Insight 2010 默认的成型工艺条件。图 19.21 是充填工艺条件的设置。

图 19.20 浇口位置分析类型

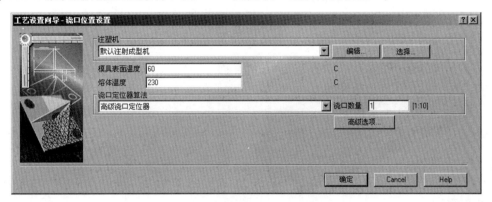

图 19.21 浇口位置工艺条件

（3）选择【分析】|【开始分析】命令，弹出【选择分析类型】对话框，如图 19.22 所示，单击【确定】按钮，程序开始运行。在日记栏窗口出现分析过程信息，表示分析的进度等信息，如图 19.23 所示。

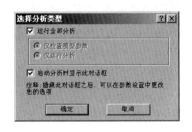

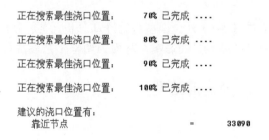

图 19.22 【选择分析类型】对话框　　　　　　图 19.23 分析过程显示

19.2.3 结果分析

分析完成，弹出【分析完成】对话框，如图 19.24 所示，单击 OK 按钮。运行完成后，得到最佳浇口位置，结果如图 19.25 和图 19.26 所示。

图 18.21 中给出了浇口位置分布的合理程度系数，其中最佳浇口位置的合理程度系数为 1，从图 18.21 中可以看到，Autodesk Moldflow 分析出的最佳浇口位置在中部靠上方附近。下面就可以根据浇口位置的分析结果设置浇口位置，然后进行冷却+充填+保压分析。设置节

点 N11269 为浇口位置，程序自动生成一个新方案，如图 19.27 所示

 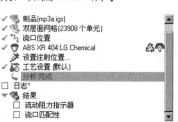

图 19.24 【分析完成】对话框　　　　　　图 19.25 浇口信息

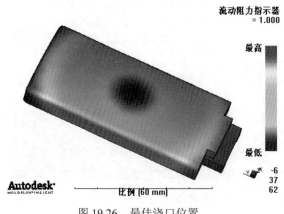 

图 19.26 最佳浇口位置　　　　　　图 19.27 生成新方案

19.3　产品的初步成型分析

通过对 MP3 外壳模型进行冷却分析，通过分析结果判断制品质量的优劣，分析出相关工艺参数对产品质量的影响，从而为调整工艺参数做好准备。

19.3.1　分析前处理

分析前处理主要需要做的工作是选择分析类型、设置浇口位置、创建浇注系统、冷却系统和设置分析的工艺参数等。

1．设置分析类型

在工程项目管理栏中双击"mp3a_方案（浇口位置）"选项，则在方案任务栏出现如图 19.28 所示的方案，本案例进行冷却+充填+保压分析。

选择【分析】|【设置分析序列】|【冷却+充填+保压】命令，完成分析类型的设置，如图 19.29 所示。

2．创建一模两腔

在本例中，采用手工方式创建一模两腔，先将整个制品向 X 方向移动 40mm。操作步骤

如下。

图 19.28　充填分析类型　　　　　　　　图 19.29　冷却+充填+保压分析类型

（1）选择【建模（Modeling）】|【移动/复制（Move/Copy）】|【平移（Move）】命令，弹出【平移工具（Move Tool）】对话框。选择整个模型制品，此时整个模型制品的所有节点都出现在【选择】文本框内，在【矢量】文本框内输入–400 0，如图 19.30 所示。

（2）单击【应用】按钮，完成平移，如图 19.31 所示。

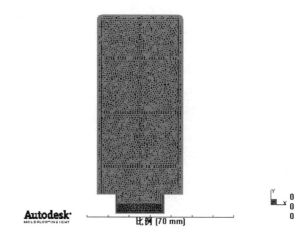

图 19.30　【平移工具】对话框　　　　　图 19.31　模型平移后的结果

最后用镜像方式复制整个制品。操作步骤如下。

（1）选择【建模（Modeling）】|【移动/复制（Move/Copy）】|【镜像（Reflect）】命令，弹出【镜像工具（Reflect Tool）】对话框。框选整个模型制品，此时整个模型制品的所有节点都出现在【选择】文本框内，镜像平面选择 YZ 平面，参考点为默认值不变，勾选【复制】方式进行镜像，如图 19.32 所示。

（2）单击【应用】按钮。完成镜像，一模两腔创建完成，如图 19.33 所示。

3．创建浇注系统

本案例采用浇注系统向导来创建。

（1）选择【分析】|【设置注射位置】命令，在图形编辑窗口选择主流道的顶点为注射位置，在图形编辑窗口如图 19.34 所示的浇点位置，完成浇注系统的创建。

图 19.32 【镜像工具】对话框

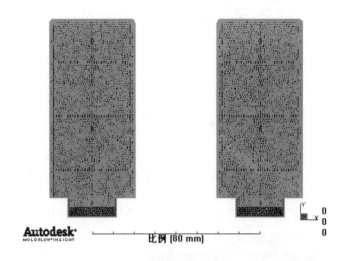

图 19.33 模型镜像后的结果

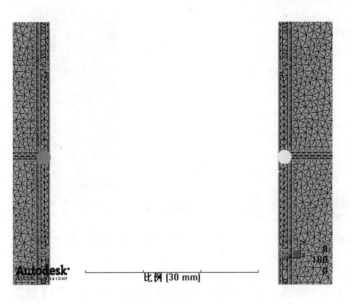

图 19.34 浇点位置

（2）选择【建模】|【流道系统向导】命令，弹出【流道系统向导－布置】对话框，单击【模型中心】按钮，使主流道位于模型的中心，有利于注射压力和锁模力的平衡，如图 19.35 所示。

（3）单击 Next 按钮，弹出【流道系统向导－主流道/流道/竖直流道】对话框，输入如图 19.36 所示的值。

（4）单击 Next 按钮，弹出【流道系统向导－浇口】对话框，输入如图 19.37 所示的值。

（5）单击 Finish 按钮，利用向导创建的浇注系统已经生成，如图 19.38 所示。

第 19 章 MP3 外壳——冷却分析

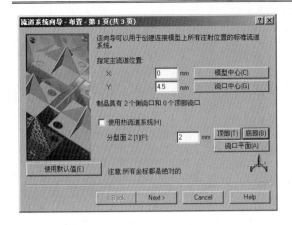

图 19.35 【流道系统向导－布置】对话框

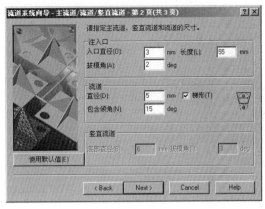

图 19.36 【流道系统向导－主流道/流道/竖直流道】对话框

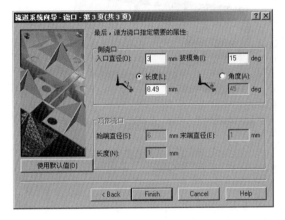

图 19.37 【流道系统向导－浇口】对话框

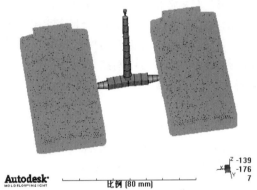

图 19.38 创建的浇注系统

4．创建冷却系统

本案例创建冷却系统采用向导来完成的。

（1）选择【建模】|【冷却回路向导】命令，弹出【冷却回路向导－布置】对话框，指定水管直径为 8，水管与制品间距离为 25，如图 19.39 所示。

（2）单击 Next 按钮，弹出【冷却回路向导－管道】对话框，设定管道数量为 4，管道中心之间的间距为 40mm，如图 19.40 所示。

（3）单击 Finish 按钮，利用冷却回路向导创建的冷却系统已经生成，如图 19.41 所示。

5．连通性诊断

在完成浇注系统后或在分析之前需要检查一下网格是否连通。

（1）选择【网格（Mesh）】|【网格诊断（Mesh Diagnostic）】|【连通性诊断（Connectivity Diagnostic）】命令，弹出【连通性诊断（Connectivity Diagnostic）】对话框，如图 19.42 所示。

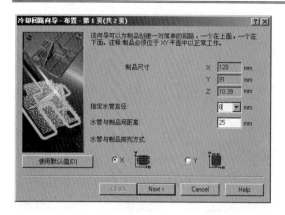

图 19.39 【冷却回路向导－布置】对话框

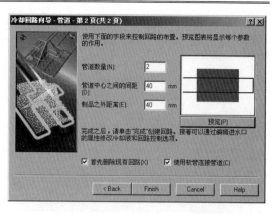

图 19.40 【冷却回路向导－管道】对话框

选择浇注点的第一个单元开始去检验网格的连通性。不勾选【忽略柱体单元（Ignore Beam Element）】复选框，下拉列表框中选择显示方式诊断结果。勾选【将结果置于诊断层中】复选框，就把网格中没有连通性的单元存在的位置单独置于一个名为诊断结果的图形层中，方便用户随时查找诊断结果也便于修改存在的缺陷。

（2）单击【显示】按钮，将显示网格连通性诊断信息，如图 19.43 所示。本案例网格单元全部连通，可以进行分析计算。

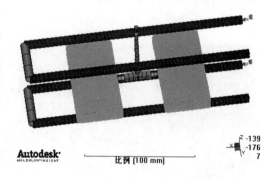

图 19.41 创建的冷却系统

图 19.42 连通性诊断对话框

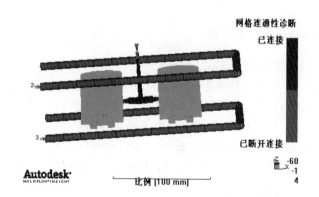

图 19.43 显示连通性诊断信息

6．设置分析的工艺参数

本章直接采用 Autodesk Moldflow Insight 2010 默认的成型工艺条件。图 19.44 和图 19.45 分别是冷却工艺条件、流动工艺条件的设置。

图 19.44　冷却工艺条件

图 19.45　流动工艺条件

19.3.2　分析计算

双击案例任务窗口中的【开始分析】图标，或者选择【分析】|【开始分析】命令，弹出【选择分析类型】对话框，如图 19.46 所示。单击【确定】按钮，程序开始运行。等待程序运行，可以查看分析的过程和分析的进度，与分析完成通过查看日记的内容一样。图 19.47～图 19.52 分别分析过程中的内容。运行完成后，弹出【分析完成】对话框，如图 19.53 所示。单击 OK 按钮，退出【分析完成】对话框。

外部迭代	循环时间(秒)	平均温度迭代	平均温度偏差	温度差迭代	温度差偏差	回路温度残余
1	41.250	11	25.012144	0	0.000000	1.000000
1	41.250	8	3.750000	0	0.000000	1.000000
1	32.656	20	2.812500	0	0.000000	1.000000
1	23.158	11	30.000000	0	0.000000	1.000000
1	23.158	6	12.885708	0	0.000000	1.000000
1	23.158	4	8.998476	0	0.000000	1.000000
1	23.158	4	2.224829	0	0.000000	1.000000
1	15.077	13	7.987831	0	0.000000	1.000000
1	15.077	6	0.775201	0	0.000000	1.000000
1	9.343	26	8.034527	0	0.000000	1.000000
1	9.343	8	0.400502	0	0.000000	1.000000
1	6.913	13	11.591177	0	0.000000	1.000000
1	6.913	5	0.103878	0	0.000000	1.000000
1	6.866	5	0.108634	0	0.000000	1.000000
1	8.022	7	0.055287	0	0.000000	1.000000
1	9.479	19	0.122012	0	0.000000	1.000000
1	10.579	20	0.178423	0	0.000000	1.000000
1	11.080	15	2.724522	0	0.000000	1.000000
1	11.082	4	0.058314	0	0.000000	1.000000
1	10.828	14	0.027297	0	0.000000	1.000000
1	10.547	17	0.235250	0	0.000000	1.000000
1	10.362	7	0.164300	0	0.000000	1.000000
1	10.296	6	0.052783	0	0.000000	1.000000
1	10.315	5	0.012973	0	0.000000	1.000000

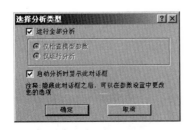

图 19.46　【选择分析类型】对话框　　　　图 19.47　冷却分析过程信息

```
| 时间   | 体积   | 压力    | 锁模力    | 流动速率   | 状态 |
| (s)   | (%)   | (MPa)  | (tonne)  | (cm^3/s) |    |
|-------|-------|--------|----------|----------|----|
| 0.03  | 3.86  | 12.22  | 0.00     | 26.97    | U  |
| 0.06  | 8.76  | 15.14  | 0.03     | 27.12    | U  |
| 0.08  | 12.65 | 20.66  | 0.16     | 28.67    | U  |
| 0.11  | 17.41 | 23.02  | 0.27     | 28.91    | U  |
| 0.14  | 22.11 | 24.95  | 0.42     | 29.07    | U  |
| 0.16  | 26.86 | 26.56  | 0.62     | 29.19    | U  |
| 0.19  | 31.61 | 27.95  | 0.85     | 29.25    | U  |
| 0.22  | 36.41 | 29.22  | 1.10     | 29.31    | U  |
| 0.25  | 41.15 | 30.38  | 1.39     | 29.36    | U  |
| 0.27  | 45.80 | 31.45  | 1.70     | 29.40    | U  |
| 0.30  | 50.65 | 32.50  | 2.05     | 29.41    | U  |
| 0.33  | 55.28 | 33.54  | 2.43     | 29.42    | U  |
| 0.36  | 60.08 | 34.58  | 2.86     | 29.45    | U  |
| 0.38  | 64.81 | 35.54  | 3.30     | 29.47    | U  |
| 0.41  | 69.63 | 36.47  | 3.75     | 29.49    | U  |
| 0.44  | 74.19 | 37.32  | 4.20     | 29.51    | U  |
| 0.47  | 79.08 | 38.20  | 4.68     | 29.53    | U  |
| 0.49  | 83.71 | 39.14  | 5.21     | 29.54    | U  |
| 0.52  | 88.37 | 40.37  | 6.00     | 29.55    | U  |
| 0.55  | 93.09 | 41.74  | 6.93     | 29.57    | U  |
| 0.57  | 97.62 | 43.75  | 8.38     | 29.57    | U  |
```

图 19.48 充填分析过程信息

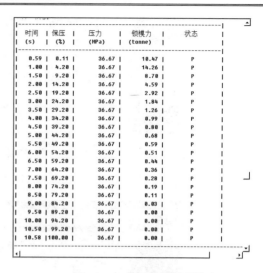

图 19.49 保压分析过程信息

```
型腔温度结果摘要
================================================
制品表面温度  - 最大值              = 70.0877 C
制品表面温度  - 最小值              = 31.7852 C
制品表面温度  - 平均值              = 58.1341 C
型腔表面温度  - 最大值              = 60.2951 C
型腔表面温度  - 最小值              = 25.0000 C
型腔表面温度  - 平均值              = 49.2982 C
平均模具外部温度                    = 29.3408 C
从平均制品厚度上冻结的百分比计算的循环时间
循环时间                           = 10.4668 s

执行时间
   分析开始时间    Fri Jul 16 07:42:19 2010
   分析完成时间    Fri Jul 16 18:34:15 2010
   使用的 CPU 时间      3607.08 s
```

图 19.50 冷却阶段结果摘要

```
充填阶段结果摘要：
   最大注射压力         (在    0.5831 s) =    45.8328 MPa
充填阶段结束的结果摘要：
   充填结束时间                         =    0.5938 s
   总重量(制品 + 流道)                   =    15.8256 g
   最大锁模力 - 在充填期间                =    10.5201 tonne
   推荐的螺杆速度曲线(相对)：
      %射出体积          %流动速率
      --------          --------
         0.0000          14.3414
         9.2910          14.3414
        20.0000          36.8654
        30.0000          57.9659
        40.0000          71.4843
        50.0000          81.9801
        60.0000          88.8082
        70.0000         100.0000
        80.0000          89.6114
        90.0000          54.3300
       100.0000          20.9896
   % 充填时熔体前沿完全在型腔中          =     9.2910 %
```

图 19.51 充填阶段结果摘要

```
保压阶段结果摘要：
   压力峰值 - 最小值      (在    1.003 s) =    12.8866 MPa
   锁模力 - 最大值        (在    0.696 s) =    16.3234 tonne
   总重量 - 最大值        (在   10.583 s) =    16.4026 g
保压阶段结束的结果摘要：
   保压结束时间                         =   10.5831 s
   总重量(制品 + 流道)                   =   16.4026 g
制品的保压阶段结果摘要：
   总体温度 - 最大值      (在    0.594 s) =   255.3145 C
   总体温度 - 第 95 个百分数 (在 0.594 s) =   252.8040 C
   总体温度 - 第 5 个百分数  (在 10.583 s)=    49.5877 C
   总体温度 - 最小值      (在   10.583 s) =    43.1891 C
   剪切应力 - 最大值      (在    2.503 s) =     2.4363 MPa
   剪切应力 - 第 95 个百分数 (在 3.003 s) =     0.4937 MPa
   体积收缩率 - 最大值    (在    0.594 s) =     9.0287 %
   体积收缩率 - 第 95 个百分数(在 0.594 s)=     7.8623 %
   体积收缩率 - 第 5 个百分数 (在 5.503 s)=     1.1380 %
   体积收缩率 - 最小值    (在    2.003 s) =     0.4531 %
   制品总重量 - 最大值    (在    8.503 s) =    14.8072 g
```

图 19.52 保压阶段结果摘要

图 19.53 【分析完成】对话框

在方案任务窗口中原来的【开始分析】变成了【结果】,如图 19.54 所示。

19.3.3 结果分析

本案例的分析结果是在方案任务窗口中【分析结果】列表下,分析结果由流动(Flow)和冷却(Cool)两个部分组成。流动(Flow)分析结果主要包括充填时间(Fill Time)、压力(Pressure)、熔接线(Weld Lines)、气穴(Air Traps)、流动前沿温度(Temperature at Flow Front)等。

图 19.54 分析完成

1.流动分析结果

下面分别介绍流动分析结果。

(1)充填时间(Fill Time)分析结果如图 19.55 所示。填充时间显示了模腔填充时每隔一定间隔的料流前锋位置。每个等高线描绘了模型各部分同一时刻的填充。在填充开始时,显示为暗蓝色;最后填充的地方为红色;如果制品短射,未填充部分没有颜色;制品的良好填充,其流程是平衡的。一个平衡的填充结果是所有流程在同一时间结束,料流前锋在同一时间到达模型末端。这意味着每个流程应以暗蓝色等高线结束。

(2)压力(Pressure)分析结果如图 19.56 所示。图中显示了充填过程中模具型腔内的压力分布。压力是一个中间结果,其动画默认随着时间变化,默认比例是整个结果范围从最小到最大。

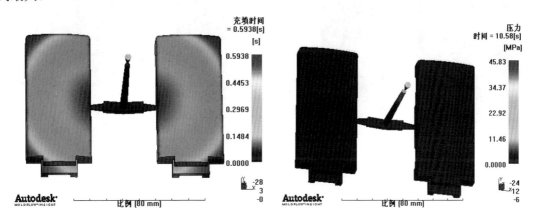

图 19.55 充填时间分析结果　　　　图 19.56 压力分析结果

(3)熔接线(Weld Lines)分析结果如图 19.57 所示。图中显示了熔接线在模具型腔内的分布情况,制品上应该避免或减少熔接线的存在。解决的方法有:适当增加模具温度、适当增加熔体温度、修改浇口位置等。

(4)气穴(Air Traps)分析结果如图 19.58 所示。图中显示了气穴在模具型腔内的分布情况。气穴应该位于分型面上、筋骨末端或者在顶针处,这样气体就容易从模腔内排出,否则制品容易出现气泡、焦痕等缺陷。解决的方法有:修改浇口位置、改变模具结构、改变制件区域壁厚、修改制件结构等。

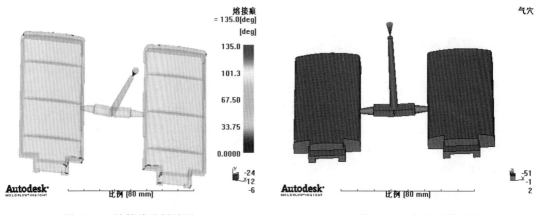

图 19.57　熔接线分析结果　　　　　　　图 19.58　气穴分析结果

（5）流动前沿温度（Temperature at Flow Front）分析结果如图 19.59 所示。模型的温度差不能太大，合理的温度分布应该是均匀的。

（6）体积收缩率（Volumetric shrinkage）分析结果如图 19.60 所示。从图中可以得知，在这一时刻，体积收缩率的最大值为，处于流道中，制品表面颜色梯度很小，表面收缩均匀。体积收缩率的结果越均匀越好。

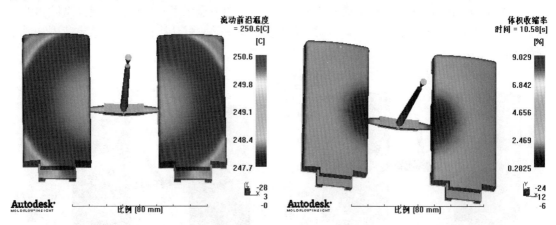

图 19.59　流动前沿温度分析结果　　　　图 19.60　体积收缩率分析结果

（7）保持压力（Hold pressure result）分析结果如图 19.61 所示。该结果显示了模型里达到的最大压力从保压开始直到结果被写入时间。在填充结束时每个流程末端的压力应该是 0。保持压力结果应该显示了一个均匀的压力梯度从注射点到流动路径的末端。均匀的压力梯度在制品冻结时会获得平衡的保压。

（8）推荐螺杆速度（Recommended ram speed result）分析结果如图 19.62 所示。该结果显示了最佳的注射曲线。在填充分析之后，其可以定义注射曲线来保持熔体前沿区域不变。推荐螺杆速度曲线显示为一个 XY 结果图，来保持在填充期间不变的熔体前沿速度。螺杆速度实际上由熔体前沿区域即时计算出：越大的熔体前沿区域，就有越高的螺杆速度来保持一个不变的熔体前沿速度。

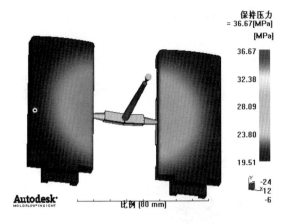
图 19.61 保持压力分析结果

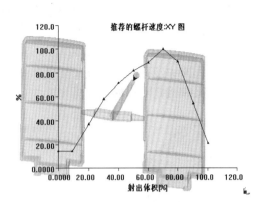
图 19.62 推荐螺杆速度分析结果

2．冷却分析结果

冷却（Cool）分析结果主要包括制品达到顶出温度的时间（Time to reach ejection temperature，part result）、制品平均温度（Average Temperature）、回路管壁温度（Circuit metal temperature result）、回路冷却液温度（Circuit coolant temperature result）、制品温度（Temperature）、模具温度（Temperature，mold）等。

下面分别介绍冷却分析结果。

（1）制品达到顶出温度的时间（Time to reach ejection temperature，part result）分析结果如图 19.63 所示。冷却时间的差值应尽量小，以实现均匀冷却。

（2）制品平均温度（Average Temperature）分析结果如图 19.64 所示。该结果是穿过制品厚度的平均温度曲线，在冷却结束时得出。此曲线是基于周期的平均模具表面温度，周期包括开模时间。制品的温度差不能太大，合理的温度分布应该是均匀的。

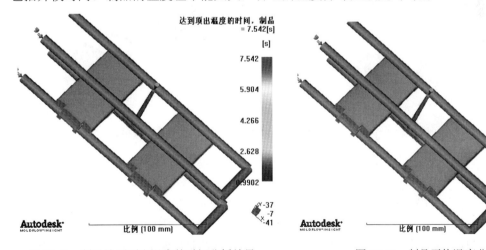

图 19.63 制品达到顶出温度的时间分析结果　　　图 19.64 制品平均温度分析结果

（3）回路管壁温度（Circuit metal temperature result）分析结果如图 19.65 所示。回路管壁温度是在周期上的平均基本结果，显示了管壁冷却回路的温度。温度分布应该在冷却回路上平衡的分布。靠近制品的回路温度会增加，这些热区域也会使冷却液加热。温度不能大于入口温度的 5℃。

（4）回路冷却液温度（Circuit coolant temperature result）分析结果如图 19.66 所示。显示了在冷却回路中冷却液的温度，如果温度的增加不可接受（大于 2℃～3℃），使用回路冷却液温度结果来确定哪里的温度增加太大。

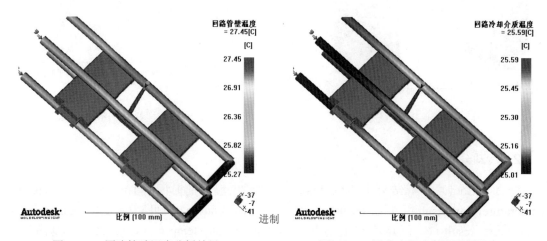

图 19.65　回路管壁温度分析结果　　　　　　图 19.66　回路冷却液温度分析结果

（5）制品温度（Temperature，part）分析结果如图 19.67 和图 19.68 所示。制品的温度差不能太大，合理的温度分布应该是均匀的。

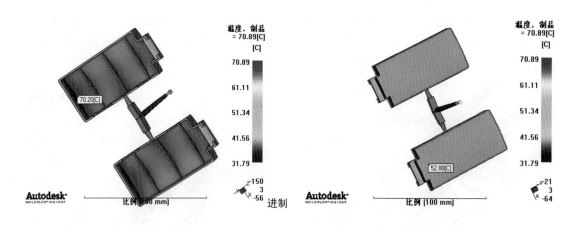

图 19.67　制品温度分析结果（一）　　　　　　图 19.68　制品温度分析结果（二）

（6）模具温度（Temperature，mold）分析结果如图 19.69 和图 19.70 所示。该结果显示了模具外表面的温度。在冷却分析期间，假定外界温度为 25℃，因此，模具边界温度应该均匀分布。如果模具边界温度不均匀，那么读者需要扩大或者缩小模型。如果模具边界温度显示有热的区域，那么就需要增加更多的冷却回路。

从分析结果中得到了足够的信息，就可以根据制品的分析结果对工艺条件、模具结构、制品结构进行调整，以获得最佳质量的制品。

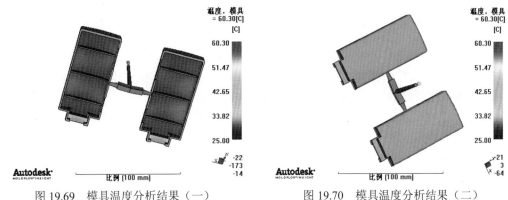

图 19.69　模具温度分析结果（一）　　　图 19.70　模具温度分析结果（二）

19.3.4　模具设计和工艺设计的调整

从上面的分析结果看，需要调整模具结构设计和工艺设计。重新设置冷却管道位置，增加冷却效果，以使制品能较均匀冷却，从而减少翘曲变形，使制品达到要求。

19.4　产品设计方案调整后的分析

通过对注塑 MP3 外壳模型的冷却分析的工艺参数进行修改后，并进行冷却分析，通过分析结果判断制品质量的优劣。

19.4.1　分析前处理

分析前需要处理的工作主要有以下几项。

1. 对工程方案进行复制

在工程任务栏中，右击"mp3a_方案（浇口位置）"方案图标，在弹出的快捷菜单中选择【复制】命令，此时在工程任务栏中出现名为"mp3a_方案（浇口位置）（复制品）"的工程，重命名为"mp3a_方案（第二次分析）"，如图 19.71 所示。

2. 激活方案

双击"mp3a_方案（第二次分析）"方案，激活该方案。在图层管理栏中选择冷却系统层，单击右键，在弹出的下拉菜单中选择【删除】命令，弹出【提示】对话框图，如图 19.72 所示，单击 No 按钮，完成删除冷却系统，结果如图 19.73 所示。

图 19.71　工程任务栏

图 19.72　提示对话框

3. 创建冷却系统

为了达到良好的冷却效果，需要采用手工方式布局冷却系统。首先采用节点的移动和复制方法，设计冷却水管的位置，再创建冷却水管的中心直线，其操作步骤如下：

（1）单击图层管理栏内的【新建图层】按钮 ，新建一个图层，将其命名为【冷却系统】。先选择【冷却系统】层，再单击 按钮，使【冷却系统】设置为激活层。处于激活的图层其图层的名称是以黑体字来显示的。

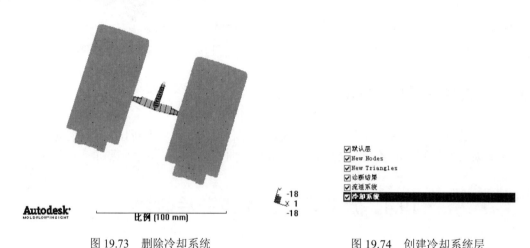

图 19.73　删除冷却系统　　　　　　　　　图 19.74　创建冷却系统层

（2）创建点。选择【建模（Modeling）】|【移动/复制（Move/Copy）】|【平移（Move）】命令，弹出【平移工具（Move Tool）】对话框。在【选择】文本框内输入 N88155（节点位置在图 19.76 所示的圆圈标记处），在【矢量】文本框内输入 0–45 20，勾选【复制】方式进行平移，如图 19.75 所示。单击【应用】按钮，完成节点平移复制，为了便于叙述方便，把复制后的新节点编号为 1，如图 19.76 所示。

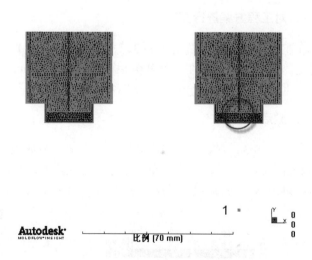

图 19.75　【平移工具】对话框　　　　　图 19.76　节点复制的结果（一）

(3)将编号为 1 的节点按 Y 轴方向进行平移。选择【建模（Modeling）】|【移动/复制（Move/Copy）】|【平移（Move）】命令，弹出【平移工具（Move Tool）】对话框。在【选择】文本框内输入上一步创建的编号为 1 节点，在【矢量】文本框内输入 0 180 0，勾选【复制】方式进行平移，在【数量】文本框内输入 1，如图 19.77 所示。单击【应用】按钮，完成节点复制平移，把复制的新节点编号为 2，结果如图 19.78 所示。

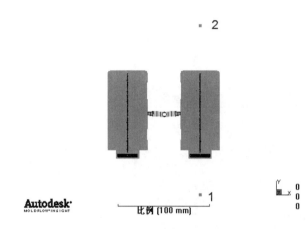

图 19.77 【平移工具】对话框　　　　图 19.78 节点复制的结果（二）

(4)将编号为 1、2 的节点复制到制品的另一侧。选择【建模（Modeling）】|【移动/复制（Move/Copy）】|【平移（Move）】命令，弹出【平移工具（Move Tool）】对话框。在【选择】文本框内选择编号为 1、2 的节点，在【矢量】文本框内输入 0 0 –45，勾选【复制】方式进行平移，如图 19.79 所示。单击【应用】按钮，完成节点复制平移，为了便于叙述方便，把复制的新节点分别编号为 3、4，如图 19.80 所示。

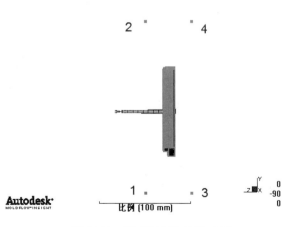

图 19.79 【平移工具】对话框　　　　图 19.80 节点复制的结果（三）

(5)将编号为 1、2、3、4 的节点复制到制品的另一侧。选择【建模(Modeling)】|【移动/复制(Move/Copy)】|【镜像(Reflect)】命令,弹出【镜像工具(Reflect Tool)】对话框。在【选择】文本框内选择编号为 1、2、3、4 的节点,镜像平面选择 YZ 平面,参考点为默认值不变,勾选【复制】方式进行镜像,如图 19.81 所示。单击【应用】按钮,完成节点复制平移,如图 19.82 所示。

图 19.81 【镜像工具】对话框　　　　　图 19.82 节点镜像的结果

(6)选择创建直线工具创建冷却水管的中心直线。选择【建模(Modeling)】|【创建曲线(Create Curves)】|【直线(Lines)】命令,弹出【创建直线工具(Create Lines Tool)】对话框。分别选择编号为 1 和 2 的节点,不勾选【自动在曲线末端创建节点】复选框,如图 19.83 所示。单击【选择选项】选项组右边的矩形按钮,弹出【指定属性】对话框,如图 19.84 所示。

 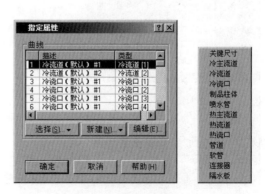

图 19.83 【创建直线工具】对话框　　　　　图 19.84 指定属性对话框

（7）在【指定属性】对话框中，单击【新建（New）】下拉列表按钮，弹出下拉列表选项，如图 19.84 所示。选择【管道】选项，弹出【管道】对话框，设置【截面形状】为圆形，【直径】为 8，【管道热传导系数】为 1，【管道粗糙度】为 1，如图 19.85 所示。

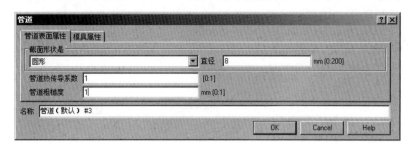

图 19.85 【管道】对话框

（8）单击 OK 按钮，返回到图 19.84 中，单击【确定】按钮，返回到图 19.83 中，单击【应用】按钮，生成第一段冷却水管的中心直线，结果如图 19.86 所示。

接下来，以同样的方式选择各节点，依次生成各段冷却水管的中心直线。完成后的冷却系统中心线如图 19.87 所示，完成冷却水管的中心直线。

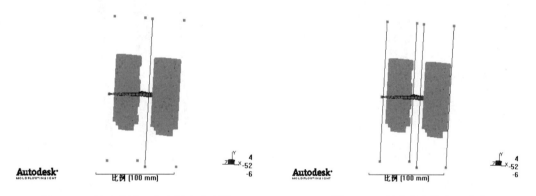

图 19.86 创建的第一条水管中心直线　　　　图 19.87 创建的水管中心直线

4．冷却系统网格划分

对于创建的冷却系统的中心线，要进行网格划分才能参与分析和计算。下面讲解冷却系统网格划分，其操作步骤如下。

（1）在图层管理栏中只打开【冷却系统】层，如图 19.88 所示。在图形编辑窗口中只显示冷却系统的中心直线，如图 19.89 所示。

（2）选择【网格（Mesh）】|【生成网格】命令，弹出【网格划分】对话框。在全局网格边长（Global edge length）右侧文本框中输入 8，勾选【将网格置于激活层中】复选框，如图 19.90 所示。单击【立即划分网格】按钮，生成分流道网格划分结果，结果如图 19.91 所示。

打开图层管理栏窗口中的各个层，如图 19.92 所示，同时在图形编辑窗口中显示的模型如图 19.93 所示。

图 19.88　图层管理栏对话框

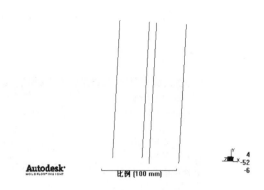

图 19.89　显示冷却系统的中心直线

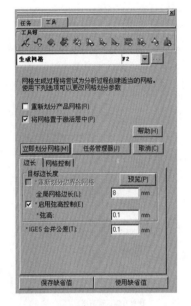

图 19.90　【网格划分】对话框

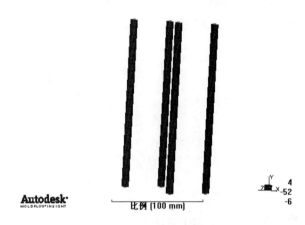

图 19.91　冷却水管网格划分结果

图 19.92　图层管理栏对话框

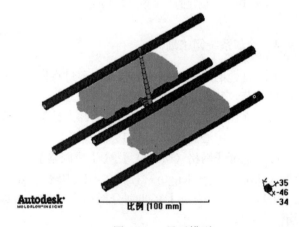

图 19.93　显示模型

完成冷却系统的管路的网格划分。

5. 连通性诊断

在完成浇注系统后或在分析之前需要检查一下网格是否连通。

（1）选择【网格（Mesh）】|【网格诊断（Mesh Diagnostic）】|【连通性诊断（Connectivity Diagnostic）】命令，弹出连通性诊断（Connectivity Diagnostic）对话框，如图 19.94 所示。

选择浇注点的第一个单元开始去检验网格的连通性。不勾选【忽略柱体单元(Ignore Beam Element）】复选框。下拉列表框中选择显示方式诊断结果。勾选【将结果置于诊断层中】复选框，就把网格中没有连通性的单元存在的位置单独置于一个名为诊断结果的图形层中，方便用户随时查找诊断结果，也便于修改存在的缺陷。

（2）单击【显示】按钮，将显示网格连通性诊断信息，如图 19.95 所示。本案例网格单元全部连通，可以进行分析计算。

图 19.94　【连通性诊断】对话框

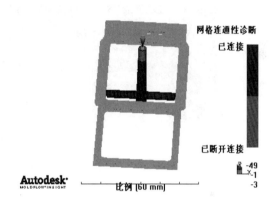

图 19.95　显示连通性诊断信息

6. 设置冷却液入口

选择【分析】|【设置冷却液入口】命令，弹出【设置冷却液入口】对话框，如图 19.96 所示，此时鼠标变成十字形。单击冷却系统上面的节点，同时删除原有的冷却液入口，结果如图 19.97 所示。

图 19.96　【设置冷却液入口】对话框

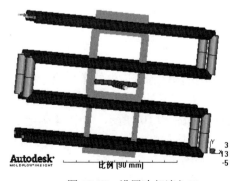

图 19.97　设置冷却液入口

7．设置分析的工艺参数

选择【分析】|【工艺设置向导】命令，弹出【工艺设置向导-冷却设置】对话框，按图示进行参数设计。图 19.98 和图 19.99 分别是冷却工艺条件和流动工艺条件的设置。

图 19.98　冷却工艺条件

图 19.99　流动工艺条件

8．检查网格

选择【网格（Mesh）】|【网格统计（Mesh Statistics）】命令，弹出【网格统计】对话框，如图 19.100 所示。

查看上图所示的各项网格质量统计报告。报告显示网格无自由边问题。报告还指出网格最大纵横比为 5.884（小于 6），基本符合要求，对于这个案例匹配为 94.8%（大于 85%），基本符合要求。

19.4.2　分析计算

双击案例任务窗口中的【开始分析】图标，或者选择【分析】|【开始分析】命令，弹出【选择分析类型】对话框，如图 19.101 所示。单击【确定】按钮，程序开始运行。等待程序运行，可以查看分析的过程和分析的进度，与分析完成通过查看日记的内容一样。图 19.102～图 19.107 分别分析过程中的内容。运行完成后，

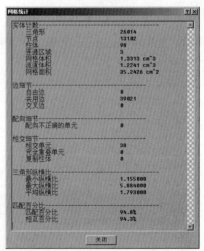

图 19.100　【网格统计】对话框

弹出【分析完成】对话框，如图 19.108 所示。单击 OK 按钮，退出【分析完成】对话框。

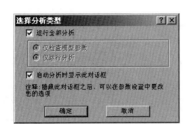

图 19.101　【选择分析类型】对话框

外部迭代	循环时间(秒)	平均温度迭代	平均温度偏差	温度差迭代	温度差偏差	回路温度残余
1	41.250	11	5.000000	0	0.000000	1.000000
1	41.250	8	3.750000	0	0.000000	1.000000
1	32.656	20	2.812500	0	0.000000	1.000000
1	23.073	11	29.969286	0	0.000000	1.000000
1	23.073	7	13.427849	0	0.000000	1.000000
1	23.073	4	9.352777	0	0.000000	1.000000
1	23.073	4	2.226506	0	0.000000	1.000000
1	14.877	13	9.095840	0	0.000000	1.000000
1	14.877	9	3.045328	0	0.000000	1.000000
1	9.079	16	9.043671	0	0.000000	1.000000
1	9.079	8	2.153147	0	0.000000	1.000000
1	6.609	10	8.530221	0	0.000000	1.000000
1	6.609	4	0.064883	0	0.000000	1.000000
1	6.502	8	0.322359	0	0.000000	1.000000
1	7.596	11	0.543508	0	0.000000	1.000000
1	9.043	14	0.408734	0	0.000000	1.000000
1	10.188	15	0.300755	0	0.000000	1.000000
1	10.756	11	1.895770	0	0.000000	1.000000
1	10.811	4	0.726018	0	0.000000	1.000000
1	10.590	6	0.435634	0	0.000000	1.000000
1	10.313	6	0.312923	0	0.000000	1.000000
1	10.111	7	0.403274	0	0.000000	1.000000
1	10.023	4	0.130020	0	0.000000	1.000000
1	10.026	4	0.074152	0	0.000000	1.000000
1	10.073	6	0.014318	0	0.000000	1.000000

图 19.102　冷却分析过程信息

时间 (s)	体积 (%)	压力 (MPa)	锁模力 (tonne)	流动速率 (cm^3/s)	状态
0.03	3.86	12.22	0.00	26.98	V
0.06	8.76	15.13	0.03	27.12	V
0.08	12.65	20.64	0.16	28.67	V
0.11	17.41	22.99	0.27	28.91	V
0.14	22.11	24.92	0.42	29.07	V
0.16	26.86	26.54	0.62	29.19	V
0.19	31.61	27.93	0.85	29.25	V
0.22	36.41	29.20	1.10	29.31	V
0.25	41.16	30.36	1.39	29.37	V
0.27	45.82	31.43	1.70	29.39	V
0.30	50.67	32.49	2.06	29.41	V
0.33	55.31	33.53	2.44	29.41	V
0.36	60.11	34.58	2.87	29.45	V
0.38	64.83	35.54	3.31	29.47	V
0.41	69.68	36.48	3.77	29.49	V
0.44	74.23	37.33	4.21	29.51	V
0.46	78.90	38.17	4.67	29.53	V
0.49	83.76	39.16	5.23	29.54	V
0.52	88.41	40.40	6.02	29.55	V
0.55	93.09	41.75	6.95	29.57	V
0.57	97.61	43.77	8.40	29.57	V

图 19.103　充填分析过程信息

时间 (s)	保压 (%)	压力 (MPa)	锁模力 (tonne)	状态
0.59	0.11	36.63	10.50	P
1.00	4.21	36.63	14.20	P
1.50	9.21	36.63	8.61	P
2.00	14.21	36.63	4.58	P
2.50	19.21	36.63	2.92	P
3.00	24.21	36.63	1.84	P
3.50	29.21	36.63	1.26	P
4.00	34.21	36.63	1.00	P
4.50	39.21	36.63	0.81	P
5.00	44.21	36.63	0.69	P
5.50	49.21	36.63	0.60	P
6.00	54.21	36.63	0.52	P
6.50	59.21	36.63	0.45	P
7.00	64.21	36.63	0.38	P
7.50	69.21	36.63	0.30	P
8.00	74.21	36.63	0.21	P
8.50	79.21	36.63	0.13	P
9.00	84.21	36.63	0.05	P
9.50	89.21	36.63	0.00	P
10.00	94.21	36.63	0.00	P
10.50	99.21	36.63	0.00	P
10.58	100.00	36.63	0.00	P

图 19.104　保压分析过程信息

```
型腔温度结果摘要

=========================================
制品表面温度    - 最大值                   =  68.7438 C
制品表面温度    - 最小值                   =  31.7908 C
制品表面温度    - 平均值                   =  57.1350 C
型腔表面温度 - 最大值                      =  58.8590 C
型腔表面温度 - 最小值                      =  25.0000 C
型腔表面温度 - 平均值                      =  48.0708 C
平均模具外部温度                           =  28.8210 C
从平均制品厚度上冻结的百分比计算的循环时间
循环时间                                   =  10.1768 s

执行时间
  分析开始时间        Sun Jul 18 10:21:21 2010
  分析完成时间        Sun Jul 18 19:26:39 2010
  使用的 CPU 时间          3161.36 s
```

图 19.105　冷却阶段结果摘要

```
充填阶段结果摘要 :

  最大注射压力          (在     0.5831 s) =     45.7909 MPa

充填阶段结束的结果摘要 :

  充填结束时间                          =      0.5943 s
  总重量(制品 + 流道)                   =     15.7489 g
  最大锁模力 - 在充填期间               =     10.4938 tonne
  推荐的螺杆速度曲线(相对):
     %射出体积          %流动速率
   ----------------------------------
         0.0000          14.3446
         9.2910          14.3446
        20.0000          36.8686
        30.0000          57.9737
        40.0000          71.4946
        50.0000          82.0155
        60.0000          88.9523
        70.0000         100.0000
        80.0000          89.5697
        90.0000          54.4098
       100.0000          20.7985
  % 充填时熔体前沿完全在型腔中          =      9.2910 %
```

图 19.106　充填阶段结果摘要

```
保压阶段结果摘要：
    压力峰值 - 最小值      （在   1.004 s） =    12.8504 MPa
    锁模力 - 最大值        （在   0.697 s） =    16.2813 tonne
    总重量 - 最大值        （在  10.583 s） =    16.3241 g

保压阶段结束的结果摘要：
    保压结束时间                           =    10.5831 s
    总重量（制品 + 流道）                  =    16.3241 g

制品的保压阶段结果摘要：
    总体温度 - 最大值      （在   0.594 s） =   255.2458 C
    总体温度 - 第 95 个百分数（在 0.594 s） =   252.7595 C
    总体温度 - 第 5 个百分数 （在 10.583 s） =    49.0103 C
    总体温度 - 最小值      （在  10.583 s） =    40.5121 C

    剪切应力 - 最大值      （在   2.504 s） =     2.3575 MPa
    剪切应力 - 第 95 个百分数（在 3.004 s） =     0.4936 MPa

    体积收缩率 - 最大值    （在   0.594 s） =     9.0218 %
    体积收缩率 - 第 95 个百分数（在 0.594 s） =     7.8241 %
    体积收缩率 - 第 5 个百分数（在 6.004 s） =     1.1323 %
    体积收缩率 - 最小值    （在   2.004 s） =     0.4505 %
```

图 19.107　保压阶段结果摘要

图 19.108　【分析完成】对话框

在方案任务窗口中原来的【开始分析】变成了【结果】，如图 19.109 所示。

19.4.3　结果分析

本案例的分析结果。在方案任务窗口中【分析结果】列表下，分析结果由流动（Flow）和冷却（Cool）两个部分组成。流动（Flow）分析结果主要包括充填时间（Fill Time）、压力（Pressure）、熔接线（Weld Lines）、气穴（Air Traps）、流动前沿温度（Temperature at Flow Front）等。

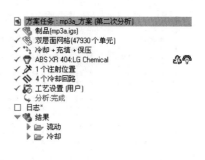

图 19.109　分析完成

1．流动分析结果

下面分别介绍流动分析结果。

（1）充填时间（Fill Time）分析结果如图 19.110 所示。填充时间显示了模腔填充时每隔一定间隔的料流前锋位置。每个等高线描绘了模型各部分同一时刻的填充。在填充开始时，显示为暗蓝色；最后填充的地方为红色；如果制品短射，未填充部分没有颜色。制品的良好填充，其流程是平衡的，一个平衡的填充结果：所有流程在同一时间结束，料流前锋在同一时间到达模型末端。这意味着每流程应该以暗蓝色等高线结束。

（2）压力（Pressure）分析结果如图 19.111 所示。图中显示了充填过程中模具型腔内的压力分布。压力是一个中间结果，其动画默认随着时间变化，默认比例是整个结果范围从最小到最大。

（3）熔接线（Weld Lines）分析结果如图 19.112 所示。图中显示了熔接线在模具型腔内的分布情况。制品上应该避免或减少熔接线的存在。解决的方法有：适当增加模具温度、适当增加熔体温度、修改浇口位置等。

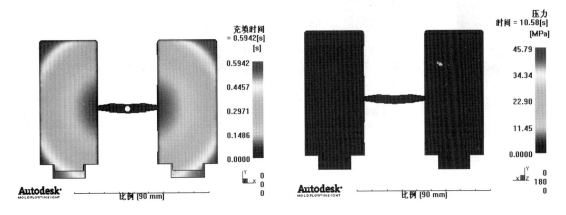

图 19.110　充填时间分析结果　　　　　　图 19.111　压力分析结果

（4）气穴（Air Traps）分析结果如图 19.113 所示。图中显示了气穴在模具型腔内的分布情况。气穴应该位于分型面上、筋骨末端或者在顶针处，这样气体就容易从模腔内排出。否则制品容易出现气泡、焦痕等缺陷。解决的方法有：修改浇口位置、改变模具结构、改变制件区域壁厚、修改制件结构等。

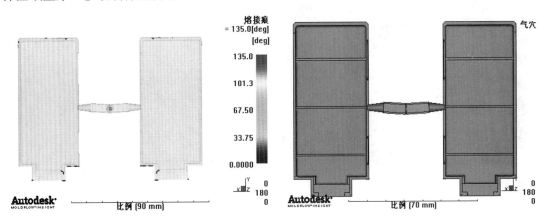

图 19.112　熔接线分析结果　　　　　　图 19.113　气穴分析结果

（5）流动前沿温度（Temperature at Flow Front）分析结果如图 19.114 所示。模型的温度差不能太大，合理的温度分布应该是均匀的。

（6）体积收缩率（Volumetric shrinkage）分析结果如图 19.115 所示。从图中可以得知，在这一时刻，体积收缩率的最大值，处于流道中，制品表面颜色梯度很小，表面收缩均匀。体积收缩率的结果越均匀越好。

（7）保持压力（Hold pressure result）分析结果如图 19.116 所示。该结果显示了模型里达到的最大压力从保压开始直到结果被写入时间。在填充结束时每个流程末端的压力应该是 0。保持压力结果应该显示了一个均匀的压力梯度从注射点到流动路径的末端。均匀的压力梯度在制品冻结时会获得平衡的保压。

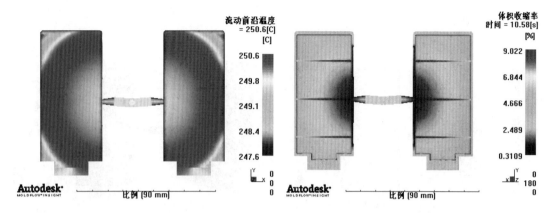

图 19.114 流动前沿温度分析结果　　　　图 19.115 体积收缩率分析结果

（8）推荐螺杆速度（Recommended ram speed result）分析结果如图 19.117 所示。该结果显示了最佳的注射曲线。在填充分析之后，其可以定义注射曲线来保持熔体前沿区域不变。推荐螺杆速度曲线显示为一个 XY 结果图，来保持在填充期间不变的熔体前沿速度。螺杆速度实际上由熔体前沿区域即时计算出：越大的熔体前沿区域，就有越高的螺杆速度来保持一个不变的熔体前沿速度。

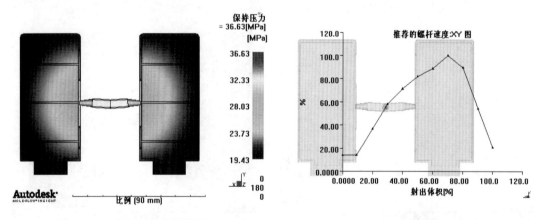

图 19.116 保持压力分析结果　　　　图 19.117 推荐螺杆速度分析结果

2．冷却分析结果

冷却（Cool）分析结果主要包括制品达到顶出温度的时间（Time to reach ejection temperature，part result）、制品平均温度（Average Temperature）、回路管壁温度（Circuit metal temperature result）、回路冷却液温度（Circuit coolant temperature result）、制品温度（Temperature）、模具温度（Temperature，mold）等。

下面分别介绍冷却分析结果。

（1）制品达到顶出温度的时间（Time to reach ejection temperature，part result）分析结果如图 19.118 所示。冷却时间的差值应尽量小，以实现均匀冷却。

（2）制品平均温度（Average Temperature）分析结果如图 19.119 所示。该结果是穿过制品厚度的平均温度曲线，在冷却结束时得出。此曲线是基于周期的平均模具表面温度，周期包括开模时间，制品的温度差不能太大，合理的温度分布应该是均匀的。

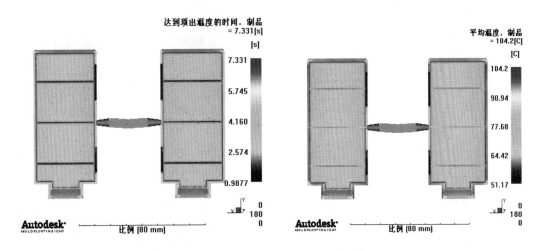

图 19.118　制品达到顶出温度的时间分析结果　　　　图 19.119　制品平均温度分析结果

（3）回路管壁温度（Circuit metal temperature result）分析结果如图 19.120 所示。回路管壁温度是在周期上的平均基本结果，显示了管壁冷却回路的温度。温度分布应该在冷却回路上平衡的分布，靠近制品的回路温度会增加，这些热区域也会使冷却液加热，温度不能大于入口温度的 5℃。

（4）回路冷却液温度（Circuit coolant temperature result）分析结果如图 19.121 所示。显示了在冷却回路中冷却液的温度，如果温度的增加不可接受（大于 2℃～3℃），使用回路冷却液温度结果来确定哪里的温度增加太大。

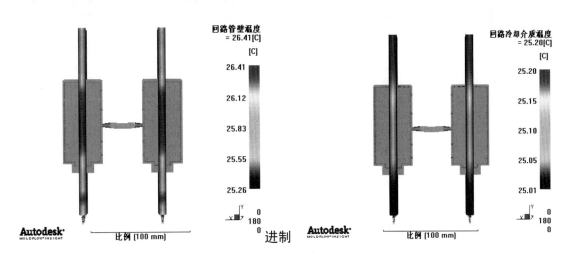

图 19.120　回路管壁温度分析结果　　　　图 19.121　回路冷却液温度分析结果

（5）制品温度（Temperature，part）分析结果如图 19.122 和图 19.123 所示。制品的温度差不能太大，合理的温度分布应该是均匀的。

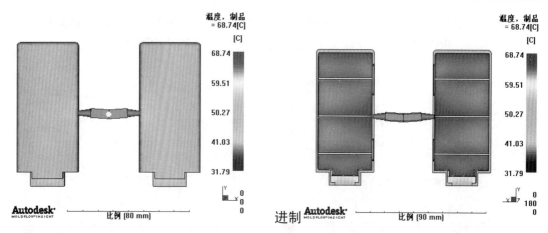

图 19.122　制品温度分析结果（一）　　　　图 19.123　制品温度分析结果（二）

（6）模具温度（Temperature，mold）分析结果如图 19.124 和图 19.125 所示。该结果显示了模具外表面的温度。在冷却分析期间，假定外界温度为 25℃。因此，模具边界温度应该均匀分布。如果模具边界温度不均匀，那么读者需要扩大或者缩小模型。如果模具边界温度显示有热的区域，那么就需要增加更多的冷却回路。

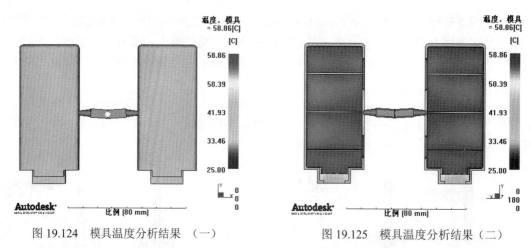

图 19.124　模具温度分析结果（一）　　　　图 19.125　模具温度分析结果（二）

从分析结果中得到了足够的信息，就可以根据制品的分析结果对工艺条件、模具结构、制品结构进行调整，以获得最佳质量的制品。

19.5　本 章 小 结

本章通过一个案例的操作描述了 AMI 的冷却分析流程，从模型的输入、网格的划分与处理、分析类型的选择、工艺参数的设置到分析结果等进行了介绍，使读者能够从本章中学习到 AMI 的冷却分析要进行的工作。本章的重点和难点是掌握 AMI 的冷却分析及针对出现的问题怎样进行调整工艺参数。下一章将通过对手机外壳模型讲解 AMI 的翘曲分析。

第 20 章 手机外壳——翘曲分析

案例通过对手机外壳的分析，学习流动+冷却+翘曲分析的操作，针对出现的问题进行相应的问题查找和解决。注塑成型的制品产生翘曲的原因在于收缩不均匀，制品的区域收缩不均匀、厚度的收缩不均匀、塑料材料分子取向的平行与垂直收缩不均匀都会引起翘曲。翘曲分析主要是找出这些不均匀性的作用。

20.1 概 述

本案例是手机的外壳的前面框架，要求要有较少的翘曲变形，总的变形量不超过 0.4mm 为宜。本章通过对手机外壳前面框架的翘曲分析，通过合理的工艺条件设置，获得同样好的效果。

20.2 最佳浇口位置分析

用户可以在设置浇口位置之前进行浇口位置分析，依据这个分析结果设置浇口位置，从而避免由于浇口位置设置不当可能引起的制品缺陷。但是，有时浇口位置分析的结果不一定是非常适用的，要根据实际情况具体分析。AMI 中的浇口位置优化分析可以根据模型几何形状、相关材料参数及工艺参数分析出浇口最佳位置。

20.2.1 分析前处理

分析前需要处理的工作主要有以下几项。

1. 创建一个新项目

选择【文件】|【新建工程】命令，弹出【创建新工程】对话框，在【工程名称】文本框中输入工程名 ch20，如图 20.1 所示，单击【确定】按钮完成创建新项目。

2. 导入CAD模型

选择【文件】|【导入】命令，弹出【导入】对话框，选择 front.igs 文件，如图 20.2 所示。完成后单击 Open 按钮，弹出【导入】对话框，选择网格类型，按图 20.3 所示进行设置。

图 20.1 创建新工程

图 20.2 导入 CAD 模型

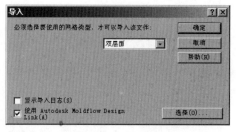

图 20.3 选择网格类型

3．划分网格

在图 20.3 中，单击【确定】按钮，弹出【Autodesk Moldflow Design Link 屏幕输出】对话框，如图 20.4 所示。经过一段时间，【Autodesk Moldflow Design Link 屏幕输出】对话框关闭，网格自动划分完成，如图 20.5 所示。

4．检验网格

网格划分后，检查网格可能存在的错误。

（1）选择【网格（Mesh）】|【网格统计（Mesh Statistics）】命令，弹出【网格统计】结果对话框，如图 20.6 所示。

查看上图所示的各项网格质量统计报告。报告显示网格无自由边、相交单元等问题。报告还指出网格最大纵横比为 11.022（大于 6），这可能会影响分析结果的准确性。另外匹配率也是很重要的，对于这个案例匹配为 94.8%（大

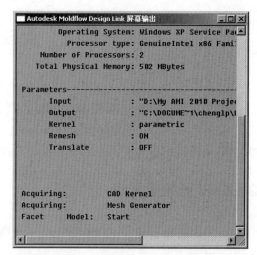

图 20.4 【Autodesk Moldflow Design Link 屏幕输出】对话框

于 85%），符合要求。可以用显示纵横比来验证统计报告的结果。单击【关闭】按钮关闭网格质量统计报告。

> 注意：不是每一个塑料制品在进行网格划分后每一项都有错误，本例只针对有错误的地方进行修改和讲解。

（2）选择【网格（Mesh）】|【网格纵横比（Mesh Aspect Ratio）】命令，弹出【网格纵横比】对话框，设置按如图 20.7 所示进行。单击【显示（Show）】按钮。如图 20.8 所示中显示了纵横比大于的单元。

第 20 章　手机外壳——翘曲分析

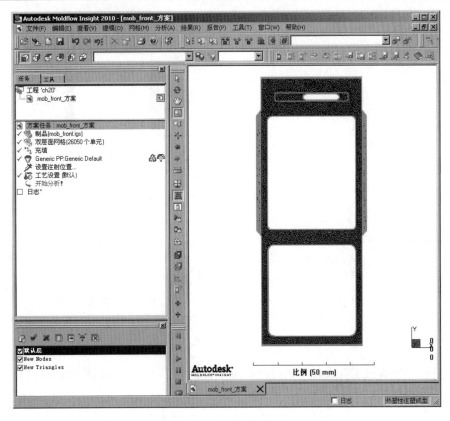

图 20.5　网格划分结果

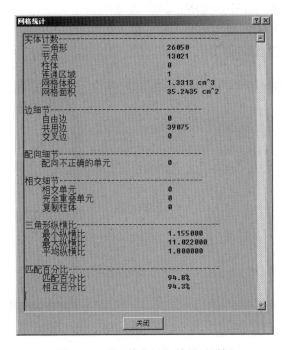

图 20.6　【网格统计】结果对话框

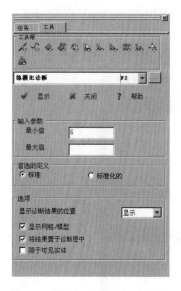

图 20.7 【网格纵横比】对话框

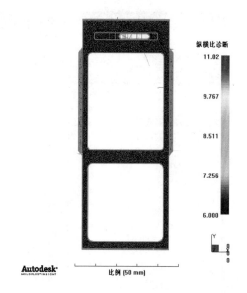

图 20.8 网格纵横比

5．修改网格

先利用修改纵横比工具来自动处理网格纵横比，再用手动修改纵横比，这样可以提高工作效率。下面将复习一下使用修改纵横比工具来处理网格缺陷，操作过程如下。

（1）选择【网格（Mesh）】|【网格工具（Mesh Tools）】|【修改纵横比（Fix Aspect Ratio）】命令，弹出【修改纵横比工具（Fix Aspect Ratio Tool）】对话框，在【目标最大纵横比】选项后的文本框内输入值 6，如图 20.9 所示。

（2）单击【应用】按钮，程序自动运行。完成后显示修改纵横比后的结果，如图 20.10 所示。也可以看到状态栏下显示的修改纵横比的结果，如图 20.11 所示。

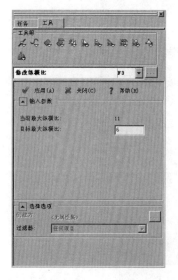

图 20.9 【修改纵横比工具】对话框

图 20.10 修改纵横比后的结果

图 20.11 状态栏下显示的修改纵横比的结果

从图 20.9、图 20.10 和图 20.11 中可以看出，经过修改纵横比工具处理后，网格的最大纵横比没有变化，一共处理了 23 个单元网格。使用网格工具来降低网格纵横比，如图 20.12 所示的单元网格，采用通过合并节点工具来修复此单元网格，其操作过程如下。

（1）选择【网格】|【网格工具】|【节点工具】|【合并节点】命令，弹出【合并节点】对话框，如图 20.13 所示的【合并节点】对话框。

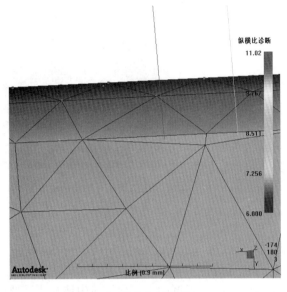

图 20.12 要修改的网格　　　　　　　　图 20.13 【合并节点】对话框

（2）在图形编辑窗口中，如图 20.14 所示，用鼠标单击图中所指示的节点（为了便于读者的理解，作者已经在图中作出了相应的标识）。

（3）单击【应用】按钮，完成一次节点的合并的操作，结果如图 20.15 所示。

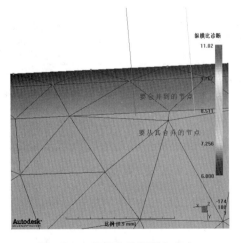
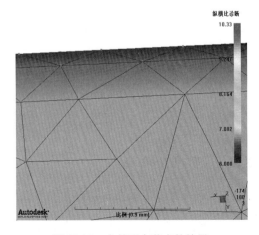

图 20.14 选择合并的两个节点　　　　　　图 20.15 合并两个节点的结果

其他的网格的处理本例不做详细的介绍,请读者自己去练习完成。作者把处理完的网格的模型文件放在光盘\例子\CH20\CH20-2 文件夹下。

6．网格检查

处理完网格后,需要检查是否有新的问题产生,所以需要进行网格检查。选择【网格（Mesh）】|【网格统计（Mesh Statistics）】命令,弹出【网格统计】对话框,如图 20.16 所示。

从图 20.16 中可以看出,网格单元基本符合分析要求,故网格处理完成。

20.2.2 分析计算

接着上面步骤,下面继续讲解所需要完成的步骤。

1．选择分析类型

要先进行最佳浇口位置分析,方案任务区的分析类型为充填。选择【分析】|【设置分析序列】|【浇口位置】命令,完成分析类型的设置,如图 17.17 所示。

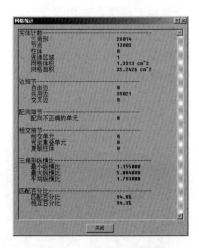

图 20.16　【网格统计】对话框

2．选择成型材料

本章选择常用于手机外壳的 ABS（丙烯腈-丁二烯-苯乙烯共聚物）作为分析的成型材料。

（1）选择【分析】|【选择材料】命令,弹出【选择材料】对话框。从图中制造商下拉列表框的下三角按钮选择材料的生产者,再从牌号下拉列表框的下三角按钮中选择所需要的牌号,如图 20.18 所示。

图 20.17　浇口位置分析类型

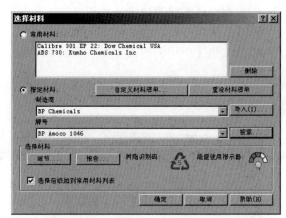

图 20.18　【选择材料】对话框

（2）单击【细节】按钮,弹出【热塑性塑料】对话框。图 20.19 的材料对话框显示了 PC 材料的成型工艺参数。

（3）单击 OK 按钮退出【热塑性塑料】对话框。再次单击【确定】按钮完成选择并退出

【选择材料】对话框，如图 20.20 所示。

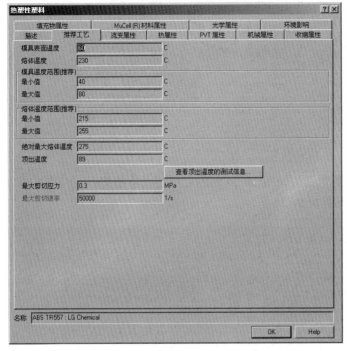

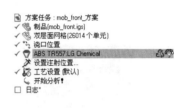

图 20.19　PC 材料的成型工艺参数　　　　图 20.20　完成材料选择

3．工艺参数

本案例直接采用 Autodesk Moldflow Insight 2010 默认的成型工艺条件。图 20.21 是充填工艺条件的设置。

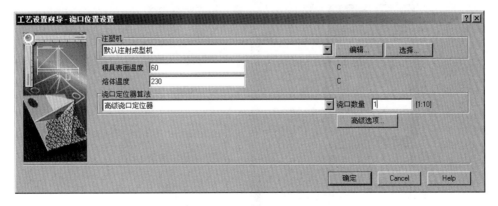

图 20.21　充填工艺条件

选择【分析】|【开始分析】命令，弹出【选择分析类型】对话框，如图 20.22 所示，单击【确定】按钮，程序开始运行。在日记栏窗口出现分析过程信息，表示分析的进度等信息，如图 20.23 所示。

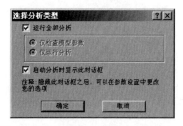

图 20.22 【选择分析类型】对话框

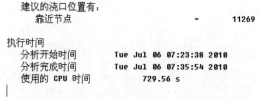

图 20.23 分析过程显示

20.2.3 结果分析

分析完成，弹出【分析完成】对话框，如图 20.24 所示，单击 OK 按钮。运行完成后，得到最佳浇口位置，结果如图 20.25 和图 20.26 所示。

图 20.24 【分析完成】对话框 　　　　图 20.25 屏幕输出浇口信息

分析结果图 20.26 中给出了浇口位置分布的合理程度系数。其中，最佳浇口位置的合理程度系数为 1。从图 20.26 中可以看到，Autodesk Moldflow 分析出的最佳浇口位置在中部靠上方附近。下面就可以根据浇口位置的分析结果设置浇口位置，然后进行冷却+充填+保压+翘曲分析。设置节点 N11269 为浇口位置，程序自动生成一个新方案，如图 20.27 所示。

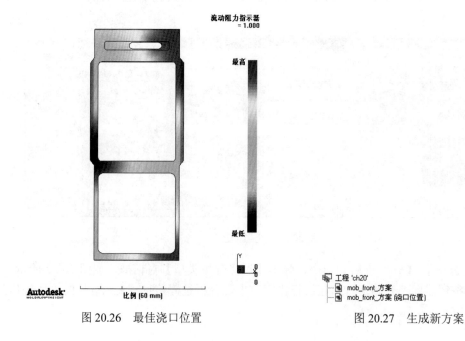

图 20.26 最佳浇口位置　　　　　　　　图 20.27 生成新方案

20.3 产品的初步成型分析

通过对手机外壳模型进行翘曲分析,通过分析结果判断制品质量的优劣,分析出相关工艺参数对产品质量的影响,从而为调整工艺参数做好准备。

20.3.1 分析前处理

分析前处理主要需要做的工作是选择分析类型、设置浇口位置、创建浇注系统、冷却系统和设置分析的工艺参数等。

1. 设置分析类型

在工程项目管理栏中双击"mob_front_方案(浇口位置)"选项,则在方案任务栏出现如图 20.28 所示的方案。本案例进行冷却+充填+保压+翘曲分析。

选择【分析】|【设置分析序列】|【冷却+充填+保压+翘曲】命令,完成分析类型的设置,如图 20.29 所示。

图 20.28 充填分析类型

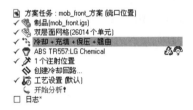
图 20.29 冷却+充填+保压+翘曲分析类型

2. 创建冷却系统

本案例创建冷却系统是采用向导来完成的。

(1)选择【建模】|【冷却回路向导】命令,弹出【冷却回路向导-布置】对话框,指定水管直径为 8,水管与制品间距离为 15,如图 20.30 所示。

(2)单击 Next 按钮,弹出【冷却回路向导-管道】对话框,设定管道数量为 4,管道中心之间的间距为 30mm,如图 20.31 所示。

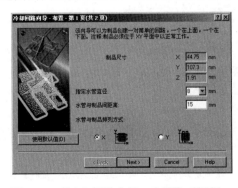
图 20.30 【冷却回路向导-布置】对话框

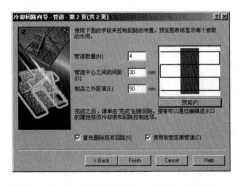
图 20.31 【冷却回路向导-管道】对话框

（3）单击 Finish 按钮，利用冷却回路向导创建的冷却系统已经生成，如图 20.32 和图 20.33 所示。

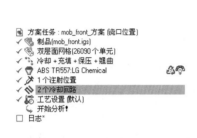

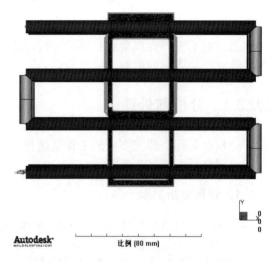

图 20.32　方案任务栏出现完成冷却回路的创建　　　　图 20.33　创建的冷却系统

3．创建浇注系统

本案例采用浇注系统向导来创建。

（1）选择【建模】|【流道系统向导】命令，弹出【流道系统向导－布置】对话框，单击【模型中心】按钮，使主流道位于模型的中心，有利于注射压力和锁模力的平衡，如图 20.34 所示。

（2）单击 Next 按钮，弹出【流道系统向导－主流道/流道/竖直流道】对话框，输入如图 20.35 所示的值。

（3）单击 Next 按钮，弹出【流道系统向导－浇口】对话框，输入如图 20.36 所示的值。

（4）单击 Finish 按钮，利用向导创建的浇注系统已经生成，如图 20.37 所示。

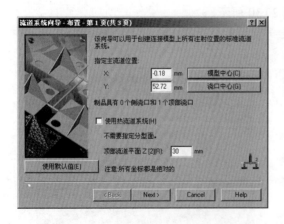

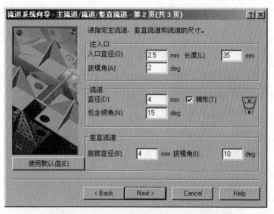

图 20.34　【流道系统向导－布置】对话框　　图 20.35　【流道系统向导－主流道/流道/竖直流道】对话框

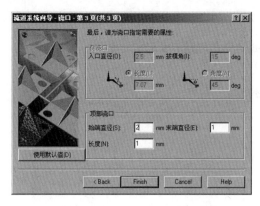

图 20.36 【流道系统向导－浇口】对话框

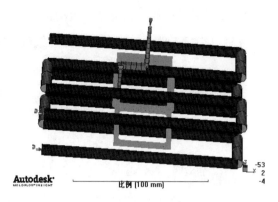

图 20.37 创建的浇注系统

4．连通性诊断

在完成浇注系统后或在分析之前需要检查一下网格是否连通。

（1）选择【网格（Mesh）】|【网格诊断（Mesh Diagnostic）】|【连通性诊断（Connectivity Diagnostic）】命令，弹出【连通性诊断（Connectivity Diagnostic）】对话框，如图 20.38 所示。

选择浇注点的第一个单元开始去检验网格的连通性。不勾选【忽略柱体单元（Ignore Beam Element）】复选框。下拉列表框中选择显示方式诊断结果。勾选【将结果置于诊断层中】复选框，就把网格中没有连通性的单元存在的位置单独置于一个名为诊断结果的图形层中，方便用户随时查找诊断结果，也便于修改存在的缺陷。

（2）单击【显示】按钮，将显示网格连通性诊断信息，如图 20.39 所示。本案例网格单元全部连通，可以进行分析计算。

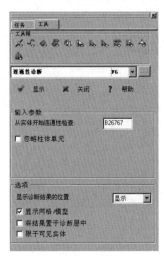

图 20.38 连通性诊断对话框

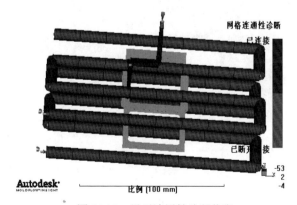

图 20.39 显示连通性诊断信息

5．设置分析的工艺参数

本章直接采用 Autodesk Moldflow Insight 2010 默认的成型工艺条件。图 20.40、图 20.41

和图 20.42 分别是冷却工艺条件、流动工艺条件和翘曲工艺条件的设置。

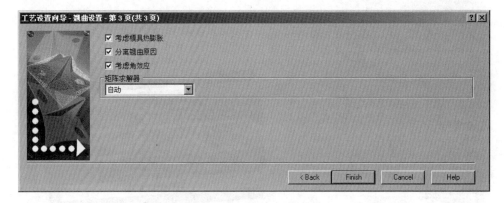

图 20.40 充填工艺条件

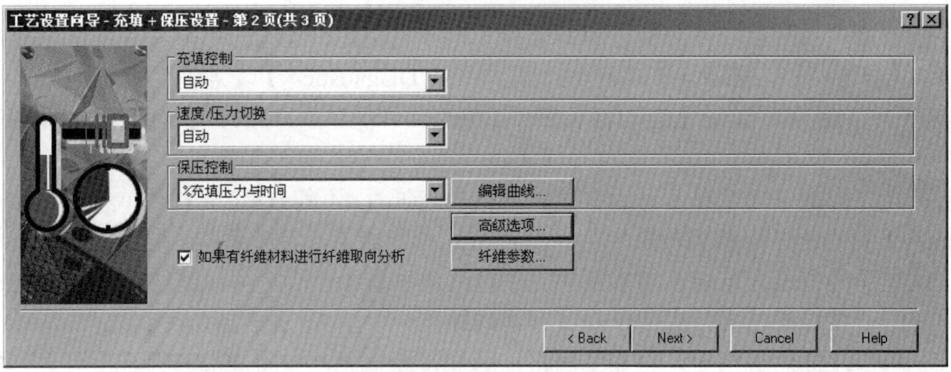

图 20.41 冷却工艺条件

图 20.42 翘曲工艺条件

6．检查网格

选择【网格（Mesh）】|【网格统计（Mesh Statistics）】命令，弹出【网格统计】对话框，如图 20.43 所示。

查看上图 20.43 所示的各项网格质量统计报告。报告显示网格无自由边问题，还指出网格最大纵横比为 5.884（小于 6），基本符合要求；对于这个案例匹配为 94.8%（大于 85%），基本符合要求。

20.3.2 分析计算

双击案例任务窗口中的【开始分析】图标，或者选择【分析】|【开始分析】命令，弹出【选择分析类型】对话框，如图 20.44 所示。单击【确定】按钮，程序开始运行。等待程序运行，可以查看分析的过程和分析的进度，与分析完成通过查看日记的内容一样。图 20.45～图 20.49 分别分析过程中的内容。运行完成后，弹出【分析完成】对话框，如图 20.50 所示。单击 OK 按钮，退出【分析完成】对话框。

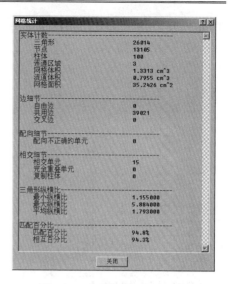

图 20.43 【网格统计】对话框

图 20.44 【选择分析类型】对话框

```
| 时间  | 体积   | 压力   | 锁模力  | 流动速率  | 状态 |
| (s)   | (%)   | (MPa) | (tonne)| (cm^3/s) |     |
|-------|-------|-------|--------|----------|-----|
| 0.06  | 4.77  | 4.29  | 0.00   | 2.06     | U   |
| 0.11  | 8.70  | 6.74  | 0.00   | 1.99     | U   |
| 0.16  | 12.87 | 8.21  | 0.00   | 2.07     | U   |
| 0.22  | 18.15 | 9.42  | 0.00   | 2.08     | U   |
| 0.28  | 23.42 | 10.60 | 0.01   | 2.08     | U   |
| 0.30  | 25.91 | 11.14 | 0.01   | 2.08     | U   |
| 0.36  | 30.36 | 13.54 | 0.04   | 2.03     | U   |
| 0.40  | 34.27 | 20.03 | 0.11   | 1.79     | U   |
| 0.45  | 38.33 | 26.72 | 0.19   | 2.02     | U   |
| 0.50  | 42.47 | 31.59 | 0.29   | 2.02     | U   |
| 0.56  | 46.57 | 37.33 | 0.45   | 2.02     | U   |
| 0.61  | 50.66 | 43.59 | 0.67   | 2.03     | U   |
| 0.66  | 54.71 | 50.21 | 0.96   | 2.04     | U   |
| 0.71  | 58.78 | 56.67 | 1.28   | 2.05     | U   |
| 0.76  | 62.92 | 62.84 | 1.62   | 2.07     | U   |
| 0.81  | 67.11 | 68.03 | 1.95   | 2.08     | U   |
| 0.86  | 71.35 | 71.94 | 2.24   | 2.09     | U   |
| 0.91  | 75.62 | 74.50 | 2.47   | 2.10     | U   |
| 0.96  | 79.87 | 77.30 | 2.76   | 2.10     | U   |
| 1.01  | 84.01 | 81.76 | 3.25   | 2.11     | U   |
| 1.06  | 88.15 | 87.69 | 3.90   | 2.11     | U   |
| 1.11  | 92.31 | 92.94 | 4.49   | 2.11     | U   |
| 1.16  | 96.42 | 97.74 | 5.25   | 2.11     | U   |
| 1.17  | 96.72 | 98.81 | 5.40   | 2.06     | U/P |
| 1.18  | 97.36 | 79.05 | 4.83   | 0.27     | P   |
| 1.21  | 97.48 | 79.05 | 6.19   | 0.28     | P   |
| 1.26  | 97.58 | 79.05 | 6.60   | 0.16     | P   |
| 1.32  | 97.65 | 79.05 | 6.63   | 0.11     | P   |
```

图 20.45 充填分析过程信息

在方案任务窗口中原来的【开始分析】变成了【结果】，如图 20.51 所示。

20.3.3 结果分析

本案例的分析结果。在方案任务窗口中【分析结果】列表下，分析结果由流动（Flow）、冷却（Cool）和翘曲（Warp）3 个部分组成。流动（Flow）分析结果主要包括充填时间（Fill

Time）、压力（Pressure）、熔接线（Weld Lines）、气穴（Air Traps）、流动前沿温度（Temperature at Flow Front）等。

时间 (s)	保压 (%)	压力 (MPa)	锁模力 (tonne)	状态
1.45	0.99	79.05	6.13	P
2.86	5.88	79.05	1.50	P
4.36	11.08	79.05	0.88	P
5.86	16.28	79.05	0.67	P
7.36	21.48	79.05	0.50	P
8.61	25.82	79.05	0.37	P
10.11	31.02	79.05	0.24	P
11.17				压力已释放
11.18	34.72	0.00	0.16	P
11.57	36.10	0.00	0.14	P
13.07	41.30	0.00	0.05	P
14.32	45.64	0.00	0.01	P
15.82	50.84	0.00	0.01	P
17.32	56.04	0.00	0.01	P
18.57	60.38	0.00	0.01	P
20.07	65.58	0.00	0.01	P
21.57	70.78	0.00	0.01	P
23.07	75.98	0.00	0.01	P
24.32	80.32	0.00	0.01	P
25.82	85.52	0.00	0.01	P
27.32	90.72	0.00	0.01	P
28.57	95.06	0.00	0.01	P
30.00	100.00	0.00	0.01	P

图 20.46　保压分析过程信息

```
充填阶段结果摘要 :

** 警告 128271 ** 检测到短射。在充填制品之前，
                  流动前沿已凝固。
   最大注射压力              (在      1.1651 s) =     98.8119 MPa

充填阶段结束的结果摘要 :

   充填结束时间                              =       1.4507 s
   总重量(制品 + 流道)                       =       2.0881 g
   最大锁模力 - 在充填期间                   =       6.6261 tonne

制品的充填阶段结果摘要 :

   总体温度 - 最大值         (在   1.165 s) =    241.9052 C
   总体温度 - 第 95 个百分数 (在   1.165 s) =    240.5176 C
   总体温度 - 第 5 个百分数  (在   1.451 s) =    154.4232 C
   总体温度 - 最小值         (在   1.451 s) =     44.6669 C

   剪切应力 - 最大值         (在   1.212 s) =      3.2448 MPa
   剪切应力 - 第 95 个百分数 (在   1.165 s) =      0.4565 MPa

   剪切速率 - 最大值         (在   1.111 s) =  1.9399E+04 1/s
   剪切速率 - 第 95 个百分数 (在   0.404 s) =  1.0161E+04 1/s
```

图 20.47　充填阶段结果摘要

```
保压阶段结果摘要 :

   压力峰值 - 最小值         (在   0.000 s) =      0.0000 MPa
   锁模力 - 最大值           (在   1.294 s) =      6.6430 tonne
   总重量 - 最大值           (在  30.000 s) =      2.1166 g

保压阶段结束的结果摘要 :

   保压结束时间                             =     30.0001 s
   总重量(制品 + 流道)                      =      2.1166 g

制品的保压阶段结果摘要 :

   总体温度 - 最大值         (在   1.451 s) =    229.5569 C
   总体温度 - 第 95 个百分数 (在   1.451 s) =    212.3935 C
   总体温度 - 第 5 个百分数  (在  30.000 s) =     25.8236 C
   总体温度 - 最小值         (在  30.000 s) =     25.6998 C

   剪切应力 - 最大值         (在   1.451 s) =      2.6487 MPa
   剪切应力 - 第 95 个百分数 (在   1.451 s) =      0.4081 MPa

   体积收缩率 - 最大值         (在   1.451 s) =      7.1864 %
   体积收缩率 - 第 95 个百分数 (在   1.451 s) =      5.0414 %
   体积收缩率 - 第 5 个百分数  (在   5.860 s) =      0.5893 %
   体积收缩率 - 最小值         (在   2.860 s) =     -0.7636 %

   制品总重量 - 最大值         (在  20.074 s) =      1.2965 g
```

图 20.48　保压阶段结果摘要

1. 流动分析结果

下面分别介绍流动分析结果。

（1）充填时间（Fill Time）分析结果如图 20.52 所示。从图中可以得知，有短射现象，不能接受，需要重新分析。

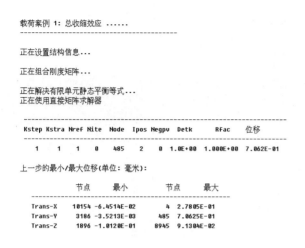

图 20.49 翘曲分析过程信息

图 20.50 【分析完成】对话框

(2) 压力 (Pressure) 分析结果如图 20.53 所示。图中显示了充填过程中模具型腔内的压力分布。

(3) 熔接线 (Weld Lines) 分析结果如图 20.54 所示。图中显示了熔接线在模具型腔内的分布情况。制品上应该避免或减少熔接线的存在，解决的方法有：适当增加模具温度、适当增加熔体温度、修改浇口位置等。

(4) 气穴 (Air Traps) 分析结果如图 20.55 所示。图中显示了气穴在模具型腔内的分布情况。气穴应该位于分型面上、筋骨末端或者在顶针处，这样气体就容易从模腔内排出。否则制品容易出现气泡、焦痕等缺陷。解决的方法有：修改浇口位置、改变模具结构、改变制件区域壁厚、修改制件结构等。

图 20.51 分析完成

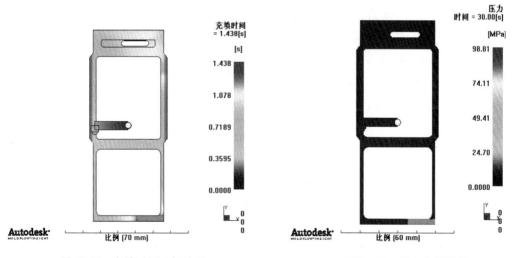

图 20.52 充填时间分析结果   图 20.53 压力分析结果

(5) 流动前沿温度 (Temperature at Flow Front) 分析结果如图 20.56 所示。模型的温度差不能太大，合理的温度分布应该是均匀的。

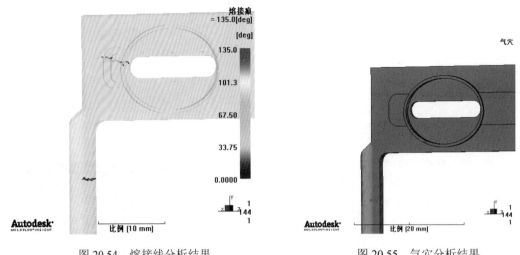

图 20.54 熔接线分析结果　　　　　图 20.55 气穴分析结果

（6）体积收缩率（Volumetric shrinkage）分析结果如图 20.57 所示。从图中可以得知，在这一时刻，体积收缩率的最大值，处于流道中，制品表面颜色梯度很小，表面收缩均匀。体积收缩率的结果越均匀越好。

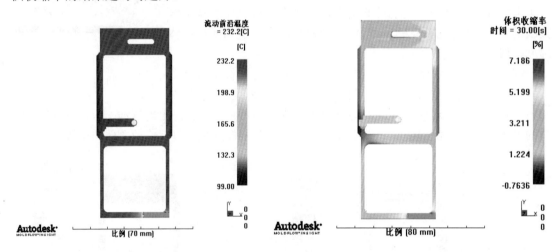

图 20.56 流动前沿温度分析结果　　　　　图 20.57 体积收缩率分析结果

2．冷却分析结果

冷却（Cool）分析结果主要包括制品达到顶出温度的时间（Time to reach ejection temperature, part result）、制品平均温度（Average Temperature）、制品温度（Temperature）等。

下面分别介绍冷却分析结果。

（1）制品达到顶出温度的时间（Time to reach ejection temperature, part result）分析结果如图 20.58 所示。冷却时间的差值应尽量小，以实现均匀冷却。

（2）制品平均温度（Average Temperature）分析结果如图 20.59 所示。制品的温度差不能太大，合理的温度分布应该是均匀的。

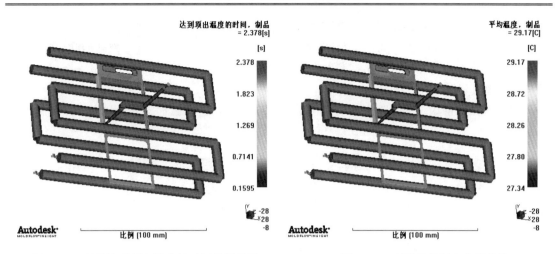

图 20.58 制品达到顶出温度的时间分析结果　　　　图 20.59 制品平均温度分析结果

（3）制品温度（Temperature）分析结果如图 20.60 所示。制品的温度差不能太大，合理的温度分布应该是均匀的。

（4）回路冷却液温度（Circuit coolant temperature result）显示了在冷却回路中冷却液的温度，如图 20.61 所示。如果温度的增加不可接受（大于 2℃～3℃），使用回路冷却液温度结果来确定哪里的温度增加太大。

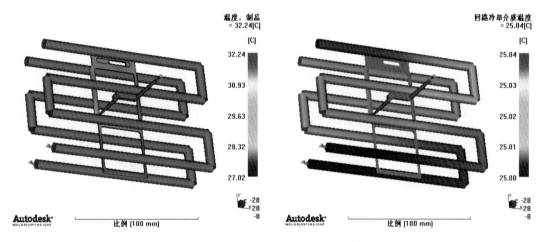

图 20.60 制品温度分析结果　　　　　　　　图 20.61 回路冷却液温度分析结果

3．翘曲分析结果

翘曲（Warp）分析结果主要包括所有因素总的变形、所有因素 X 方向的变形、所有因素 Y 方向的变形、所有因素 Z 方向的变形、由冷却不均引起的总的变形、由冷却不均引起的 X 方向的变形、由冷却不均引起的 Y 方向的变形、由冷却不均引起的 Z 方向的变形、由收缩不均引起的总的变形、由收缩不均引起的 X 方向的变形、由收缩不均引起的 Y 方向的变形、由收缩不均引起的 Z 方向的变形、由取向因素引起的总的变形、由取向因素引起的 X 方向的变形、由取向因素引起的 Y 方向的变形、由取向因素引起的 Z 方向的变形等。

下面介绍翘曲分析结果,为了便于观察,不显示冷却系统。

(1)所有因素总的变形的结果如图 20.62 所示。图中显示了变形量在模具型腔内的分布,总体翘曲量最大值为 0.4282mm,发生在未充填端附近。超过了要求的变形量,需要调整产品设计、模具设计或工艺设定。

(2)所有因素 X 方向的变形的结果如图 20.63 所示。图中显示了变形量在模具型腔内的分布,X 方向的翘曲量最大值为 0.1586mm,发生在制品边缘一端。

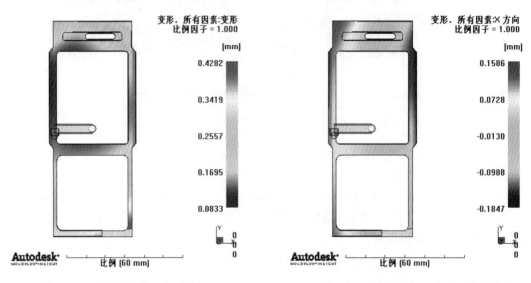

图 20.62　所有因素总的变形结果　　　　　图 20.63　所有因素 X 方向的变形结果

(3)所有因素 Y 方向的变形结果如图 20.64 所示。图中显示了变形量在模具型腔内的分布情况。Y 方向的翘曲量最大值为 0.4183mm,发生在未充填端附近。

(4)所有因素 Z 方向的变形结果如图 20.65 所示。图中显示了变形量在模具型腔内的分布情况,Z 方向的翘曲量最大值为 0.1015mm,发生在浇口一边的制品角落边缘。

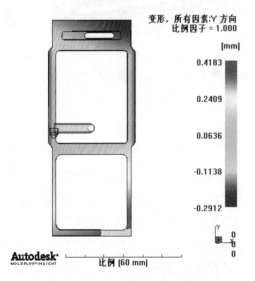 

图 20.64　所有因素 Y 方向的变形结果　　　　　图 20.65　所有因素 Z 方向的变形结果

(5) 冷却不均引起的总的变形的结果如图 20.66 所示。图中显示了变形量在模具型腔内的分布，总体翘曲量最大值为 0.0072mm，发生在制品边缘。说明由于冷却不均引起的变形量很小，可以说冷却效果可以接受。

(6) 收缩不均引起的总的变形的结果如图 20.67 所示。图中显示了变形量在模具型腔内的分布，总体翘曲量最大值为 0.4540mm，发生在制品的未充填端附近。

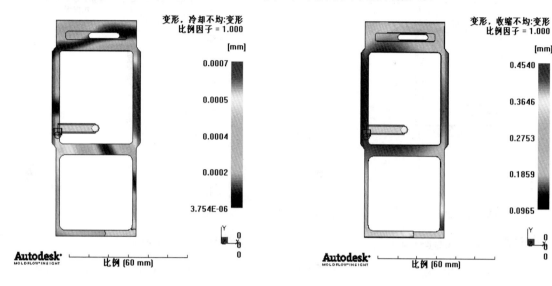

图 20.66　冷却不均引起的总的变形结果　　　　　图 20.67　收缩不均引起的总的变形结果

(7) 收缩不均引起的 X 方向的变形的结果如图 20.68 所示。图中显示了变形量在模具型腔内的分布，X 方向的翘曲量最大值为 0.156mm，发生在制品浇口面的边缘。

(8) 收缩不均引起的 Y 方向的变形结果如图 20.69 所示。图中显示了变形量在模具型腔内的分布情况，Y 方向的翘曲量最大值为 0.4409mm，发生在制品的未充填端附近。

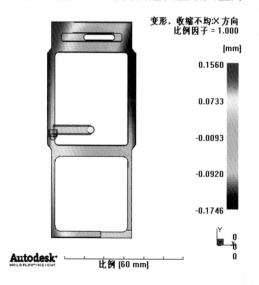 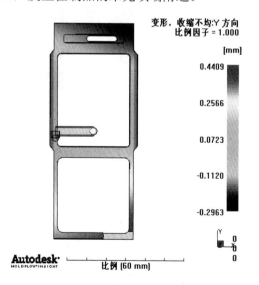

图 20.68　收缩不均引起的 X 方向的变形结果　　　　图 20.69　收缩不均引起的 Y 方向的变形结果

(9) 收缩不均引起的 Z 方向的变形结果如图 20.70 所示。图中显示了变形量在模具型腔内的分布情况，Z 方向的翘曲量最大值为 0.1201mm，发生在制品两端。

(10) 取向引起的总的变形的结果如图 20.71 所示。图中显示了变形量在模具型腔内的分布，总体翘曲量最大值为 0.0278 mm，说明取向引起制品的翘曲变形很小，可以不考虑。

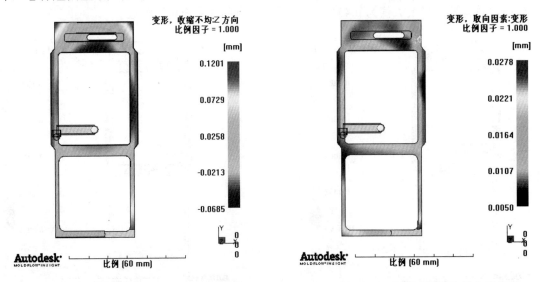

图 20.70　收缩不均引起的 Z 方向的变形结果　　　　图 20.71　取向引起的总的变形结果

(11) 角效应引起的总的变形的结果如图 20.72 所示。图中显示了变形量在模具型腔内的分布，总体翘曲量最大值为 0.0347mm，发生在制品的边缘拐角处。

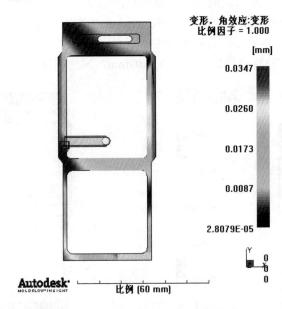

图 20.72　角效应引起的总的变形结果

从分析结果中得到了足够的信息，就可以根据制品的分析结果对工艺条件、模具结构、制品结构进行调整，以获得最佳质量的制品。

20.3.4 模具设计和工艺设计的调整

从上面的分析结果，本案例调整的模具结构设计和工艺设计。重新设置浇口位置，并且增加一个进浇口，以使制品能完全充填满型腔和减少翘曲变形，使制品达到要求。

20.4 产品设计方案调整后的分析

通过对注塑手机外壳模型的翘曲分析的工艺参数进行修改后和模具结构进行修改后，并再次进行翘曲分析，通过分析结果判断制品质量的优劣。

20.4.1 分析前处理

分析前需要处理的工作主要有以下几项。

1．对工程方案进行复制

在工程任务栏中，右击"batt_cover_方案"图标，在弹出的快捷菜单中选择【复制】命令，此时在工程任务栏中出现名为"batt_cover_方案（复制品）"的工程，重命名为"batt_cover_方案（冷却）"，如图 20.73 所示。

2．激活方案

双击"batt_cover_方案（冷却）"方案，激活该方案。

3．创建浇注系统

本案例采用浇注系统向导来创建。

（1）首先删除原有的浇注系统，选择【分析】|【设置注射点】命令，设置如图 20.74 所示的进浇点。

图 20.73 工程任务栏

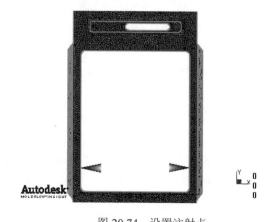

图 20.74 设置注射点

(2)选择【建模】|【流道系统向导】命令,弹出【流道系统向导-布置】对话框,单击【模型中心】按钮,使主流道位于模型的中心,有利于注射压力和锁模力的平衡。单击【浇口平面】按钮,使分流道与浇口在同一平面上,如图 20.75 所示。

(3)单击 Next 按钮,弹出【流道系统向导-主流道/流道/竖直流道】对话框,输入如图 20.76 所示的值。

(4)单击 Next 按钮,弹出【流道系统向导-浇口】对话框,输入如图 20.77 所示的值。

(5)单击 Finish 按钮,利用向导创建的浇注系统已经生成,如图 20.78 所示。

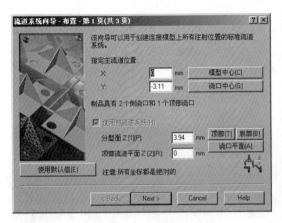

图 20.75 【流道系统向导-布置】对话框

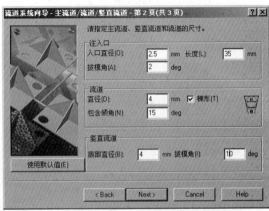

图 20.76 【流道系统向导-主流道/流道/竖直流道】对话框

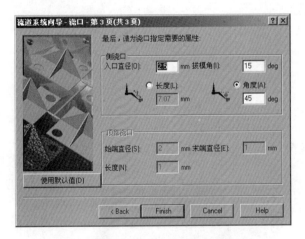

图 20.77 【流道系统向导-浇口】对话框

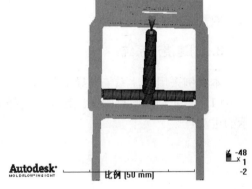

图 20.78 创建的浇注系统

4.连通性诊断

在完成浇注系统后或在分析之前需要检查一下网格是否连通。

(1)选择【网格(Mesh)】|【网格诊断(Mesh Diagnostic)】|【连通性诊断(Connectivity Diagnostic)】命令,弹出【连通性诊断(Connectivity Diagnostic)】对话框,如图 20.79 所示。

选择浇注点的第一个单元开始去检验网格的连通性。不勾选【忽略柱体单元(Ignore Beam Element)】复选框。下拉列表框中选择显示方式诊断结果。勾选【将结果置于诊断层中】复选框，就把网格中没有连通性的单元存在的位置单独置于一个名为诊断结果的图形层中。方便用户随时查找诊断结果和便于修改存在的缺陷。

（2）单击【显示】按钮，将显示网格连通性诊断信息，如图 20.80 所示。本案例网格单元全部连通，可以进行分析计算。

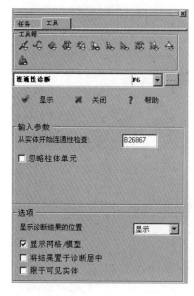

图 20.79 【连通性诊断】对话框

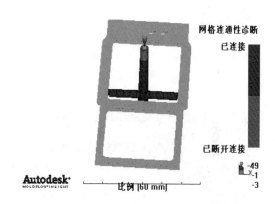

图 20.80 显示连通性诊断信息

5．设置冷却液入口

选择【分析】|【设置冷却液入口】命令，弹出【设置冷却液入口】对话框，如图 20.81 所示，此时鼠标变成十字形。单击冷却系统上面的节点，同时删除原有的冷却液入口，结果如图 20.82 所示。

图 20.81 【设置冷却液入口】对话框

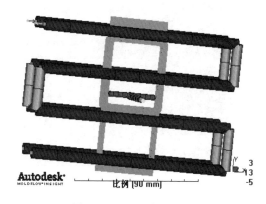

图 20.82 设置冷却液入口

6．设置分析的工艺参数

选择【分析】|【工艺设置向导】命令，弹出【工艺设置向导—冷却设置】对话框，按图

示进行参数设计。图 20.83、图 20.84 和图 20.85 分别是冷却工艺条件、流动工艺条件和翘曲工艺条件的设置。

图 20.83　充填工艺条件

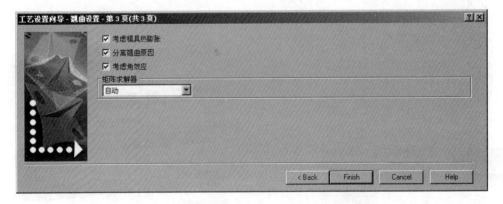

图 20.84　冷却工艺条件

图 20.85　翘曲工艺条件

7．检查网格

选择【网格（Mesh）】|【网格统计（Mesh Statistics）】命令，弹出【网格统计】对话框，如图 20.86 所示。

查看上图所示的各项网格质量统计报告。报告显示网格无自由边问题，还指出网格最大纵横比为5.884（小于6），基本符合要求，对于这个案例匹配为94.8%（大于85%），基本符合要求。

20.4.2 分析计算

双击案例任务窗口中的【开始分析】图标，或者选择【分析】|【开始分析】命令，弹出【选择分析类型】对话框，如图20.87所示。单击【确定】按钮，程序开始运行。等待程序运行，可以查看分析的过程和分析的进度，与分析完成通过查看日记的内容一样。图20.88~图20.94分别分析过程中的内容。运行完成后，弹出【分析完成】对话框，如图20.55所示。单击OK按钮，退出【分析完成】对话框。

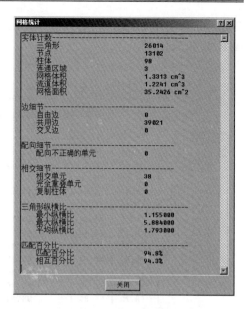

图20.86 【网格统计】对话框

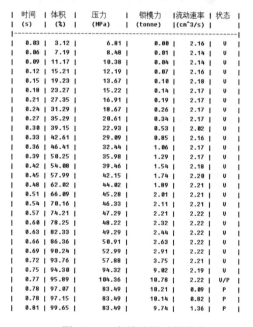

图20.87 【选择分析类型】对话框　　图20.88 充填分析过程信息

在方案任务窗口中原来的【开始分析】变成了【结果】，如图20.94所示。

20.4.3 结果分析

本案例的分析结果。在方案任务窗口中【分析结果】列表下，分析结果由流动（Flow）、冷却（Cool）和翘曲（Warp）3个部分组成。流动（Flow）分析结果主要包括充填时间（Fill

Time)、压力(Pressure)、熔接线(Weld Lines)、气穴(Air Traps)、流动前沿温度(Temperature at Flow Front)等。

```
保压阶段:
|--------------------------------------------------------------------|
| 时间  | 保压  |  压力    |  锁模力    |   状态          |
| (s)   | (%)   |  (MPa)   |  (tonne)   |                 |
|--------------------------------------------------------------------|
| 0.81  | 0.31  |  83.49   |   9.74     |    P            |
| 1.47  | 4.95  |  83.49   |   7.16     |    P            |
| 2.22  | 10.22 |  83.49   |   2.73     |    P            |
| 2.97  | 15.49 |  83.49   |   1.46     |    P            |
| 3.72  | 20.76 |  83.49   |   0.82     |    P            |
| 4.47  | 26.03 |  83.49   |   0.50     |    P            |
| 4.97  | 29.54 |  83.49   |   0.37     |    P            |
| 5.72  | 34.81 |  83.49   |   0.27     |    P            |
| 6.47  | 40.08 |  83.49   |   0.23     |    P            |
| 7.22  | 45.35 |  83.49   |   0.20     |    P            |
| 7.97  | 50.62 |  83.49   |   0.19     |    P            |
| 8.72  | 55.89 |  83.49   |   0.18     |    P            |
| 9.22  | 59.41 |  83.49   |   0.17     |    P            |
| 9.97  | 64.68 |  83.49   |   0.17     |    P            |
| 10.72 | 69.95 |  83.49   |   0.17     |    P            |
| 10.77 |       |          |            |  压力已释放      |
|--------------------------------------------------------------------|
| 10.78 | 70.36 |  0.00    |   0.17     |    P            |
| 11.43 | 74.90 |  0.00    |   0.16     |    P            |
| 12.18 | 80.17 |  0.00    |   0.16     |    P            |
| 12.93 | 85.44 |  0.00    |   0.16     |    P            |
| 13.68 | 90.71 |  0.00    |   0.16     |    P            |
| 14.43 | 95.98 |  0.00    |   0.16     |    P            |
| 14.93 | 99.50 |  0.00    |   0.16     |    P            |
| 15.00 |100.00 |  0.00    |   0.16     |    P            |
|--------------------------------------------------------------------|
```

图 20.89 保压分析过程信息

```
充填阶段结果摘要:
  最大注射压力        (在   0.7689 s) =   104.3648 MPa
充填阶段结束的结果摘要:
  充填结束时间                    =     0.8134 s
  总重量(制品 + 流道)             =     1.3332 g
  最大锁模力 - 在充填期间          =    10.7811 tonne
  推荐的螺杆速度曲线(相对):
    射出体积        %流动速率
    ------------------------
      0.0000        32.8230
     10.0000        42.9023
     20.0000        58.6362
     30.0000        54.6891
     40.0000        37.5729
     50.0000        32.9564
     60.0000        67.9376
     70.0000       100.0000
     80.0000        97.3601
     90.0000        39.7121
    100.0000        15.5468
  % 充填时熔体前沿完全在型腔中  =     0.0000 %
制品的充填阶段结果摘要:
  总体温度 - 最大值     (在  0.769 s) =   242.3137 C
  总体温度 - 第 95 个百分数 (在 0.769 s) = 237.6480 C
  总体温度 - 第 5 个百分数 (在 0.813 s) = 180.3556 C
  总体温度 - 最小值     (在  0.813 s) =   78.7184 C
```

图 20.90 充填阶段结果摘要

```
保压阶段结果摘要:
  压力峰值 - 最小值     (在  0.814 s) =    2.6678 MPa
  锁模力 - 最大值       (在  0.769 s) =   10.7920 tonne
  总重量 - 最大值       (在 15.000 s) =    1.3568 g
保压阶段结束的结果摘要:
  保压结束时间                     =    15.0001 s
  总重量(制品 + 流道)              =     1.3568 g
制品的保压阶段结果摘要:
  总体温度 - 最大值     (在  0.814 s) =  240.3142 C
  总体温度 - 第 95 个百分数 (在 0.814 s) = 234.9109 C
  总体温度 - 第 5 个百分数 (在 15.000 s) =  26.3149 C
  总体温度 - 最小值     (在 15.000 s) =   25.7234 C
  剪切应力 - 最大值     (在  1.473 s) =    2.2238 MPa
  剪切应力 - 第 95 个百分数 (在 2.223 s) =  0.7828 MPa
  体积收缩率 - 最大值   (在  0.814 s) =    8.4378 %
  体积收缩率 - 第 95 个百分数 (在 0.814 s) = 6.9065 %
  体积收缩率 - 第 5 个百分数 (在 3.723 s) = -0.2410 %
  体积收缩率 - 最小值   (在 10.723 s) =   -1.7559 %
  制品总重量 - 最大值   (在 15.000 s) =    1.3568 g
```

图 20.91 保压阶段结果摘要

```
载荷案例 1：总收缩效应 ……
------------------------------------------
正在设置结构信息…

正在组合刚度矩阵…

正在解决有限单元静态平衡等式…
正在使用直接矩阵求解器
-----------------------------------------------------------------
 Kstep Kstra Nref Nite  Node  Ipos Negpv  Detk     Rfac      位移
-----------------------------------------------------------------
   1     1    1   0    675    1    0   1.0E+00  1.000E+00 -4.161E-01

上一步的最小/最大位移(单位：毫米)：
                节点      最小        节点      最大
-----------------------------------------------------------------
   Trans-X       10   -4.6058E-02      4    2.4665E-01
   Trans-Y     4952   -7.0692E-03   3480    4.1461E-01
   Trans-Z     2433   -1.2790E-01     52    1.0052E-01
```

图 20.92 翘曲分析过程信息

图 20.93 【分析完成】对话框

1．流动分析结果

下面分别介绍流动分析结果。

（1）充填时间（Fill Time）分析结果如图 20.95 所示。从图中可以得知，充填时间为 0.8132s，基本可以接受。

（2）压力（Pressure）分析结果如图 20.96 所示。图中显示了充填过程中模具型腔内的压力分布。

（3）熔接线（Weld Lines）分析结果如图 20.97 所示。图中显示了熔接线在模具型腔内的分布情况。制品上应该避免或减少熔接线的存在。

图 20.94 分析完成

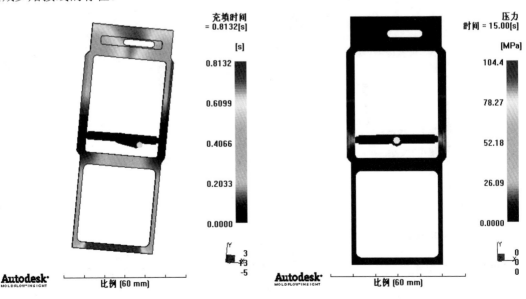

图 20.95 充填时间分析结果　　　　图 20.96 压力分析结果

(4)气穴(Air Traps)分析结果如图 20.98 所示。图中显示了气穴在模具型腔内的分布情况。气穴应该位于分型面上、筋骨末端或者在顶针处,这样气体就容易从模腔内排出;否则制品容易出现气泡、焦痕等缺陷。

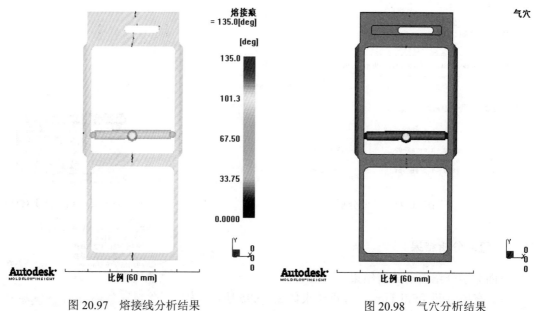

图 20.97 熔接线分析结果　　　　　　　　图 20.98 气穴分析结果

(5)流动前沿温度(Temperature at Flow Front)分析结果如图 20.99 所示。模型的温度差不能太大,合理的温度分布应该是均匀的。

(6)体积收缩率(Volumetric shrinkage)分析结果如图 20.100 所示。从图中可以得知,在这一时刻,体积收缩率的最大值为,处于流道中,制品表面颜色梯度很小,表面收缩均匀。体积收缩率的结果越均匀越好。

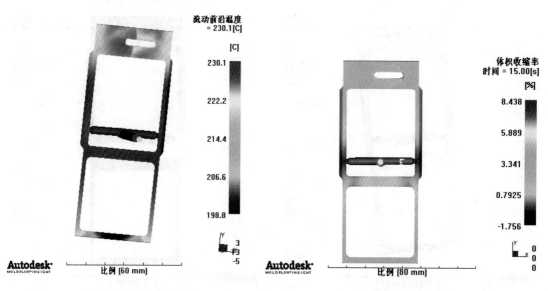

图 20.99 流动前沿温度分析结果　　　　　　图 20.100 体积收缩率分析结果

2．冷却分析结果

冷却（Cool）分析结果主要包括制品达到顶出温度的时间（Time to reach ejection temperature，part result）、制品平均温度（Average Temperature）、制品温度（Temperature）等。

下面分别介绍冷却分析结果。

（1）制品达到顶出温度的时间（Time to reach ejection temperature，part result）分析结果如图 20.101 所示。冷却时间的差值应尽量小，以实现均匀冷却。

（2）制品平均温度（Average Temperature）分析结果如图 20.102 所示。制品的温度差不能太大，合理的温度分布应该是均匀的。

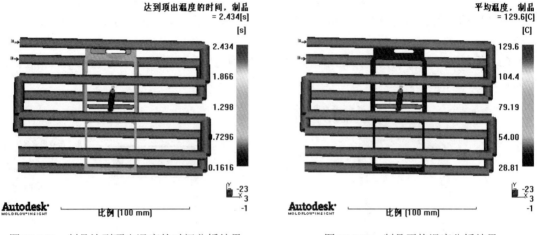

图 20.101　制品达到顶出温度的时间分析结果　　　　图 20.102　制品平均温度分析结果

（3）制品温度（Temperature）分析结果如图 20.103 所示。制品的温度差不能太大，合理的温度分布应该是均匀的。

（4）回路冷却液温度（Circuit coolant temperature result）显示了在冷却回路中冷却液的温度，如图 20.104 所示。如果温度的增加不可接受（大于 2℃～3℃），使用回路冷却液温度结果来确定哪里的温度增加太大。

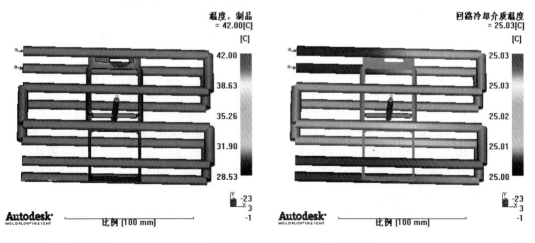

图 20.103　制品温度分析结果　　　　图 20.104　回路冷却液温度分析结果

3. 翘曲分析结果

翘曲（Warp）分析结果主要包括所有因素总的变形、所有因素 X 方向的变形、所有因素 Y 方向的变形、所有因素 Z 方向的变形、由冷却不均引起的总的变形、由冷却不均引起的 X 方向的变形、由冷却不均引起的 Y 方向的变形、由冷却不均引起的 Z 方向的变形、由收缩不均引起的总的变形、由收缩不均引起的 X 方向的变形、由收缩不均引起的 Y 方向的变形、由收缩不均引起的 Z 方向的变形、由取向因素引起的总的变形、由取向因素引起的 X 方向的变形、由取向因素引起的 Y 方向的变形、由取向因素引起的 Z 方向的变形等。

下面介绍翘曲分析结果，为了便于观察，不显示冷却系统。

（1）所有因素总的变形的结果如图 20.105 所示。图中显示了变形量在模具型腔内的分布，总体翘曲量最大值为 0.2763mm，发生在制品下端附近。变形量小于设定值 0.3mm 基本符合要求。

（2）所有因素 X 方向的变形的结果如图 20.106 所示。图中显示了变形量在模具型腔内的分布，X 方向的翘曲量最大值为 0.1247mm，发生在制品两边。

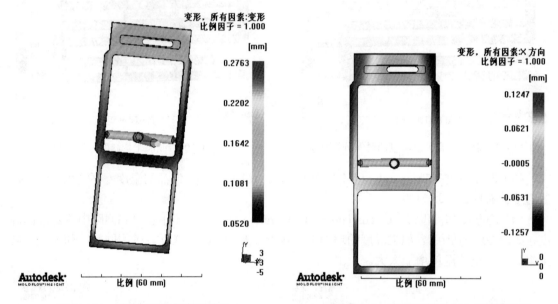

图 20.105　所有因素总的变形结果　　　　图 20.106　所有因素 X 方向的变形结果

（3）所有因素 Y 方向的变形结果如图 20.107 所示。图中显示了变形量在模具型腔内的分布情况。Y 方向的翘曲量最大值为 0.2572mm，发生在制品下端附近。

（4）所有因素 Z 方向的变形结果如图 20.108 所示。图中显示了变形量在模具型腔内的分布情况，Z 方向的翘曲量最大值为 0.1171mm，发生在浇口一边的制品角落边缘。

（5）冷却不均引起的总的变形的结果如图 20.109 所示。图中显示了变形量在模具型腔内的分布，总体翘曲量最大值为 0.0023mm，发生在制品边缘。说明由于冷却不均引起的变形量很小，因此冷却效果可以接受。

（6）收缩不均引起的总的变形的结果如图 20.110 所示。图中显示了变形量在模具型腔内的分布，总体翘曲量最大值为 0.2928mm，发生在制品的下端附近。

第 20 章 手机外壳——翘曲分析

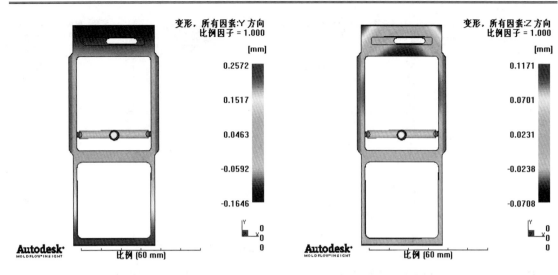

图 20.107 所有因素 Y 方向的变形结果　　　　图 20.108 所有因素 Z 方向的变形结果

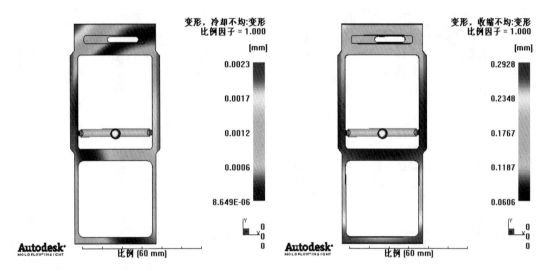

图 20.109 冷却不均引起的总的变形结果　　　图 20.110 收缩不均引起的总的变形结果

（7）收缩不均引起的 X 方向的变形的结果如图 20.111 所示。图中显示了变形量在模具型腔内的分布，X 方向的翘曲量最大值为 0.1312mm，发生在制品的侧面。

（8）收缩不均引起的 Y 方向的变形结果如图 20.112 所示。图中显示了变形量在模具型腔内的分布情况。Y 方向的翘曲量最大值为 0.2648mm，发生在制品的两端。

（9）收缩不均引起的 Z 方向的变形结果如图 20.113 所示。图中显示了变形量在模具型腔内的分布情况，Z 方向的翘曲量最大值为 0.1223mm，发生在制品上端的拐角处。

（10）取向引起的总的变形的结果如图 20.114 所示。图中显示了变形量在模具型腔内的分布，总体翘曲量最大值为 0.0187 mm，说明取向引起制品的翘曲变形很小，可以不考虑。

（11）角效应引起的总的变形的结果如图 20.115 所示。图中显示了变形量在模具型腔内的分布，总体翘曲量最大值为 0.0111mm，发生在浇口附近。

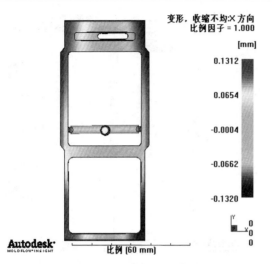
图 20.111 收缩不均引起的 X 方向的变形结果

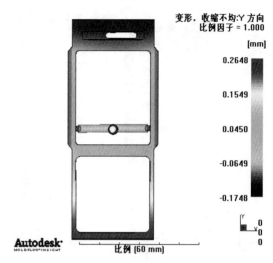
图 20.112 收缩不均引起的 Y 方向的变形结果

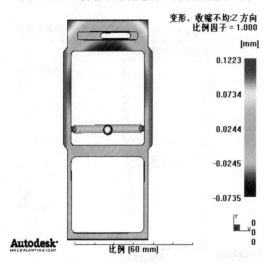
图 20.113 收缩不均引起的 Z 方向的变形结果

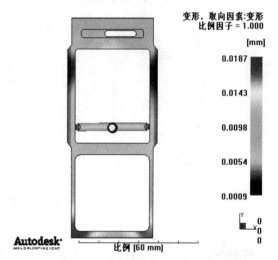
图 20.114 取向引起的总的变形结果

图 20.115 角效应引起的总的变形结果

20.5 本章小结

本章通过一个案例的操作描述了 AMI 的翘曲分析的流程，从模型的输入、网格的划分与处理、分析类型的选择、工艺参数的设置到分析结果等进行了介绍。使读者能够从本章中学习到 AMI 的翘曲分析要进行的工作和解决问题的方法。本章的重点和难点是掌握 AMI 的翘曲分析的流程和通过修改模具结构的方法来解决翘曲问题。